有色金属行业职业技能培训用书

火法冶炼工岗位培训系列教材

闪速熔炼工

主　编　万爱东

副主编　李　光　程永红　王万涛

蔡　伟　付　明　杨林忠

北　京

冶　金　工　业　出　版　社

2012

内容简介

全书共分五章，分别为镍冶金概况及技术发展，闪速炉物料制备，闪速熔炼，转炉吹炼及转炉渣贫化。书中详细介绍了闪速熔炼的工艺流程、基本原理、工艺配置、生产实践、常见故障判断与处理等内容。

本书适合作为冶金企业技术工人及高职高专职业学校冶金专业学生的培训教材，也可供企业技术人员、管理人员阅读参考。

图书在版编目（CIP）数据

闪速熔炼工／万爱东主编．—北京：冶金工业出版社，2012.2

（有色金属行业职业技能培训用书）

火法冶炼工岗位培训系列教材

ISBN 978-7-5024-5840-9

Ⅰ.①闪…　Ⅱ.①万…　Ⅲ.①有色金属冶金—闪烁熔炼—岗位培训—教材　Ⅳ.①TF8

中国版本图书馆 CIP 数据核字（2012）第 016292 号

出 版 人　曹胜利

地　　址　北京北河沿大街嵩祝院北巷 39 号，邮编 100009

电　　话　(010)64027926　电子信箱　yjcbs@cnmip.com.cn

责任编辑　杨盈园　王雪涛　美术编辑　彭子赫　版式设计　孙跃红

责任校对　王永欣　责任印制　李玉山

ISBN 978-7-5024-5840-9

三河市双峰印刷装订有限公司印刷；冶金工业出版社出版发行；各地新华书店经销

2012 年 2 月第 1 版，2012 年 2 月第 1 次印刷

787mm×1092mm　1/16；14.75 印张；358 千字；227 页

39.00 元

冶金工业出版社投稿电话：(010)64027932　投稿信箱：tougao@cnmip.com.cn

冶金工业出版社发行部　电话：(010)64044283　传真：(010)64027893

冶金书店　地址：北京东四西大街 46 号(100010)　电话：(010)65289081(兼传真)

《火法冶炼工岗位培训系列教材》
编委会

·前 言·

1992 年投产至今，金川镍闪速炉已走过了从引进、消化和吸收先进技术，到自主创新的光辉历程。生产实践表明，闪速熔炼技术是一种成熟、先进的无污染技术，并在金川建设和发展中发挥着举足轻重的作用。

作为科学理论和实践相结合的产物，闪速熔炼技术有其鲜明的时代特征，并随着时代的进步而不断地进行着丰富和完善。中央混合型反调式精矿喷嘴的发明、贫化区炉顶的成功改造、以煤代油等一大批科研成果在闪速炉上得到应用，不仅转化为现实的生产力，而且使闪速熔炼技术的控制和管理水平得到提升。

根据生产实践和技术改造的系统总结以及职工培训的需要，金川公司闪速炉车间组织并编写了本培训教材。全书共分五章，分别为镍冶金概况及技术发展，闪速炉物料制备，闪速熔炼，转炉吹炼，转炉渣贫化。书中详细介绍了闪速熔炼的工艺流程、基本原理、工艺配置、生产实践、常见故障判断与处理等内容。这样编排的初衷在于：（1）用浅显的原理和通俗的语言，巩固和充实现场操作人员的基础理论知识；（2）突出闪速熔炼的实践性和应用性，以期达到指导生产、服务生产的目的；（3）较为详尽地介绍多年来的技术改造和生产发展，展示出炉窑控制技术的历史继承性和变革前进性。

本书是在 1994 年职工培训教材的基础上，结合 2010 年闪速炉大修改造后实际情况编撰而成。工艺内容由王智、程永红、陆金忠、王万涛、蔡伟、郑文刚、张更生编写；设备内容中电气设备由张青山、白中山编写，管网系统由胡丙安、王晓元编写，配加料、渣水淬设备由郑国锋编写，电极液压系统由彭丹民、杨国年编写。

参加本书编写工作的还有张天权、方清天、张明文、蔡栋元、张建平、李世红、张福、苏伟、王志义、张晓强、朱学松、丁天生、焦永超、李春梅、朱燕梅。全书由蔡伟统稿。本书在编写过程中承蒙各级领导和各位工程技术人员的大力支持，在此一并致谢。

由于编者水平所限，书中不妥之处在所难免，诚望各界人士不吝赐教。

蔡伟

2011 年 9 月

·目　录·

1 镍冶金概况及技术发展

1.1 概述

镍是银白色磁性金属，具有抗腐蚀、耐氧化、机械强度大、延展性好等特点，被广泛应用于冶金、化工、石油、建筑、机械制造、仪器仪表等国民经济建设各个领域。镍可作为不锈钢、耐热合金钢及其他3000多种合金的重要添加元素，在现代化工业中得到了广泛的应用。近四十年来，硫化镍矿冶炼技术发生了很大的变化，总的趋势是向强氧化、自热熔炼方向发展，较普遍地应用了富氧熔炼技术，目的在于提高产量、降低成本、减少污染。

当前，世界镍的生产原料主要有硫化矿和氧化矿（红土矿）两种形态。陆地上镍硫化矿的储量约占总储量的30%，但从硫化矿中提取的镍量却占世界镍总产量的60%以上。

世界镍矿石储量的分布很不平衡，在六个国家和地区（新喀里多尼亚、古巴、加拿大、俄罗斯、印度尼西亚和菲律宾）的储量就占国外探明镍总储量的80%以上。我国镍的储量相当丰富，镍硫化矿的储量仅次于加拿大，居世界第二位。

镍的消费主要集中在发达的工业国家和地区，美国、西欧、日本和俄罗斯约占世界镍消费的85%左右。

我国的镍工业起步较晚，金川、会理、磐石、喀拉通克等镍矿均是在近50年发展起来的，全国每年的镍生产量约100kt，金川公司的镍产量占据全国镍产量的80%以上。

1.2 金属镍

1.2.1 金属镍的性质

金属镍是元素周期表第8副族铁磁金属之一，银白色，原子序数28，相对原子质量58.71，熔点1453℃±1℃，沸点约2800℃。天然生成的金属镍有五种稳定的同位素：Ni^{58} 67.7%、Ni^{60} 26.2%、Ni^{61} 1.25%、Ni^{62} 3.66%以及Ni^{64} 1.16%。

在熔点以前，金属镍的正常晶体结构是面心立方，25℃时晶格常数是0.35238±0.0013nm。

由晶体结构和原子性质计算的镍的理想密度，在20℃时为8.908g/cm^3，但实际测定的较为可靠的数值为8.9~8.908 g/cm^3，由其纯度及预处理工艺决定。在熔点时液态镍的密度为7.9 g/cm^3。

镍的比热容在0~1000℃范围内为420~620J/(kg·K)，在居里点或其附近有一显著的峰值，在此温度下铁磁性消失。

镍的电阻率在20℃，纯度为99.99%~99.8%时为6.8~9.9μΩ·cm（10^{-8}Ω·m）。镍基合金虽然广泛用于热电源件，但由于氧化关系，纯镍实际上无此用途。镍的热电性与铁、铜、银、金等金属不同，较铂为负，所以在冷端电流由铂流向镍。因此，以镍作为热电元件时可产生高的电动势。

镍具有磁性，是许多磁性材料（由高磁导率的软磁合金至高矫顽力的永磁合金）的主要组成成分，其中镍含量为10% ~20%。

金属镍在大气中不易被氧化，能抵抗苛性碱的腐蚀。相关测试表明，99%纯度的金属镍在二十年内不生锈痕；无论在水溶液或熔盐内镍抵抗苛性碱的能力都很强，在50%沸腾苛性钠溶液中每年的腐蚀速度不超过25μm；镍容易受到氧化性盐类（如氯化高铁或次氯酸盐）的侵蚀。镍能抵抗几乎所有的有机化合物。

在空气或氧气中，镍表面形成一层NiO薄膜，可防止进一步氧化。含硫的气体对镍有严重的腐蚀性，尤其在镍与硫化镍（Ni_3S_2）共晶温度在643℃以上时更是如此。在500℃以下氯气对镍无显著腐蚀作用。

镍的电极电位为-0.227V（20℃）和-0.231V（25℃），溶液中有少量杂质时，尤其是硫存在时，镍即显著钝化。

1.2.2 镍的化合物

镍有三种氧化物，即氧化亚镍（NiO）、四氧化三镍（Ni_3O_4）和三氧化二镍（Ni_2O_3）。三氧化二镍仅在低温时稳定，加热至400~450℃，即离解为四氧化三镍，进一步提高温度将变成氧化亚镍。

与只生成两价镍盐的钴不同，镍可以形成多种盐类，因此，不稳定的三氧化二镍常作为较负电金属（如Co、Fe）的氧化剂，用于镍电解液净化除Co之用。

氧化亚镍的熔点为1650~1660℃，很容易被C或CO还原。

氧化亚镍与CoO、FeO一样，可形成$MeO \cdot SiO_2$和$2MeO \cdot SiO_2$两类硅酸盐化合物，但$NiO \cdot SiO_2$不稳定。

氧化亚镍具有触媒作用，并较铜、铁的硫酸盐稳定，加热到750~800℃才显著离解。

氧化亚镍能溶于硫酸、亚硫酸、盐酸和硝酸等溶液中形成绿色的两价镍盐。当与石灰乳发生反应时，即形成绿色的氢氧化镍（$Ni(OH)_2$）沉淀。

镍的硫化物有：NiS_2、Ni_6S_5、Ni_3S_2和NiS。硫化亚镍（NiS）在高温下不稳定，在中性和还原气氛下受热时即按下式离解：

$$3NiS = Ni_3S_2 + 1/2S_2$$

在冶炼温度下，低硫化镍（Ni_3S_2）是稳定的，其离解压比FeS小，但比Cu_2S大。

镍的砷化物有砷化镍（NiAs）和二砷化三镍（Ni_3As_2）。前者在自然界中为红砷镍矿，在中性气氛中可按下式离解：

$$3NiAs = Ni_3As_2 + As$$

在氧化气氛中红砷镍矿的砷一部分形成挥发性的As_2O_3，另一部分则形成无挥发性的砷酸盐（$NiO \cdot As_2O_3$）。因此，为了更完全地脱砷，在氧化焙烧后还必须再进行还原焙烧，使砷酸盐转变为砷化物，进一步氧化焙烧使砷呈As_2O_3形态挥发，即进行交替的氧化还原焙烧以完成脱砷过程。

类似于铁和钴，镍在50~100℃温度下，可与一氧化碳形成羰基镍［$Ni(CO)_4$］，如下式所示：

$$Ni + 4CO = Ni(CO)_4, \quad Q = -50.7kcal/mol$$

当温度提高至180~200℃时，羰基镍又分解为金属镍，这个反应是羰基法提取镍的理论基础。

1.2.3 镍矿石及选矿

地壳中镍含量与铜相近，但由于镍在地壳中较为分散，因此世界上镍矿床很少。

镍矿石可分三个类型：氧化矿（硅酸镍矿）；硫化矿（铜镍硫化矿）；砷化矿。

1.2.3.1 镍矿石

A 镍的氧化矿石

氧化镍矿系由含镍0.2%的蛇纹石经风化而产生的硅酸盐矿石。与铜矿石不同，一般氧化镍矿并不与硫化矿相连在一起。

氧化镍矿分为三类：位于石灰岩与蛇纹石之间接触矿床的矿石；位于蛇纹石块岩上的层状矿石；含少量镍的铁矿（镍铁矿石）。在氧化矿石中镍主要以含水的镍镁、硅镁、硅酸盐存在，镍与镁由于其两价离子直径相同，常出现类质同象现象。

常见的氧化镍矿物是暗镍蛇纹石、滑面暗镍蛇纹石和镍绿泥石，其成分一般可以用（Ni·MgO）$SiO_2 \cdot nH_2O$表示。为了便于冶金计算，可把它写作为$NiSiO_3 \cdot mMgOSiO_3 \cdot nH_2O$，其中系数$m$和$n$按矿石的元素和矿物成分来确定。

在氧化镍矿中几乎不含铜和铂族元素，但常常含有钴，其中镍与钴的比例一般为（25~30）:1。

在氧化镍矿中铁主要以褐铁矿（$Fe_2O_3 \cdot nH_2O$）存在。脉石中通常含有大量的黏土、石英和滑石等。

氧化镍矿的特点之一是矿石中镍含量和脉石成分非常不均匀。由于大量黏土的存在，氧化镍矿的另一特点是含水分很高，通常为20%~25%，最大可达到40%。

B 镍的硫化矿石

自然界广泛存在的镍的硫化矿物是（Ni·Fe）S（密度为5g/cm^3，硬度为4，其中镍和铁以类质同象存在），其次是针硫镍矿NiS（密度为5.3 g/cm^3，硬度为3.5），还有等轴晶系的辉铁镍矿$3NiSFeS_2$（密度为4.8 g/cm^3，硬度为4.5），钴镍黄铁矿$(Ni \cdot Co)_3S_4$或闪锑镍矿（Ni·SbS）等。

硫化镍矿通常含有主要以黄铜矿形态存在的铜，故镍硫化矿常称为铜镍硫化矿，另外硫化矿石中含有钴（为镍量的3%~4%）和铂族金属。

铜镍硫化矿可以分为两类：致密块矿和浸染碎矿。镍含量高于1.5%，而脉石量少的矿石称为致密块矿；镍含量低，而脉石量多的贫矿称为浸染碎矿。从工艺观点来看，这种分类很便于各类矿石进行下一步的处理。贫镍的浸染碎矿直接送往选矿车间处理，而镍含量高的致密块矿可直接送往熔炼或者经过磁选后再熔炼。

铜镍硫化矿的特点首先是坚硬，难于破碎，其次是受热时不爆裂，因为矿石中的硫化物主要是磁硫铁矿。

矿石中的平均镍含量变动很大，由十万分之几到5%~7%或者更高。一般是矿石中铜含量比镍低，但在个别情况下铜含量可能与镍含量相等或比镍高。

C 镍的砷化矿石

含镍的砷化矿被发现得很早（1865年），而且在炼镍史上起过重要作用，但是后来没有发现这类大矿床，因而现在从含镍砷矿中提炼镍仅限于个别国家。

含镍的砷矿物有红砷镍矿（NiAs）、白毒砂或砷镍矿（$NiAs_2$）、辉砷镍矿（NiAsS）。

1.2.3.2 铜镍硫化矿的选矿

铜镍矿有价金属的含量很低，含量变化很大，这样的矿石直接入炉冶炼能耗大，经济上不合算，因而在矿石开采出来后均要进行选矿富集，把大量脉石用选矿的方法除去，然后得到含有价金属较高的精矿再进入冶金炉提炼铜、镍等金属。

常见的选矿方法有三种：人工手选、磁选和浮选。

（1）人工手选。矿石首先经过破碎获得两类矿块，一类是大于50~200mm；一类是小于50mm。粗矿块卸在宽大的运输带上，在运输过程根据脉石与硫化物外表的不同，可用人工方法将脉石选出。

（2）磁选。近年来人工手选已被更有效的磁选所代替，特别是适宜预选出5~10mm的富镍硫化矿块以直接送往熔炼。因为硫化物矿基本上是由具有显著磁性的磁硫铁矿所组成，而镍通常以镍黄铁矿形态与磁硫铁矿结合存在，或者与磁硫铁矿生成固熔体。因此，在磁选过程中，带磁性的硫化物部分多富集镍，而非磁性的脉石部分则含镍很少。

（3）浮选。浸染碎矿一般经过优先或综合浮选而得到硫化镍精矿或硫化铜镍精矿。综合浮选适用于处理镍含量高的矿石，这时铜和镍一同选出得到铜镍精矿，不需要另建立一个铜厂来单独处理铜精矿。但是对于处理铜含量高而镍含量低的矿石和生产规模大的企业，从经济和技术上都希望采用优先浮选。优先浮选得到的硫化铜精矿是易熔的，因为黄铜矿比镍黄铁矿和磁硫铁矿都容易浮选，而且矿石中黄铜矿是以单独晶粉存在的。有关铜镍硫化矿浮选的数据可参阅表1-1。

表1-1 铜镍硫化矿浮选产物成分 %

产物	Ni	Cu	Fe	S	SiO_2
综合浮选矿石	0.85	1.12	1.7	7.6	39.1
综合浮选精矿	3.18	4.48	39.0	28.2	12.1
综合浮选尾矿	0.065	0.03	10.0	0.3	48.4
优先浮选矿石	2~3	3.5~4.5	33.25	19.8	23.1
优先浮选铜精矿	1.5	25~30	48.85	32.2	4.15
优先浮选镍精矿	7~11	4~6	37.05	25.25	14.6
优先浮选尾矿	0.2	0.1	19.70	4.95	44.25

我国吉林镍业公司的选矿采用优先浮选。金川公司选矿厂采用的是综合浮选。

1.3 镍火法冶炼技术的发展

1.3.1 世界镍冶金发展概况

人类很早就知道如何利用自然界的镍矿物。我国古代云南出产的“白铜”中就含有很高的镍，但是直到18世纪中叶，瑞典科学家克朗斯塔特（A. E. Cronstede）和布兰特（G. Brandt）才相继制得了金属镍，而大规模工业生产镍还是近百年来的事情。

镍生产的发展开始很慢，在1840~1845年间全世界每年镍产量仅为100t，那时镍作为一种贵重金属主要用于做首饰上的装饰品。由于1865年在新喀里多尼亚发现了含镍7%～8%的氧化镍矿，并发现镍能改善钢的性能之后才推动了镍冶金工业的发展；1870年镍产量达到500t。19世纪80年代在加拿大发现了一个储量很大的硫化铜镍矿，从那时起镍工业开始迅速发展，直至现在已经形成镍工业生产完整的技术。火法生产镍的熔炼工艺有鼓风炉、反射炉、矿热电炉、闪速炉和顶吹炉等，吹炼工艺有PS转炉和顶吹炉等。

1.3.2 我国镍冶金的发展

我国的镍冶金生产起步晚，1959年前没有独立完整的镍冶金工业，除了从铜电解过程中回收少量镍（盐）外，金属镍及不锈钢（镍是重要的添加剂）全部依赖进口，经过50多年的快速发展，我国已成为世界上镍生产大国之一。目前拥有镍冶金生产能力近200kt/a，实产镍约150kt/a，基本可满足国民经济建设和社会发展的需要。镍冶金工艺技术的进步也很快，首台炼镍鼓风炉于1959年在四川会理镍矿建成投产，该矿设计规模为年产高镍锍2500t（镍1200t），其冶炼工艺为：精矿→13m^2烧结机烧结→3.7m^2敞开式鼓风炉→5t转炉吹炼成高镍锍（含镍56%～60%）。高镍锍销往成都电冶厂。

于1961年建成投产的成都电冶厂，是我国资源自行设计、建设的镍精炼厂，在投产初期采用高镍锍直接电解，只能产出3号镍，不能满足用户要求。采用硫化镍直接电解制取2号镍的生产试验于1963年获得成功。

随着电解液净化工艺的改进和完善，如采用氯气除钴、镍精砂流态化预脱铜和701树脂深度脱锌，于1965年、1966年相继产出1号镍和零号镍，满足了国民经济建设的需要，并为其后投产的金川有色金属公司镍电解工艺流程的设计提供了依据。

成都电冶厂电镍车间1985年扩建后，镍产量由原设计的1200t/a提高到2000t/a，现有特号镍生产能力近3000t/a。重庆冶炼厂于1958年试产成功纯度大于99.99%的电解镍后，于1960年建成100t/a的镍车间，以会理镍矿的高镍锍为原料生产1号电解镍，20世纪70年代改硫化镍阳极隔膜电解为高镍锍直接电解，阳极液净化用脱铜、氯气除钴铁、离子交换除铅锌生产零号镍，目前电解镍生产能力可达1500t/a以上。

设计规模为10kt的金川公司一期工程于1969年全部建成投产，标志着我国规模化、大型化镍工业的形成。20世纪70年代研究成功红土矿还原焙烧→氨浸→氢还原制取镍粉的工业试验流程，并在阿尔及利亚建厂生产。1979年吉林镍业公司年产镍量3500t/a的高镍锍冶炼厂投产，冶炼工艺为：精矿回转窑干燥→制球→竖炉焙烧→电炉熔炼→10t转炉吹炼系统。

1992年10月以闪速熔炼工艺为中心的金川二期工程建成投产，标志着我国火法炼镍技术的巨大进步。1993年末建成的阜康冶炼厂，其高镍锍两段硫酸选择性浸出→镍沉钴→电积制取1号镍的工艺，则是我国开发的具有国际先进水平的精炼新工艺。至此，我国独立、完整的镍工业已形成。

此外，近10年来我国还先后探索出了镍精矿微波→热等离子体熔炼制取高镍锍，高镍锍氯化精炼新工艺，并取得了加压氢还原制取超细镍粉，大洋多金属结核回收镍钴等有价金属的湿法冶金工艺流程的试验成果。

通过近30年的迅速发展，我国镍冶金工艺技术目前已接近和达到了国际先进水平。

1.3.3 金川集团公司的发展

金川集团公司是我国特大型有色金属联合企业，该公司的镍矿属硫化矿，除主金属镍外，尚伴生有大量的铜、钴、金、银及铂族金属，其镍储量及产量分别占我国已探明的总储量及镍冶金产品产量的80%及88%以上，铂族金属产量占全国的90%以上，同时也是我国矿产钴的主要生产基地。因此，金川公司镍冶金特别是高镍锍生产工艺的不断变革，集中体现了我国镍冶金生产工艺技术的进步与发展。金川公司冶炼厂从1963年建厂以来先后经历了四个大的火法冶炼流程，这些流程改造完成后金川火法冶炼的工艺过程达到了21世纪的国际先进水平。

金川镍矿于1958年甘肃省地质局第六地质队根据群众报矿发现，于1960年首先以矿体露出地表的矿区为开采对象进行矿山开拓，与此同时冶金工业部指示，沈阳冶炼厂镍试验车间改用金川铜镍矿进行试验，试验流程为：金川铜镍块矿经鼓风炉熔炼、转炉吹炼成高镍锍。1963年龙首矿上部氧化矿进行了开采，金川同时也建成了鼓风炉、转炉试验车间并一次试验成功冶炼出了高镍锍。金川铜镍块矿及产出高镍锍成分见表1-2。1964年龙首矿井下开采建成投产，一选矿、冶炼厂烧结机、鼓风炉、转炉、小高锍磨浮和镍小电解车间也相继建成投产。

1964年金川镍试验生产系统建成后，国家又开始建设10kt电解镍生产，相继建成了露天矿、二矿区、第二选矿厂。冶炼厂在1966年陆续投产，并形成10kt电解镍的生产能力。为了满足国家对镍的需要，在1985年又将该系统的生产能力扩大到电解镍20kt，并建成了钴、贵金属、硫磺、硫酸等综合利用车间，使金川公司的技术装备、生产能力、经济效益大大提高。

表1-2 金川铜镍块矿及产出高镍锍成分 %

名 称	Ni	Cu	Fe	S	SiO_2	CaO	MgO	Al_2O_3
金川铜镍块矿	2~3	1~1.5	18~20	12	38~40	0.5~1	3~5	2~3
金川高镍锍	49	25	1~2	19~32				

1.3.3.1 鼓风炉熔炼工艺流程

鼓风炉熔炼工艺流程是金川的第一个流程，鼓风炉熔炼工艺系统运行时间为1963~1973年，其工艺流程图如图1-1所示。

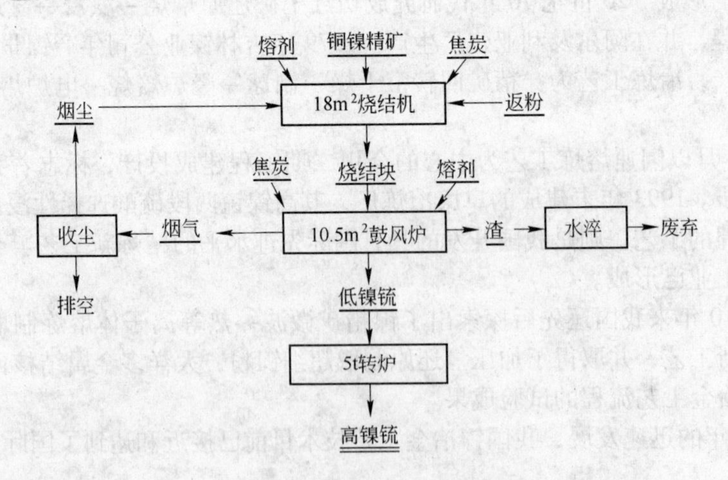

图1-1 鼓风炉熔炼工艺流程图

金川公司建厂初期在冶炼厂建立了鼓风炉熔炼试验车间、高锍磨浮试验车间、镍电解试验车间。建厂初期年产高镍锍含镍1200t，电解镍300t，后经过改扩建高镍锍达到3300t，1966年万吨镍电解车间建成投产。鼓风炉熔炼试验车间一直运行到1973年，直至矿热电炉正常投产。

1.3.3.2 矿热电炉工艺流程

金川公司鼓风炉流程投产后遇到的高镁矿，给鼓风炉熔炼带来很大困难。能耗高、生产能力低，满足不了国家对镍的需要，故1965年又开始了一期10kt电解镍的配套工程建设，由于金川镍矿是高镁矿设计，所以选择了电炉熔炼流程，于1968年建成投产。矿热电炉熔炼工艺建成至今仍在使用，其工艺流程如图1-2所示。

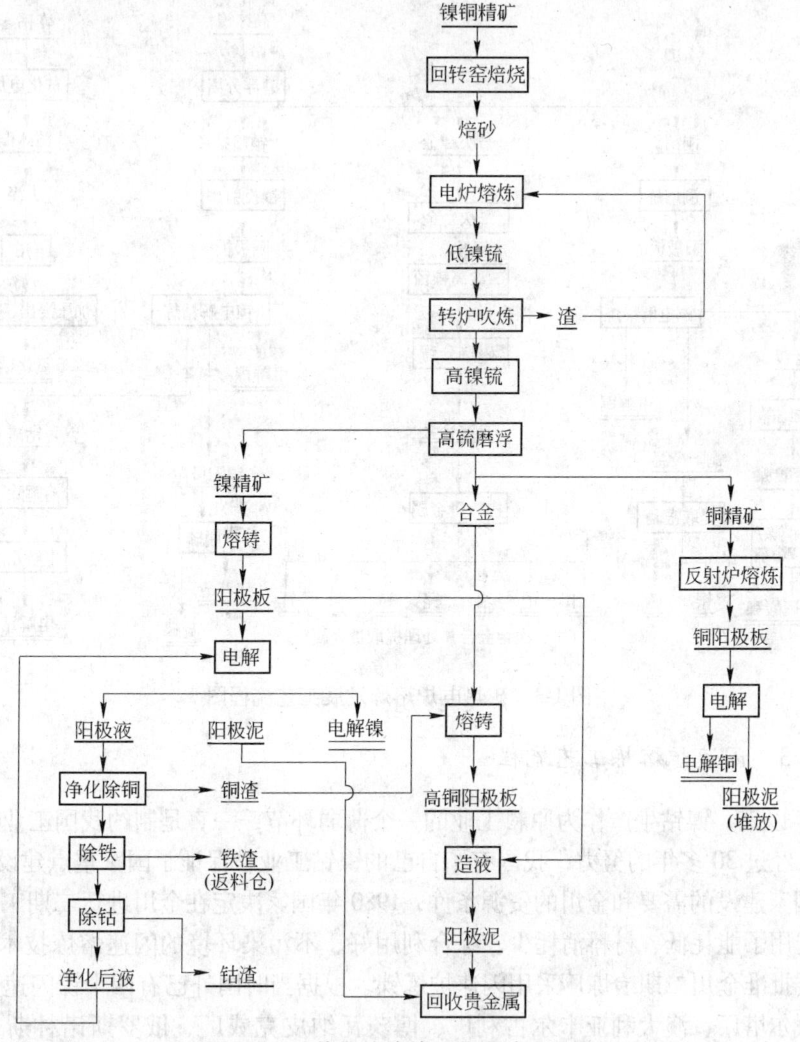

图1-2 矿热电炉熔炼工艺设计流程图

万吨镍系统投产后，在1983年国家决定对一期工程进行改扩建，把电解镍生产能力提高到20kt，后实际达到25kt电解镍的生产能力。改扩建后的流程如图1-3所示。

该流程从1986年投产以来，生产出大量镍、铜、钴及贵金属、硫磺、硫酸等产品，冶炼厂的经济效益得到了很大提高。

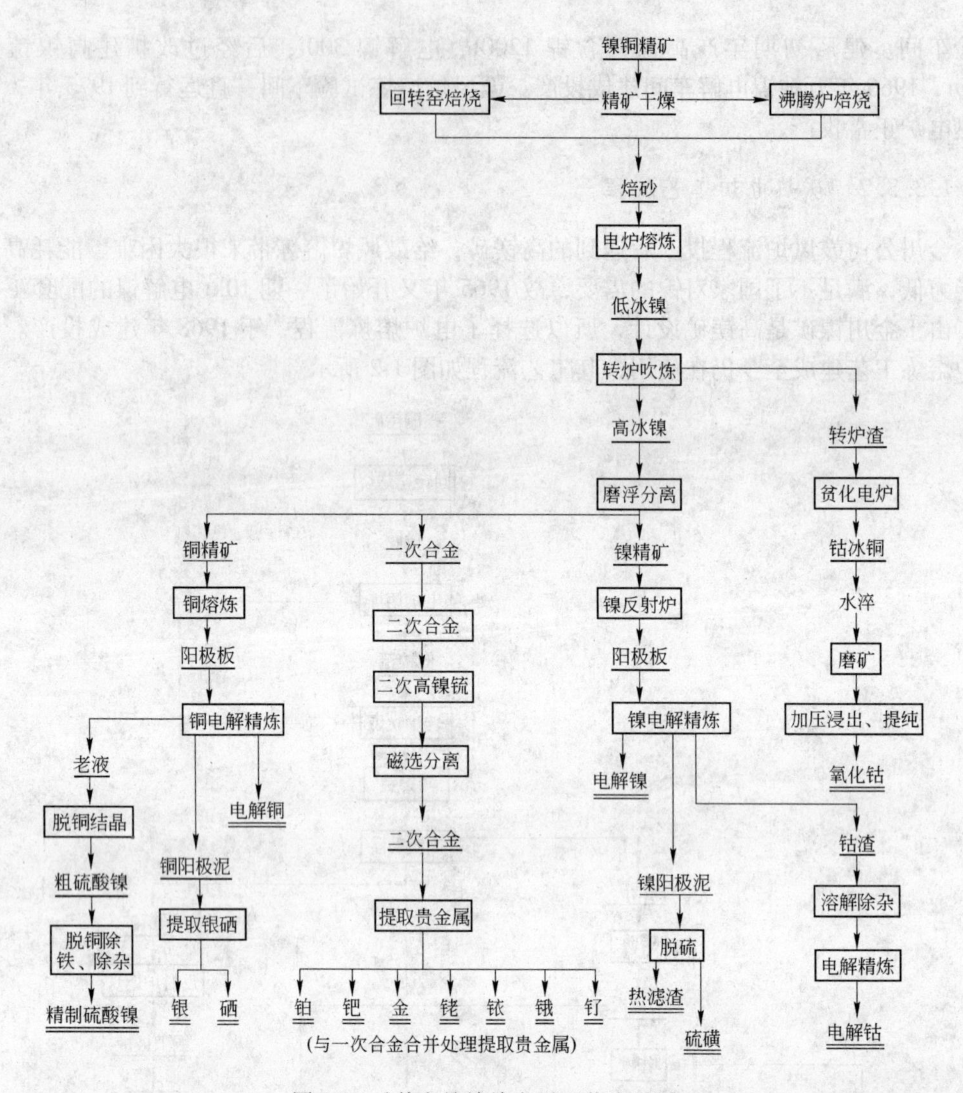

图 1-3 矿热电炉熔炼发展工艺流程图

1.3.3.3 闪速炉熔炼工艺流程

1949 年以来，镍钴生产作为原料工业的一个薄弱环节，一直是制约我国工业发展的一个重要因素。经过 30 多年的努力，我国有了自己的镍钴工业，保证了国家重点建设的需要。

根据国家建设的需要和金川的资源条件，1980 年国家决定在金川进行二期工程建设，在冶炼部分选用了能耗低、材料消耗少、综合利用好、不污染环境的闪速熔炼技术。1984 年 9 月国家计委批准金川二期冶炼厂采用闪速炉炼镍。根据当时国外已有四个镍闪速炉工厂（芬兰哈里亚伐尔塔厂、澳大利亚卡尔古利厂、博茨瓦纳皮克威厂、俄罗斯诺林斯克公司耶琴斯克冶炼厂）的生产实践，澳大利亚卡尔古利冶炼厂闪速炉被认为更适合金川镍冶炼。

闪速熔炼设计工艺技术指标：年精矿处理量 350kt，作业率 95%，闪速熔炼回收率 Ni97. 2%、Cu94. 5%、Co65. 5%。总的火法冶炼回收率 Ni96. 2%、Cu93. 2%、Co55. 1%。

根据镍闪速炉的工艺技术要求，金川二期工程冶炼厂采用了下面的生产流程，图 1-4 为镍闪速熔炼设备连接图。

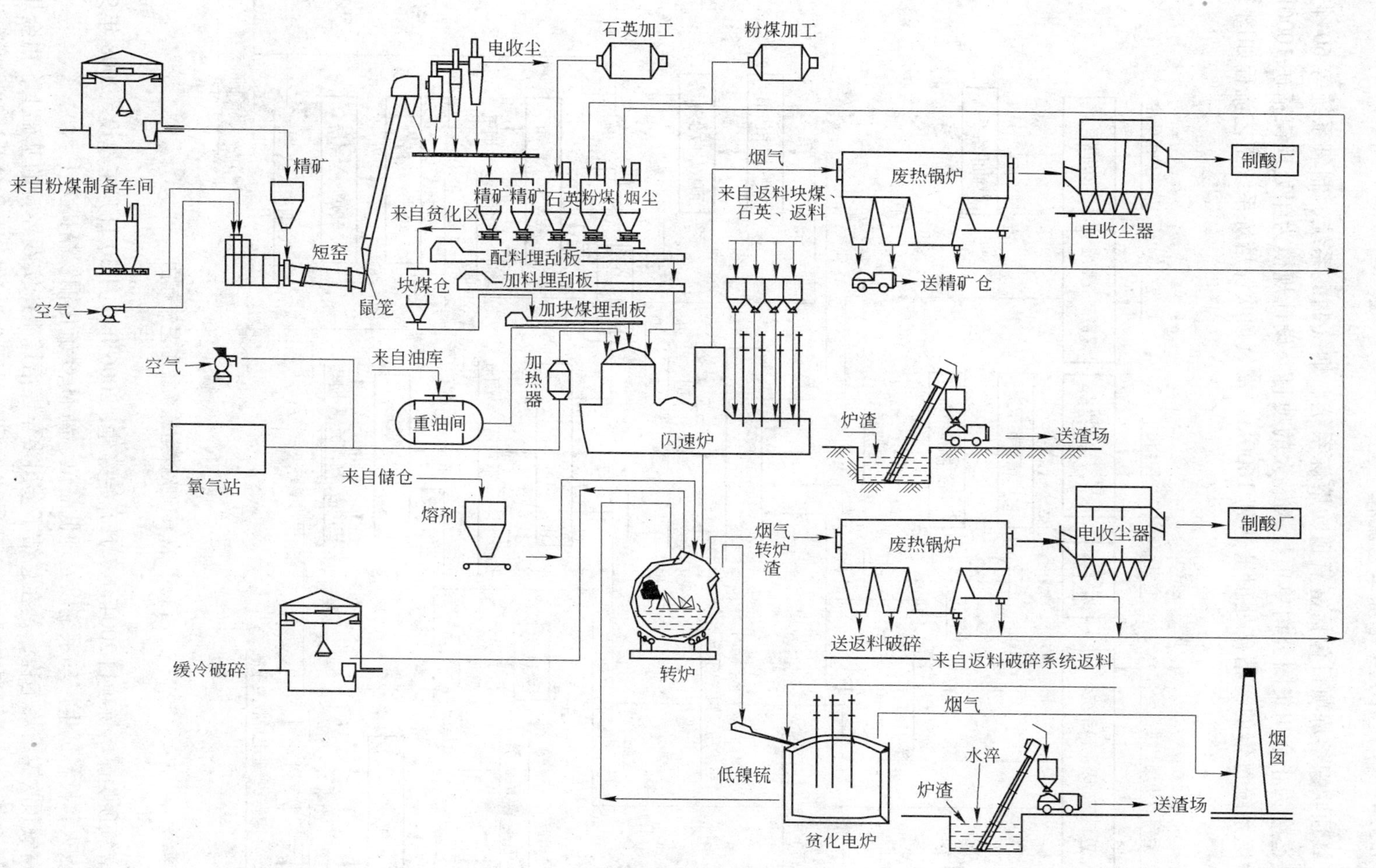

图 1-4 镍闪速熔炼设备连接图

1.3.3.4 富氧顶吹镍熔炼工艺流程

富氧顶吹镍熔炼项目包括富氧顶吹熔炼系统、烟气制酸系统、制氧系统等60个子项，是迄今为止金川集团公司单项投入最大的项目。设计规模为年处理镍精矿1000kt，火法冶炼系统每年的镍精矿处理量达到1600kt。富氧顶吹镍熔炼系统工艺流程如图1-5所示。

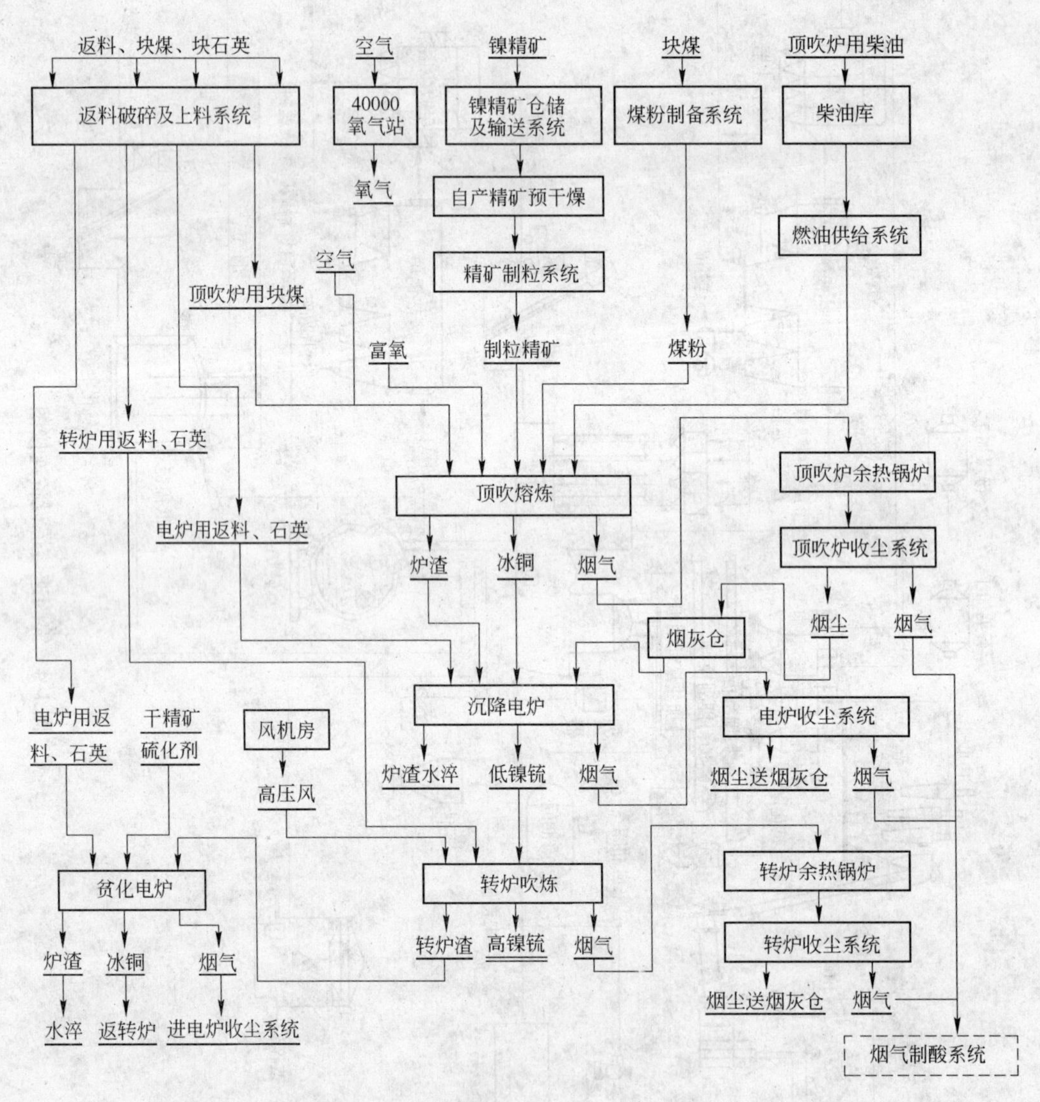

图1-5 富氧顶吹镍熔炼系统工艺流程图

富氧顶吹镍熔炼项目2004年7月开始筹建，2006年9月30日开工建设。2008年9月建成点火，投料试生产。系统以处理低品位、高MgO硫化铜镍精矿为主。

富氧顶吹镍熔炼工程，是在总结了金川多年镍冶炼生产实践经验的基础上，由金川集团公司、Ausmelt公司和中国恩菲工程技术有限公司联合设计，是多方设计和实践经验的结晶，首次将JAE富氧顶吹浸没喷枪熔炼技术应用于镍熔炼领域，号称“世界第一”。

2 闪速炉物料制备

2.1 物料干燥的概况

为了满足火法冶炼工序对物料物理性质的要求，必须对含水的精矿进行干燥或焙烧处理。

2.1.1 精矿的物理特征

精矿是矿石经过选矿工艺过程产出的富集有价金属的物料。根据选矿工艺的不同，具有以下特征。

2.1.1.1 水分

根据物料中所含水分去除的难易程度可分为下列两种：

（1）非结合水：非结合水是物料与水直接接触时，被物料吸收的水分，包括存在于物料表面的润湿水、孔隙水等。由于非结合水与物料的结合强度小，故易于去除。

（2）结合水：结合水可细分为化学结合水、物理化学结合水和机械结合水，包括物料细胞或纤维管壁及毛细管中所含的水分。其中，化学结合水主要指结晶水，结合强度大，去除难，脱去结晶水的过程不属于干燥过程。物理化学结合水包括吸附、渗透和结构的水分，吸附水与物料的结合最强，水分既可被物料的外表面吸附，也可吸附于物料的内部表面。吸附水分结合时有热量放出，脱去时则需吸收热量。渗透水分与物料的结合是由于物料组织壁的内外溶解物的浓度有差异而产生的渗透压造成的，结合强度相对弱小，结构水分存在于物料组织内部，在胶体形成时将水结合在内，蒸发、外压或组织的破坏可离解结构水分。机械结合水包括毛细管水等，毛细管水存在于纤维或微小颗粒成团的湿物料中，它与物料的结合强度较弱。含结合水的物料称为吸水物料，如：木材、粮食、皮革、纤维及其织物、纸张、合成树脂颗粒等。仅含有非结合水的物料，称为非吸水性物料，如铸造用型砂、各种结晶颗粒等。就干燥的难易程度来说，非吸水性物料要比吸水性物料容易干燥得多。

物料和水的不同结合形式，排除水分消耗的能量也不同，也就是说，干燥不同物料所需要的热能也不同。根据物料在一定的干燥条件下其水分能否用干燥方法脱除，可将物料水分为平衡水和自由水。在现实生活中，常会遇到一些物料在湿度较大的空气中出现“返潮”的现象，而这些返潮的物料在干空气中又会回复其“干燥”状态。不管“返潮”或“干燥”过程怎样进行，到一定限度后，物料中的水含量必将趋于一定值，此值即称为在此空气状态下的平衡水。物料中所含的大于平衡水的那一部分可以在干燥过程中，从湿物料中去除的水分，称为自由水。

精矿水分是衡量精矿质量的标准之一，根据选矿方法的不同，精矿水分一般在10%～25%。精矿中既有结合水，也有大量的非结合水。

2.1.1.2 粒度

粒度是表示精矿颗粒粒径大小的物理量，通常以“目”表示。目数，就是孔数，即每平方英寸面积上的孔数目。目数越大，孔径越小。一般将筛上物占总量的比率以“+”百分数表示，筛下物则以“-”百分数表示。闪速熔炼工艺对物料粒径的要求是：-200目(-0.074mm)不小于80%，即表示筛下物大于总量的80%，筛孔大小与筛孔实际尺寸见表2-1。

表2-1 筛孔大小与实际尺寸关系

筛孔大小/目	筛孔实际尺寸/mm	筛孔大小/目	筛孔实际尺寸/mm
3	6.680	35	0.417
4	4.699	48	0.295
6	3.327	65	0.208
8	2.362	100	0.147
10	1.651	150	0.104
14	1.168	200	0.074
20	0.833	270	0.053
28	0.589	400	0.037

2.1.1.3 堆密度

单位体积的物料在自然堆积条件下所具有的质量，称为堆密度。干精矿（含水小于0.3%，粒度-200目（-0.074mm）大于80%）的堆密度通常为1.6～1.8t/m³，物料的水分和粒度直接影响其堆密度。

2.1.1.4 安息角

散料在堆放时能够保持自然稳定状态时锥体母线和水平面的夹角，称为安息角，也被称为休止角。在这个角度形成后，再往上堆加这种散料，就会自然溜下，在增加高度的同时增大其底面积，始终保持这个角度不变。在土堆、煤堆、粮食的堆放中，经常可以看见这种现象。不同种类的散料安息角各不相同。湿精矿的安息角约为45°。

粉尘粒子安息角又称粉尘静止角或堆积角，是指粉尘粒子通过小孔自然堆积成的锥体母线与水平面的夹角。许多粉尘安息角与粉尘种类、粒径、形状和含水率等因素有关。同一种粉尘，粒径愈小，安息角愈大；表面愈光滑或愈接近球形的粒子，安息角愈小；粉尘含水率愈大，安息角愈大。粉尘安息角是粉尘的动力特性之一，是设计除尘设备（如贮灰斗的锥体）和管（倾斜角）的主要依据。干精矿安息角约为30°。

2.1.2 精矿的干燥

2.1.2.1 干燥的目的

干燥生产工序的目的是对选矿产出的湿精矿进行干燥脱水处理。闪速炉熔炼工艺要求干燥后的精矿含水小于0.3%，粒度要求-200目（-0.074mm）大于80%。

2.1.2.2 干燥方法

干燥就是从各种物料中去除湿分的过程，各种物料可以是固体、液体或气体。固体可分为大块料、纤维料、颗粒料、细粉料等，而湿分一般是指物料中的水分，也可以是其他溶剂。在此以水分为例比较说明。

通常有三类干燥方法：

（1）机械脱水法：机械脱水法就是通过对物料加压的方式，将物料中的一部分水分脱出。常用的有压榨、沉降、过滤、离心分离等方法。机械脱水法只能除去物料中部分自由水，结合水仍残留在物料中，因此，物料经机械脱水后物料含水率仍然很高，一般为10%～60%。但机械脱水法是一种最为经济的脱水方法。

（2）加热干燥法，也就是常说的干燥：它利用热能加热物料，使物料中的水分汽化，使物料中的水分汽化形成水蒸气，并随空气带出干燥器。物料经过加热干燥，能够除去物料中的结合水，达到产品或原料所要求的含水率。因此使用加热干燥法除去物料中的水分需要消耗一定的热能。

根据热能传递给湿物料的方式，干燥过程可分为：对流干燥、传导干燥、辐射干燥和介电加热干燥等。

1）对流干燥：通常是利用空气来干燥物料，预先加热的热空气被送入干燥器内，将热量以对流的方式传递给物料。转筒干燥即属于对流干燥。在对流干燥中，作为干燥介质的热空气，既是载热体又是载湿体。

2）传导干燥：热能以传导的方式传给湿物料。湿物料与加热介质不能直接接触，如蒸汽干燥等。

3）辐射干燥：热能以电磁波的形式投射到物料表面使水分汽化，这种方法又称为红外线干燥。

4）介电加热干燥：此法是将电极插入物料中，电极供以变频交流电，物料靠介电损失所产生的内部热源进行干燥。

（3）化学除湿法：就是利用吸湿剂除去气体、液体、固体物料中的少量水分。由于吸湿剂的除湿能力有限，仅用于除去物料中的微量水分，因此生产中应用很少。

在实际生产过程中，对于高湿物料一般均尽可能先用机械脱水法去除大量的自由水分，之后再采取其他干燥方式进行干燥。

2.1.2.3 干燥过程及其特点

为了说明干燥过程，下面以气流干燥为例介绍干燥过程及其特点。

A 湿物料的干燥过程

干燥的条件为干燥介质（通常为热空气）的流动速度、湿度和温度。当热空气从湿物料表面稳定地流过时，由于空气的温度高，物料的温度低，因此空气以对流传热的方式把热量传递给物料，物料接受热量后使其中的水分汽化，汽化后的水蒸气被气流带走，物料的湿含量不断下降。当物料的湿含量下降到平衡水分时，干燥过程结束。物料干燥过程其实也是传热和传质两个相互作用的过程，所谓传热就是热空气将热量传递给物料，用于加热物料并汽化其中的水分的过程；传质就是物料中的水分蒸发并迁移到热空气中，使物料水分逐渐降低，得到干燥物料的过程。

B 干燥过程的特点

在干燥过程中，由于物料总是具有一定的几何尺寸，即使是很细的粉料，从微观看也都是有一定尺寸的颗粒，实际上上述传热传质过程在热气流与物料颗粒之间和物料颗粒内部的机理是不相同的，在干燥理论上就将传热传质过程分为热气流与物料表面的传热传质过程和物料内部的传热传质过程。由于这两种过程的不同而影响了物料的干燥过程，两者在不同干燥阶段起着不同的主导和约束作用，这就导致了一般湿物料干燥时前一阶段总是以较快且稳定的速度进行，而后一阶段则是以越来越慢的速度进行，所以干燥过程可分为等速干燥阶段和降速干燥阶段。(1) 在等速干燥阶段内，物料内部水分扩散至表面的速度，可以使物料表面保持充分的湿润，即表面的湿含量大于干燥介质的最大吸湿能力，所以干燥速度取决于表面汽化速度。换句话说，等速阶段是受汽化控制的阶段。由于干燥条件（气流温度、湿度、速度）基本保持不变，所以干燥脱水速度也基本一致，故称为等速干燥阶段，在此阶段热气流与物料表面之间的传热传质过程起着主导作用。因此，提高气流速度和温度，降低空气湿度有利于提高等速阶段的干燥速度。等速阶段物料吸收的热量几乎全部都用于蒸发水分，物料很少升温，故热效率很高。可以说等速阶段内的脱水是较容易的，去除的水分属非结合水分。(2) 随着物料的水分含量不断降低，物料内部水分的迁移速度小于物料表面的汽化速度，干燥过程受物料内部传热传质作用的制约，干燥的速度越来越慢，此阶段称为降速干燥阶段，有以下几个特点：第一，湿含量越低，干燥速率越小；第二，物料的厚度或直径越大，干燥速率越小；第三，当降速阶段开始后，由于干燥速率逐渐减小，空气传给物料的热量，部分用于汽化水分，剩余部分将加热物料使其温度升高，直至接近于空气的温度；第四，降速阶段的水分随物料温度的上升在其内部汽化，并以蒸汽的形态扩散至表面，所以降速阶段的干燥速率完全取决于水分和蒸汽在物料内部的扩散速度，因此也把降速干燥阶段称为内部扩散控制阶段；第五，在降速阶段，提高干燥速度的关键不再是改善干燥介质的条件，而是提高物料内部湿分扩散速度。提高物料的温度，减小物料的厚度都是很有效的办法。相对等速干燥阶段，降速阶段的干燥脱水要困难得多，能耗也要高得多。所以为了提高干燥速度，降低能耗，保证产品品质，在生产工艺允许的情况下，应尽可能采取打散、破碎、切短等方法减小物料的几何尺寸，以利于干燥过程的进行。

2.1.2.4 干燥设备

冶金工业中的干燥设备种类繁多，有转筒干燥器、气流干燥器、沸腾干燥器以及喷雾干燥器等。

(1) 转筒干燥器是把湿物料送入筒形干燥器内，随着筒形干燥器的旋转，使湿物料与热气流在充分接触的过程中脱除水分，从而获得干燥产品。转筒干燥工艺根据介质流的运动方向可分为顺流干燥和逆流干燥。

依据干燥物料的初始水分、终点水分及处理量等因素，确定转筒干燥器的尺寸。在一般情况下，转筒干燥器应有2%～5%的斜度，高端为进料端俗称窑尾，低端为出料端俗称窑头。

热烟气自窑头进入干燥器内，其流向和物料走向相反的称为逆流式干燥，反之称为顺流式干燥。

热烟气作为干燥介质，一方面作为载热体将热量传给湿物料；另一方面又作为载湿体将汽化后的水分带走。

（2）气流干燥器是将湿物料送入热气流中，与之并流接触，使其中的大部分水分汽化后被带走，最终得到分散成粉状的含水较低的干燥物料。日本全部采用气流干燥，我国的贵溪冶炼厂和金川镍闪速炉也采用这种干燥方法。

气流干燥工艺的特点是：被干燥的物料与热烟气直接接触，并且呈均匀、分散、悬浮状态，固相与气相之间的传热、传质条件极为良好。它与其他干燥方法相比具有以下四个方面的优点：

1）气流干燥是一种低温快速干燥方法，它可广泛利用各种冶炼废气，因此燃料消耗少。

2）气流干燥速度快，干燥强度大，处理量大，热效率高，与回转窑干燥相比，每千克水气流干燥的热耗值仅4187kJ，而回转窑干燥的热耗值每千克水则高达5443～5862 kJ。

3）由于采用负压操作，环保条件好，干燥过程易于控制，可以有效控制干精矿的粒级，能实现自动化连续作业。

4）在干燥的同时将物料提升到炉顶，将干燥与输送两个过程合二为一，省去了提升设备，投资少，经济效益好。

气流干燥的主要缺点是：系统设备磨损快，设备庞大，动力消耗大。

（3）喷雾干燥器是将含湿分约30%的物料，通过雾化器喷洒成细小的液滴，以增大它与热空气的接触面积，从而强化干燥过程。

（4）沸腾干燥器是通过热风使物料形成稳定的流态化沸腾层，与热风充分接触促进干燥。加拿大国际镍公司钢铁冶炼厂采用这种干燥方法。

（5）蒸汽干燥器是将湿精矿加入夹套式蒸汽干燥器中使水分汽化，从而获得干燥产品的一种方法。蒸汽干燥是芬兰最新采用的干燥方法。我国的贵溪和金川在铜冶金工艺中也有应用。

（6）远红外线干燥器是近年发展起来的一项新技术，它是利用物体吸收红外线后物体分子产生共振现象，从而使物质变热，以达到干燥的目的。它以干燥速度快、生产效率高、节约能源、制造简便等优点得到广泛应用。

2.2 精矿气流干燥系统

2.2.1 气流干燥工艺

2.2.1.1 基本原理

金川精矿气流干燥分为短窑干燥、鼠笼打散机干燥和气流干燥管干燥三个过程，是一种低温、大风量的干燥工艺（即干燥过程吨干矿风矿比为1200m^3）。粉煤燃烧室产生的800～1000℃的烟气经混风室内配入冷空气调控至400～800℃后进入干燥窑。湿精矿经窑头摇摆机加入干燥窑内，由干燥窑扬料板将物料扬起与热烟气进行定向顺流接触，热烟气将热量以对流方式传给湿精矿，同时精矿中的水分被汽化后随烟气带走。在鼠笼内，鼠笼转子将湿精矿打散呈悬浮状态，使其与热烟气充分接触，湿精矿中的水分进一步汽化脱离。当气流管内的气流速度大于精矿的下落速度时，精矿随气流上升，均匀分布于气流管中与热烟气直接接触，精矿水分进一步汽化，从而实现镍精矿的深度干燥。

其中，干燥介质（即热烟气）既作为载热体将热量传给湿物料，又作为载湿体将汽化后的水分带走。

2.2.1.2 影响干燥过程的主要因素

影响干燥过程的主要因素有：(1) 湿物料的物理及化学特性；(2) 湿物料的水分及温度。物料的水分越高，干燥能力越低；物料的温度越低，干燥能力也越低；(3) 干燥介质的温度。干燥介质温度高，干燥能力越大，但是，干燥介质的温度不能任意提高，一般应低于物料的变质温度；(4) 干燥介质的气流速度；(5) 湿物料与干燥介质的接触情况；(6) 干燥设备结构。

2.2.1.3 气流干燥主要指标

A 脱水强度

脱水强度是指干燥系统每小时能脱除物料中水分的能力，用符号 m 表示：

$$m = G_1 \times \left(\frac{w_1}{1 - w_1} - \frac{w_2}{1 - w_2}\right)$$

式中 G_1——湿物料重量，t/h；
w_1——湿物料水分质量分数，%；
w_2——干物料水分质量分数，%。

B 干燥窑物料平衡

干燥窑物料平衡计算：

$$G_1 \times (1 - w_1) = G_2 \times (1 - w_2)$$

式中 G_1——湿物料重量，t/h；
G_2——干物料重量，t/h；
w_1——湿物料水分质量分数，%；
w_2——干物料水分质量分数，%。

C 收尘效率

吸尘效率是指含粉尘气流在通过收尘器时，所收集的粉尘量占进入收尘器气流中的质量分数。

$$\eta = \left(1 - \frac{C_{出} \times Q_{出}}{C_{进} \times Q_{进}}\right) \times 100\%$$

式中 η——收尘效率，%；
$C_{出}$，$C_{进}$——收尘器进、出口管道内的烟尘浓度，g/m^3(标态)；
$Q_{出}$，$Q_{进}$——收尘器进、出口管道内的烟气流量，m^3(标态)/h。

D 脱硫率

脱硫率是指干燥过程中脱去的硫量占原料中含硫总量的质量分数。

$$a = \frac{G_1 \times s_1 - G_2 \times s_2}{G_1 \times s_1} \times 100\%$$

式中 a——脱硫率,%;

G_1, s_1——湿精矿量，t；湿精矿含硫质量分数,%;

G_2, s_2——干精矿量，t；干精矿含硫质量分数,%。

E 燃料率

燃料率是指单位固体物料所消耗的燃料量。

F 烟尘率

烟尘率是指产出的烟尘量与固体物料量的质量分数。

G 产品合格率

产品合格率是指合格产品量占产品总量的质量分数。

H 单耗

单耗是指单位成品或半成品在生产过程中所消耗的原料、材料、燃料及电力的数值。

2.2.1.4 燃料及燃烧计算

干燥窑热能的来源，目前主要依赖于燃料的燃烧。凡是在燃烧时（剧烈地氧化）能够放出大量的热，并且此热量能有效地被利用在工业或其他方面的物质统称为燃料。所谓有效地利用是指利用这些热源在技术上是可能的，在经济上是合理的。燃料可分为固体燃料、液体燃料和气体燃料。在此主要介绍固体燃料。

A 燃料的通性

固（液）体燃料的组成元素有碳（C）、氢（H）、氧（O）、氮（N）及一部分硫（S），此外还含有一些由 SiO_2、Al_2O_3、Fe_2O_3、CaO、MgO、Na_2O 等矿物杂质构成的灰分，以符号 A 表示，以及还含有一部分水分（W）。综合而言，任何一种固（液）体燃料均由 C、H、O、N、S、A、W 七种基本组分组成，其中碳（C）、氢（H）和有机硫（硫的一种形态）能燃烧放热，构成可燃成分，其他则属不可燃物。

碳燃烧时能放出大量的热，约 33915kJ/kg，是固（液）体燃料中的主要发热物质。氢燃烧时放出的热量约为 143195kJ/kg，也是主要发热元素之一，但是在固体燃料中氢含量一般在 6% 以下，所以氢对燃料的发热量影响相对于碳而言要小些。硫虽然能燃烧放热，但发热量较低，约为 9211 ~ 10886 kJ/kg，而且燃烧后生成的二氧化硫为有害气体，腐蚀金属设备，污染环境，故硫被视为有害成分。氧和氮的存在，相对降低了可燃成分的含量，故属于有害成分，其中氮是惰性气体物质，燃烧时一般不参加反应而进入废气中。水分是燃料中的有害成分，它的存在不仅相对降低了可燃成分含量，而且水分在蒸发时要吸收大量的热。灰分的存在不仅降低了可燃成分的含量，而且影响燃烧过程的进行，尤其是固体燃料中低熔点灰分影响更大。灰分熔点低，在燃烧过程中易熔结成块，阻碍通风，造成燃料浪费和增加除灰操作的困难。一般要求灰分熔点在 1300 ~ 1500℃ 之间。

综上所述，碳和氢是固（液）体燃料中的有益成分，氧、氮、硫、灰分和水分是有害成分。有益成分越高，有害成分越少，则燃料的质量越好。在相同含量时，燃料中灰分的熔点愈高，则该燃料的质量愈好。

B 固（液）体燃料的成分分析

固（液）体燃料的组成可用工业分析和元素分析两种方法确定。工业分析比较简单，各生产单位皆可进行，而元素分析通常只由燃料部门进行。

工业分析可测定固（液）体燃料中的水分（W）、灰分（A）、挥发分产率（V）和固定碳（$C_{固}$）的含量及性质，以作为评价燃料的指标。分析结果以这些成分在燃料中所占的质量分数表示。根据国家规定，煤的工业分析是将一定质量的煤加热至110℃使其水分蒸发以测得水分的含量，再在隔绝空气的情况下加热至850℃，其挥发性的物质全部逸出并测出挥发分产率的含量，然后通以空气使固定碳全部燃烧以测出灰分和固定碳的含量。

煤的工业分析可以表明煤的很多重要特性。含挥发分高的煤容易着火，燃烧速度快，实际燃烧温度高，因而挥发分含量的高低是衡量煤质好坏的重要指标。煤分解挥发分以后，残留下来的固体可燃物质为固定碳，其中主要成分是碳，还有少量的氢、氧、氮等。固定碳是煤中主要的发热组分，也是衡量煤的使用特性指标之一，固定碳含量越高，煤的发热量越大。煤中不能燃烧的矿物质是灰分，其成分有 SiO_2、Al_2O_3、Fe_2O_3、CaO 等，粉煤的着火温度随其灰分含量的增大而增高，而燃烧速度和发热能力则随之降低。煤中水分含量高不仅输送困难，下煤不畅，而且不利于粉煤的燃烧。为此，精矿干燥用煤对煤质有下列要求：

(1) 粒度 -200 目（-0.074mm）大于85%，水分小于1%；

(2) 挥发分含量25%～30%，固定碳含量55%～60%；

(3) 灰分含量小于15%，灰分熔点大于1200℃；

(4) 发热量应为25122～26378 kJ/kg。

C 固（液）体燃料的发热量

燃料的发热量又称发热值，它是评价燃料好坏的重要指标，也是燃烧计算的重要数据之一。燃料的发热量是指单位质量或单位体积的燃料在完全燃烧时所放出的热量，通常用符号 Q 表示。燃料的发热量与燃烧产物的状态有关，故有高发热值和低发热值之分。

煤的发热量与各种煤质指标的关系：煤的挥发分含量越高，其发热量就越低，当煤的挥发分含量达到约28%时，其发热量达到最大值为36～37 kJ/g，随着挥发分降至28%以后，其发热量即随挥发分的降低而降低。煤的发热量随着固定碳含量的增加而增高，到固定碳含量在70%～82%时，其发热量达到最高值，当固定碳含量大于82%时，发热量则随着固定碳含量的增加而降低。煤的发热量往往随着灰分含量的增大而降低，并且煤的灰分含量越高，其发热量就越低。煤的发热量与其水分之间虽然无十分规律的反变关系，但总体来看，煤的发热量越高，其水分含量就越低。

D 粉煤的燃烧

燃料燃烧需具备三个基本条件，即：可燃物、着火热源和助燃剂。而粉煤的炬式燃烧是将煤磨成一定细度的粉煤（一般是0.05～0.07mm），然后用空气输送管道通过燃烧器喷入炉内使煤粉呈悬浮状态进行火炬式燃烧。用来输送粉煤的空气，称为一次空气，约占燃烧所需空气量的15%～50%（与煤粉挥发分的产率有关，挥发分产率高时，一次空气的比例可以大一些）。其余助燃的空气直接通入炉内，称为二次空气。

a 空气消耗系数

粉煤燃烧时，实际空气需要量与理论空气需要的比值称为空气消耗系数，即 n 值。当空气消耗系数过小时会形成不完全燃烧，而空气消耗系数过大时对燃烧也有不利影响。因此，空气消耗系数对粉煤燃烧过程的影响很大，是控制燃烧过程的一个重要参数。为使粉煤能够完全燃烧，空气消耗系数通常取1.2～1.3。

空气消耗系数对炉子的各个方面都有很大影响，分述如下：

(1) 对空气消耗量和燃烧产物量的影响。粉煤燃烧时，空气消耗量和燃烧产物量随空气消耗系数的增加而成比例地增加。这样，就要求选用较大能力的鼓风机和较大直径的空气管道，而且要求排烟系统也要设计得大些。在生产中往往由于空气消耗系数的增大，整个系统的阻力增加，从而引起烟囱抽力不够。

(2) 对燃烧温度的影响。当 n 值增大时，燃烧产物量也随之增大，故使得燃烧温度下降。

燃烧温度是指燃料燃烧时其气态的燃烧产物所能达到的温度，它主要取决于在燃烧过程中供入热量的多少和向外散失热量的多少，即取决于热量收入和热量支出的平衡关系。当供入热量大于支出热量时，温度逐渐升高；反之，则温度逐渐降低。当供入热量等于支出热量时，温度便相对地稳定下来，而此时相对稳定的温度水平决定于热量平衡水平。影响燃烧温度的因素主要有以下几个方面：

1) 燃料的发热量。燃料的发热量越高，则燃烧温度越高。故对要求温度高的炉子，应选择发热量高的优质燃料。

2) 空气和煤气的预热温度。空气、煤气的预热温度越高，燃烧温度也越高。这是因为空气、煤气预热后，增加空气、煤气的物理热，而燃烧产物量并不增加，同时也符合综合利用、回收废气，节约燃料的方针。

3) 空气消耗系数。空气消耗系数影响燃烧产物体积，同时也影响燃料的不完全燃烧程度，从而影响燃烧温度。当 $n>1$ 时，则 n 越大，温度越低。这是因为当 n 值增加，实际的烟气量也增加了，这样就减小了单位体积烟气内的热含量，从而降低了燃烧温度，从这个角度考虑不应该采用过大的 n 值。但如果空气消耗系数太小（$n\leqslant1$）时，则会造成不完全燃烧同样使燃烧温度降低。因此生产中必须在保证完全燃烧的条件下，尽量减小 n 值。

4) 燃料燃烧程度。使燃料尽量燃烧完全，并减少燃烧过程向周围散失的热量，可达到提高燃烧温度的目的。

5) 富氧空气和氧气中燃烧。由于燃烧产物体积的大小对燃烧温度影响很大，因此，如果不是用空气，而是用富氧空气或氧气作为燃烧反应的氧化剂，则燃烧产物体积大为减小，可显著提高燃烧温度。

(3) 对燃烧产物成分的影响。当 n 值增大时，可以保证更大程度的完全燃烧，但此时燃烧产物中 N_2、O_2 的绝对数量增加，而使燃烧产物中的 CO_2 和 H_2O 的含量相对减少。CO_2 和 H_2O 的减少对炉子工作是不利的，因为它削弱了烟气在高温炉膛中的辐射能力。

(4) 对燃烧产物中热量损失的影响。当 n 值增大时，燃烧产物量增加，在燃烧产物离开炉膛时，它所带走的热损失也增大。

(5) 对燃料利用系数的影响。燃料利用系数是指用来加热物料的有效热和炉子热损失之和，与燃料燃烧热之比。当 $n>1$ 时，随着 n 值的增大，不仅燃烧温度降低、燃烧产物的辐射能力减弱，而且产物中的物理热损失增加，从而使燃料利用系数减小。当 $n<1$ 时，

n 值愈小，化学不完全燃烧热损失也愈大，燃料利用系数也愈小。显然，n 值过大或过小都会使燃料利用系数降低，燃料利用系数的降低就意味着燃料的浪费。

b 粉煤的燃烧过程

当粉煤与空气的混合物喷入高温炉膛后，粉煤中所含的少量水分受热首先蒸发；随后，粉煤中的化合物开始分解放出挥发分，挥发分与空气混合容易着火，故首先在粉煤颗粒表面燃烧，所以挥发分含量大的粉煤比较容易燃烧。挥发分燃烧产生的热量又提高了粉煤周围的温度，加速了碳的燃烧。最后剩下了灰分，一部分沉落在炉膛熔池内，另一部分被气流带进烟道系统。因此，可以认为，粉煤的燃烧过程，主要是由粉煤与空气的混合、受热分解、着火燃烧这几个阶段组成，燃烧反应在本质上是气相（挥发分）以及固相（固定碳）的燃烧，而挥发分含量愈高、灰分含量愈低时，整个过程则进行得愈快。粉煤的着火温度是指粉煤在一定温度下，即使不接触火种也会发生自燃，这一温度即为粉煤的着火温度。

粉煤的完全燃烧是指燃料中的可燃物质和氧进行充分的燃烧反应，所生成的燃烧产物中已不存在可燃物质，这种燃烧称为完全燃烧。粉煤的不完全燃烧包括机械不完全燃烧和化学不完全燃烧。机械不完全燃烧是指燃料中的部分可燃物质没有参加或进行燃烧反应就损失了的燃烧过程。化学不完全燃烧是指燃料中的可燃成分由于空气不足或与空气混合不好，而没有得到充分反应的燃烧过程。

c 粉煤燃烧的特点

粉煤燃烧具有以下优点：(1) 由于粉煤颗粒细，与空气接触面大，故燃烧速度快，在较小的空气消耗系数（$n=1.2\sim1.25$）下即可完全燃烧，因而能保证获得较高的燃烧温度；(2) 其燃烧过程易于控制，并可实现炉温自动控制，而且开炉敏捷，大大地改善了劳动强度；(3) 粉煤火焰具有较高的辐射能力；(4) 可以利用劣质煤和碎煤；(5) 二次空气预热的温度不受限制。

粉煤燃烧的主要缺点是：(1) 粉煤燃烧后的灰分大部分落在炉膛中，对金属加热和熔炼质量均有影响，而且在高温下灰分易熔结成焦，对耐火材料有侵蚀，且不易清理；(2) 在粉煤制备上还存在着设备和操作方面的问题，而影响生产；(3) 采用粉煤燃烧，当有高温热源存在时，常引起粉煤的爆炸，应注意安全。另外，粉煤在长期贮存时会发生自燃而引起爆炸。

d 粉煤合理燃烧的条件

粉煤燃烧实际上是粉煤中的可燃成分，即碳高温下在空气中燃烧的氧化反应。粉煤能否完全燃烧，关键在于鼓进的空气能否与粉煤充分混合，即空气中的氧与粉煤颗粒能否充分接触。实践证明，对于成分和粒度一定的粉煤，当其与空气混合良好时，整个燃烧过程得到加速，燃烧得比较完全，放出的热量集中，实际燃烧温度也随之提高。

为了使粉煤燃烧完全，粉煤本身应具有一定的粒度。粉煤的粒度越细，与空气的接触面就越大，越有利于混合和燃烧。另外，粉煤与空气的混合物应具有一定的喷出速度（约 15~25m/s），且这一喷出速度应大于火焰的传播速度，以避免燃烧器回火，同时气体内部要有较强的搅动程度。

(1) 粉煤燃烧时必须供给适当的空气。在粉煤的燃烧过程中，空气量的配比与调整是非常重要的。如果空气量供给不足，粉煤便不能完全燃烧；若空气量过多，则过剩的空气会带走炉内的热量从而增加热损失。空气量的大小主要取决于粉煤的成分，对于可燃成分含量大的好煤，供燃烧用的空气量应大些，风煤配比较大；对于次煤，风煤配比则较小。通常粉煤燃烧的风煤配比控制在7~8.5m^3/kg(标态)之间。

（2）燃烧时要有适当的反应温度。粉煤从外界吸收热量使其达到着火温度时便开始燃烧，随着燃烧的强化发出的热量逐渐增多，粉煤周围的温度也就不断提高，促使粉煤的燃烧越来越旺。若不能保持一定的反应温度，燃烧便会停止。根据燃烧时火焰的颜色，可以大致辨别出炉内温度的高低，一般火焰呈白色时约为1300~1400℃；呈淡黄色时约为1100~1200℃；呈橘红色时约为1000℃。

（3）燃烧时要有足够的反应时间。粉煤的燃烧必须要有足够的反应时间，让可燃成分与空气很好地混合接触燃烧，为此，炉内必须要有足够的燃烧空间。若时间和空间不够，没有充分燃烧的粉煤便会随烟气抽走，造成热损失增加。

2.2.2 气流干燥工艺流程

2.2.2.1 概述

闪速熔炼是将精矿与200℃的预热空气或富氧空气按一定比例在精矿喷嘴内混合后垂直喷入反应塔内，精矿呈悬浮状态并被高温炉膛加热，与反应空气在2~3s内进行反应，很快达到所要求的温度并迅速熔化，熔融物落入沉淀池内进行沉降分离。由于反应的时间很短，为保证冶炼过程的顺利进行，闪速熔炼对精矿提出了比较严格的要求：

（1）精矿含水必须在0.3%以下。若水分大于0.3%，在冶炼过程中，精矿颗粒表面会形成一层水蒸气薄膜，阻碍精矿反应的进行。因此，要求精矿进行深度脱水干燥。

（2）闪速炉要求处理高品位的精矿，即要求处理高硫低镁的铜镍混合干精矿。因为精矿硫含量高，使熔炼反应有足够的热量放出，以减少外界补充燃料的消耗。氧化镁熔点高，生产过程中需要保持较高的操作温度，所以要求精矿中氧化镁含量低于6.5%。

（3）精矿粒度必须是-200目（-0.074mm）大于80%，以保证精矿与反应空气能够良好地接触，以利于熔炼反应的进行。

由于金川闪速炉对入炉精矿要求高，精矿干燥系统采用了三段式气流干燥工艺，干燥设备主要由干燥窑、鼠笼打散机和气流干燥管组成。

2.2.2.2 配料

闪速炉要求入炉物料的物理、化学性质均匀且稳定，因此对加入的物料首先要进行配料。所谓配料就是将各种不同品位的精矿或各种不同种类的物料按一定比例混合，使之物理、化学性质满足冶炼工艺要求。

金川镍闪速炉采用仓式配料法，即将几种品位不同的精矿或各种不同种类的物料分别存入各自的料仓内，通过配置在料仓底部的调速计量装置来实现配料，配料比率可由现场设定或由闪速炉中央控制室计算机进行自动调节。闪速炉系统采用的是仓式配料法，精矿、熔剂和烟灰等由各自的风根秤实现仓式配料。

2.2.2.3 工艺流程

闪速炉气流干燥工艺流程见图2-1。

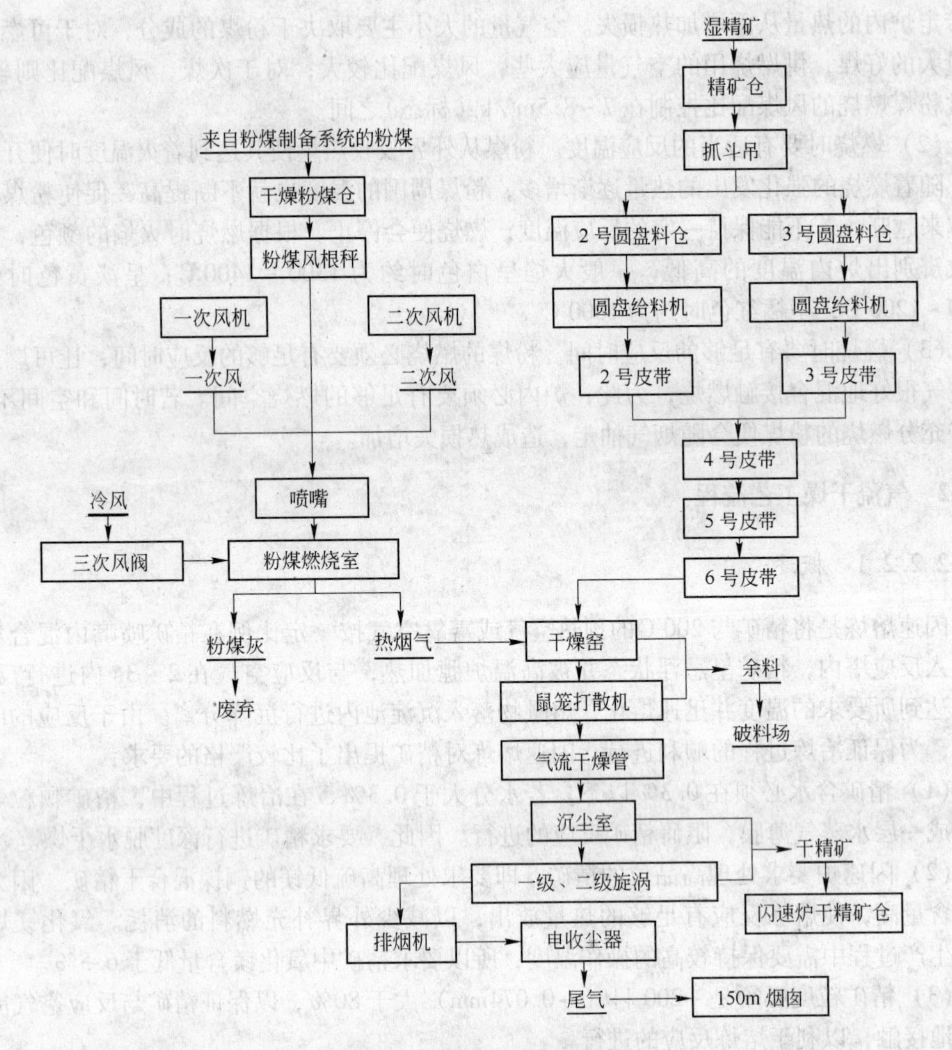

图 2-1 精矿气流干燥工艺流程

在粉煤燃烧操作时，应经常观察粉煤燃烧情况。当炉内充满一团耀眼的白光，看不到对面炉墙，说明风煤比合适，一二次风量配比合适，燃烧效果好，炉子温度集中。如果发现炉膛内有黑影出现，火焰发红，不够光亮，则说明空气量不足，应适当增加二次风量；如果看到炉膛内火焰闪烁，也很耀眼，则说明空气过剩系数过大，可适当增加煤量或减少空气量。

2.2.3 气流干燥工艺配置

金川镍闪速熔炼干燥系统主要设备由粉煤燃烧室、干燥窑、鼠笼打散机和气流干燥管、沉尘室和两级旋涡收尘器组成。

2.2.3.1 粉煤燃烧室

粉煤燃烧室的有效容积为 $172m^3$，容积热强度为 $23 \times 10^5 kJ/(m^3 \cdot h)$，分为燃烧室和混风室两个部分。炉墙为黏土质耐火砖，厚度为 546mm；炉顶采用拱顶形式（拱顶厚度

300mm），拱顶处自东向西分布有5根水冷梁，耐火材料为高铝质低温水泥耐火浇注料；炉体围板采用10mm厚的钢板。燃烧室顶部设有大、小粉煤喷嘴各1个，炉墙上有两个防爆阀。混风室内两侧为三次风阀，用来兑冷风以调整干燥窑入口温度。粉煤燃烧室所有炉门均采用水冷炉门。

2.2.3.2 干燥窑

干燥窑为双支点顺流直接加热式，规格为ϕ2516mm×11000mm。窑体采用双层结构，内筒为厚6mm的不锈钢板卷制；外筒为厚16~30mm钢板卷制，层间留空隙6mm，内外筒体之间的连接方式为：进料端采用加强筋通过焊接方式固定内外筒，出料端不固定，以解决筒体热膨胀的问题。窑转速可在4~6 r/min范围内调节，窑的安装坡度为6%，主要包括筒体、滚圈、托轮、齿圈、传动装置、窑头窑尾密封装置等。

A 扬料板

在内层上装有扬料板，其作用是将物料扬起，使其与热风充分接触。扬料板的配置方式为：高200mm、长1100mm直线形分段式扬料板（为分段加立筋结构），在窑体前半部沿圆周轴向均布12个共6排；在窑体后半部沿圆周轴向均布6个共2排，以利用扬料板的自身强度来控制内衬筒受热后的变形。

B 滚圈和托轮

滚圈和托轮是干燥窑的一对支承副。干燥窑的重量都是通过滚圈传给托轮的。一个滚圈通常由一对托轮来支承，两托轮中心与滚圈中心线之间的夹角一般为60°。滚圈的数量亦即支承点数量视干燥窑长度而定，有两点、三点、四点等，其中两点支承用得最多。

C 挡轮

由于干燥窑是倾斜安装的，在自重与摩擦力的作用下，会产生轴向作用力，使筒体产生轴向位移。挡轮的作用就是限制或控制轴向窜动量，使筒体仅在容许的范围内作轴向移动。移动量的大小取决于挡轮和滚圈侧面的距离。适宜的筒体轴向窜动量应能保证滚圈和托轮的有效接触，而且大、小齿轮不超过要求的啮合范围，同时保证筒体两端的密封装置不致失去作用。普通挡轮在干燥窑中使用较多，这种挡轮是成对安装在靠近齿圈的滚圈两侧。当滚圈和锥面挡轮接触时，后者便被前者带动而产生转动，从挡轮发生转动可以判断出筒体是上窜还是下滑。在操作中应避免上挡轮或下挡轮较长时间连续转动。

2.2.3.3 鼠笼打散机

鼠笼打散机为单轴回转式，主要由壳体、转子、机座及传动装置构成。壳体尺寸是ϕ2000mm×800mm，内衬高铬铸铁衬板。鼠笼转子规格是ϕ2000mm×630mm，材质为铬钼钢，主要起破坏精矿结块，使精矿与热风充分混合的作用，转子回转数是276r/min，转子线速度为25m/s。由于转子磨损较快，大约处理40~50kt就需要更换。鼠笼转子大多采用堆焊法进行修补。

2.2.3.4 气流干燥管

气流干燥管主要起干燥并提升精矿的作用，其工作温度在100~150℃，考虑密封和筒体膨胀，在与变径管的连接部分采用承插式伸缩节，可使管向上膨胀。气流管的规格是

ϕ2146mm×53560mm，与水平倾角呈81°。下部的变径管和圆管内衬为ZGMn13材质，可减少管壁的磨损。气流管上部为单层圆管，厚12mm，材质均为Q235。

2.2.3.5 一级旋涡收尘器

筒体部尺寸为ϕ3550mm×3000mm，锥体部为ϕ3550mm×7000mm，筒体部内衬MT－4。该设备为双管式。

2.2.3.6 二级旋涡收尘器

筒体部尺寸为ϕ3030mm×3000mm，锥体部为ϕ3030mm×7100mm，壳体为Q235－B，筒体部内衬MT－4。该设备为四管式。

2.2.3.7 沉尘室

沉尘室规格为6.59mm×3.5mm×5mm，内衬材质为ZGMn13。

2.2.4 生产实践

2.2.4.1 干燥过程生产控制

在精矿干燥过程中，精矿的成分不发生变化，而精矿的水分、粒度随工艺参数的波动而发生变化。生产中直接用仪器仪表测定水分和粒度是相当困难的，但精矿的水分和粒度与沉尘室温度和系统二旋出口负压有一定的函数关系，故生产中通常用控制沉尘室温度来控制最终精矿水分，用控制系统二旋出口负压来控制精矿粒度。在实际操作过程中，则用调整燃烧室粉煤风根秤的给煤量来调节沉尘室温度，用调整干燥排烟机转速来调节系统二旋出口负压。由于生产过程是连续的，两者又相互影响，相互制约。

A 沉尘室温度的生产控制

在正常生产中，控制沉尘室温度在80～130℃之间。沉尘室温度低，则干燥后精矿水分达不到不大于0.3%的要求；温度高，容易造成旋涡灰斗和干精矿仓发生着火现象，致使精矿脱硫。由于闪速炉是利用精矿中硫铁氧化放热进行冶炼的，硫进入烟气中，从干燥烟囱排空后将污染环境，故精矿气流干燥过程要求精矿脱硫率在0.3%以下。

影响沉尘室温度的主要因素有：(1) 燃烧室给煤量；(2) 精矿处理量；(3) 精矿含水量；(4) 系统漏风率；(5) 系统散热。

B 二旋出口负压的生产控制

二旋出口负压是控制干精矿粒度的主要参数，正常控制在－5000～－6500Pa之间。二旋出口负压低，则气流管内气流速度下降，提升的矿量减少，系统的生产能力下降，且严重时容易发生鼠笼压死事故。二旋出口负压增高，则会使管道风的气流速度增大，精矿对气流管壁和设备的磨损增加，动力消耗增大，且干燥后精矿的粒度变粗，影响干精矿的产品质量。在生产中用设置在鼠笼壳体上的返料管来起微调作用，当调大滑门开口时，漏风量大，气流管内的空气流速增大，被气流带走的精矿颗粒的粒度也相对增大；若调小滑门开口，漏料量减少，气流管内的烟气流速降低，被气流带走的颗粒也相对减少。

影响鼠笼负压的主要因素有：(1) 干燥排烟机转速；(2) 系统漏风量；(3) 精矿处

理量；（4）精矿水分；（5）精矿粒度。

在湿精矿处理量一定的前提下，调整燃烧室给煤量和干燥排烟机至合适数值，将二旋出口负压和沉尘室温度控制在正常控制范围之内。生产中可根据湿精矿处理量和沉尘室温度的波动情况，适当调整三次风阀或鼠笼返料口的挡板，以及燃烧室给煤量和二次风量。

2.2.4.2 烘炉

凡是新砌成或大修后的炉子都必须把炉衬烘干，并将炉衬加热到800~900℃以上，以除去耐火材料中的水分。耐火材料中水分的存在方式有三种：一是游离水；二是结晶水；三是残余结合水。温度在100℃时，可除去游离水；结晶水在350℃时才能排除；而残余结合水要在650℃才能除去。基于以上原因，开炉前必须按制定的升温曲线烘烤，否则在快速升温时，由于水分突然大量蒸发，会出现墙体裂缝、松散、基体倒塌的现象。

A 升温前技术要求

烘炉开始前要检查砖体是否严密紧固；砖面必须平滑；喷煤管是否畅通并固定好。同时检查测温计、炉门、看火孔是否安全齐全，灵敏好用；并检查炉体弹簧是否有一定预紧力，以及确认系统各相关设备运行正常，各阀门开关安全、灵活，并在确认系统联动试车正常后，方可进行烘炉升温操作。

B 烘炉技术要求

（1）烘炉木柴堆放在炉底中间，堆积面积不小于炉底总面积的1/3。

（2）烘炉升温前联系收尘负荷，排烟机负荷提至10%~20%，关闭鼠笼返料管密封盖，将鼠笼入口负压调节至-150~-300Pa。

（3）升温过程中，短窑、鼠笼必须运转，短窑转速为4~5r/min。400℃以上燃烧室三次风阀、工作门打开；400℃以下炉门和三次风阀全部关闭。

（4）使用粉煤烘炉后鼠笼入口负压控制在-200~-400Pa，并根据燃烧室烘温情况及时联系收尘调整负荷。

（5）烘炉时使用火把点火，烘炉烟气通过电收尘器排空。

（6）烘炉期间，按照烘炉温度曲线，均衡掌握燃烧室温度，严禁出现温度忽高忽低，或快速升温现象，以避免炉体裂缝、松散。使用添加或减少木柴、利用炉门开度、调节粉煤风根秤给煤量或将三次风阀开度调节至80%以上的方法来调整温度高低。

（7）烘炉期间炉门严禁打开，防止燃烧室火焰反扑。如果发生灭火，要重新点火，禁止向燃烧室内加煤油和汽油。

（8）烘炉期间及时调整炉体弹簧及拉杆力情况，使之自由膨胀。

C 烘炉升温曲线

炉体烘炉升温必须严格按升温曲线进行，升温曲线见图2-2。

首先用木柴烘烤，每小时升温15~20℃，20h升温至400℃；然后开启小喷嘴二次风机、一次风机和粉煤风根秤，用粉煤保温8h后，在10h内连续升温至700℃，每小时升温25~30℃；再保温8h后，以每小时30℃的升温速度升到900℃，而后按协调员指令组织进入投料生产阶段。

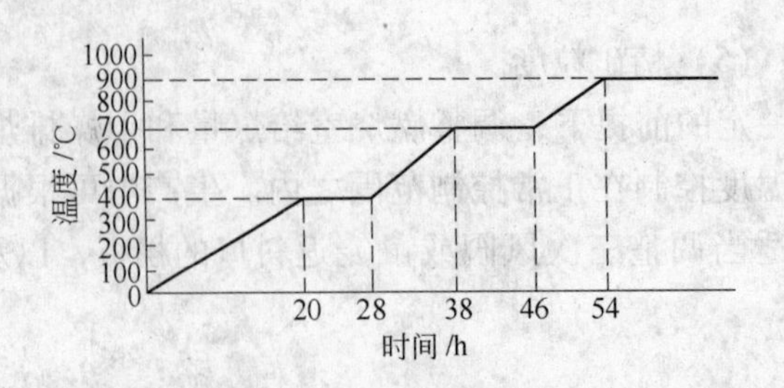

图 2-2　干燥燃烧室升温曲线

2.2.5　常见故障的判断与处理

精矿干燥系统常见故障主要有鼠笼入口温度或沉尘室温度过高、烟囱冒黑烟、鼠笼压死、精矿着火和粉煤失控，以及停电停车、干燥窑和鼠笼打散机设备故障等。

2.2.5.1　鼠笼入口温度过高和沉尘室温度过高故障

A　故障原因

鼠笼入口温度不小于 360℃ 和沉尘室温度不小于 130℃ 的主要原因是圆盘给料量低（≤50t）或瞬间断料，混风室出口温度相对于料量过高和燃烧室给煤量过大等，此时系统生产处于“非正常”运行状态。

B　处理措施

根据生产情况进行工艺控制参数调整：

（1）若干精矿仓位过低，可通过加大圆盘给料量，或者联系调整干燥排烟机负荷，以降低鼠笼入口负压至 -500Pa 左右；

（2）若仓位正常，可调整南、北两侧三次风阀开度至 80% 以上进行微调，或根据进料量逐渐减少燃烧室给煤量，以降低混风室出口温度至 400 ~ 600℃。

2.2.5.2　烟囱冒黑烟故障

A　故障原因

烟囱冒黑烟主要原因是生产控制过程中风煤配比不当，造成粉煤燃烧雾化效果不好或是粉煤质量问题。

B　处理措施

不需要系统停车，可根据生产情况及时调整燃烧室给煤量和配入二次风量，调整风煤配比在 7.6 ~ 7.8m^3/kg 之间，以确保粉煤的完全燃烧。或者采取粉煤样品进行成分化验分析，检验粉煤煤质是否有问题。

2.2.5.3　鼠笼压死故障

A　故障原因

（1）当圆盘给料量过大、湿精矿水分过高（≥11.5%）或混风室出口温度过低（≤400℃）时，造成干燥窑的干燥能力降低，使进入鼠笼内的精矿含水过高而造成鼠笼压死。

（2）鼠笼入口负压相对于料量控制过低（≤ -450Pa）或系统密封状况不好，当瞬间料量过大时气流管内的精矿提升速度突然降低（≤14m/s），造成气流管内的精矿下落而出现鼠笼压死。

(3) 入窑精矿中夹有大块杂物或铁件卡住鼠笼转子。

B 处理措施

(1) 出现鼠笼压死故障时，应停圆盘给料机、6号皮带、干燥窑和鼠笼打散机，使燃烧室处于保温状态，并及时通知圆盘给料机岗位停止加料，组织人员进行处理。

(2) 联系增加干燥排烟机负荷，并检查沉尘室、旋涡收尘器和气流管以及干燥窑头、窑尾和6号皮带下料口等部位的密封情况，及时进行处理，以提高鼠笼入口负压。

(3) 调整风煤配比，提高燃烧室温度，使混风室出口温度控制在500~750℃。检查窑头余料仓是否有结圈现象，三次风阀及工作门是否打开。

(4) 若入窑精矿水分过高，可降低精矿给料量或增加燃烧室给煤量，并调整好风煤配比。

(5) 检查各皮带上电磁铁是否送电，若有大块卡住鼠笼，将鼠笼转子拉出，除去大块杂物或铁件，并清除窑尾积料。待鼠笼内杂物和积料清理干净后，将鼠笼转子安装到位，进行空负荷试车，运转正常后方可恢复正常生产。

2.2.5.4 粉煤失控故障

A 故障原因

粉煤失控的主要原因是粉煤仓仓存偏低，在接收粉煤时由于输送压力大使粉煤直接吹入燃烧室内；或者是粉煤风根秤刮刀卡住或粉煤仓闸板阀开启过大，造成粉煤失控故障，使沉尘室温度瞬间升高至200℃以上。

B 处理措施

(1) 发生粉煤失控故障时，应停圆盘给料机、6号皮带、粉煤风根秤和二次风机等，将燃烧室灭火，到现场认真检查，组织故障处理。

(2) 关闭粉煤仓闸板阀，待沉尘室温度恢复正常后再逐步打开，并检查粉煤仓闸板阀是否灵敏好用。

(3) 在接收粉煤时保证粉煤仓内有足够的存煤，或提前适当对粉煤布袋除尘器布袋进行清灰。若粉煤仓仓存量过低时应先关闭闸板阀，或适当调整闸板阀的开度，再通知粉煤供应岗位输送粉煤。

(4) 检查粉煤风根秤手动盘车是否有刮刀卡住现象。

(5) 检查燃烧室、干燥窑、鼠笼打散机、气流管等设施，若发现燃烧室有掉砖、干燥窑发红，或气流管、沉尘室等有漏风、变形及旋涡灰斗烧结现象，应立即汇报协调员，及时组织进行处理，待运转正常后恢复正常生产。

2.2.5.5 精矿着火故障

A 故障原因

造成精矿着火的主要原因是沉尘室温度持续偏高（≥130℃），鼠笼入口负压相对于料量控制过高（≥-650Pa），旋涡收尘器排料设施漏风或粉煤失控故障。

B 处理措施

(1) 出现精矿着火时，应停圆盘给料机、6号皮带，逐渐降低燃烧室给煤量和二次风量，以降低沉尘室温度和精矿给料量，并及时到现场认真检查，组织处理。

（2）待干燥窑内的物料排出5min后，停大喷嘴粉煤风根秤、二次风机和小喷嘴二次风，干燥窑和鼠笼继续运行，燃烧室进入保温状态。

（3）联系降低干燥排烟机负荷至10%～15%。

（4）用高压风管从旋涡灰斗下部的观察孔吹扫旋涡下料设施，直到旋涡下料设施内没有发现火星为止，并监控沉尘室和旋涡灰斗温度变化，使沉尘室温度降至100～130℃，旋涡灰斗温度降至不大于90℃。

（5）待处理完毕后，联系将干燥排烟机提到正常生产负荷（30%～40%），当燃烧室正常升温至600℃以上，即可恢复正常生产。

（6）根据精矿给料量逐渐降低沉尘室温度至不大于130℃，或通知收尘降低干燥排烟机负荷。

2.2.5.6 停电停车故障

出现突发性停电造成停车故障时，应紧急到现场将干燥窑、鼠笼打散机和粉煤风根秤、二次风机的安全开关打到“0”位，组织本班作业人员将干燥窑和鼠笼打散机进行手动盘车（每小时转180°）。待送电后及时联系电工进行检查和处理。待各设备运行正常后，将燃烧室温度升至600℃以上方可组织正常进料。

2.2.5.7 鼠笼打散机设备故障

A 故障原因

造成鼠笼设备故障的主要原因是机体振动和轴承温度高（>60℃）。

B 处理措施

（1）发现鼠笼机体振动时应紧急停鼠笼、干燥窑和6号皮带，通知圆盘岗位停止加料，将燃烧室处于保温状态。将鼠笼转子拉出，检查鼠笼转子是否损坏或磨损不均，以及鼠笼内是否夹有大块杂物或铁件。

（2）清除鼠笼内杂物或更换鼠笼转子，并清理出鼠笼内积料，待处理完后，将鼠笼转子安装到位并空负荷试车，运行正常后开启系统各设备，当燃烧室温度升至600℃以上组织正常进料。

（3）若鼠笼转子轴承温度超过60℃，根据生产情况组织系统正常停料，干燥窑、鼠笼继续运转，使燃烧室进入保温状态，联系维修人员进行故障检查和处理。待处理完毕后空负荷试车，运转正常后即可恢复正常生产。

2.2.5.8 干燥窑设备故障

干燥窑设备故障主要有干燥窑筒体上窜或下窜，窑尾密封环磨损严重和窑筒体内有金属撞击声。

（1）若出现干燥窑上窜或下窜，窑尾密封环磨损严重故障时，应及时组织系统正常停料，干燥窑、鼠笼继续运转，使燃烧室进入保温状态，并联系维修人员对干燥窑进行调整或对窑尾密封进行调整、检修。

（2）若发现干燥窑筒体内有金属撞击声，应及时停圆盘给料机，待系统内精矿排净后，停干燥窑、鼠笼和6号皮带，使燃烧室进入保温状态。将鼠笼转子拉出，开动窑体，将金属物件从窑内转出，并检查窑内衬和窑体螺栓有无损坏。处理完毕后，将鼠笼转子安装到位并进行空负荷试车，待运行正常后，即可恢复正常生产。

2.2.5.9 皮带运输机设备故障

皮带运输机故障主要有皮带运输机向一侧跑偏、中间跑偏和两端跑偏，以及皮带打滑或胶带接头开裂。

A 皮带运输机向一侧跑偏的故障处理

a 故障原因

造成皮带开始运转正常后向一侧跑偏的主要原因是物料加在皮带上偏于一侧，或是皮带运输机的各部件未紧固。

b 处理措施

根据故障产生原因重新调整装料设备或是重新紧固各部件。

B 皮带运输机在中间跑偏的故障处理

a 故障原因

造成皮带中间跑偏的主要原因是托辊松动，托辊组安装得不合适，或是胶带接头不正。

b 处理措施

根据故障产生原因紧固松动的托辊，重新调整托辊组的安装位置或是重新胶接皮带接头。

C 皮带运输机在两侧跑偏的故障处理

a 故障原因

造成皮带在两侧跑偏的主要原因是滚筒安装位置不正，或是滚筒表面黏结物太多成锥形。

b 处理措施

根据故障产生原因按技术要求重新调整滚筒的安装位置，并及时清除滚筒表面黏结物。

D 皮带打滑的故障处理

a 故障原因

造成皮带打滑的主要原因是皮带张力过小，或是传动滚筒有油污等。

b 处理措施

根据故障产生原因增加皮带拉紧装置的张力或及时清除滚筒上的油污。

E 皮带接头开裂的故障处理

a 故障原因

造成皮带接头开裂的主要原因是皮带胶接质量差，皮带的拉紧力太大，皮带经常重负荷启动或皮带的清扫器刮板磨损。

b 处理措施

根据故障产生原因按技术要求重新胶接皮带接头，调整皮带的拉紧装置以减小张紧力。生产中保证皮带空负荷启动，或更换皮带清扫器上的胶皮。

2.3 熔剂加工系统

2.3.1 磨矿概论

2.3.1.1 熔剂加工的目的和意义

熔剂加工的目的是保证闪速炉生产所需的熔剂具有一定大小的粒度。

在闪速熔炼过程中，把熔剂和精矿加入闪速炉中，在适宜的条件下（即 1450 ~ 1550℃），熔剂中的二氧化硅与在熔炼过程中生成的氧化物发生如下放热反应：

$$2FeO + SiO_2 = 2FeO \cdot SiO_2$$

产生液态炉渣，并使产出的炉渣易于从炉内排除。

二氧化硅作为闪速炉熔炼的熔剂，主要有以下几个优点：

（1）炉渣与冰镍不互熔；（2）镍在炉渣中的熔解度很小；（3）具有良好的流动性。

2.3.1.2 基本概念和术语

A 原矿

在磨矿中，除由分级设备返回给球磨机再磨的矿石以外，凡加入球磨机的矿石都称为原矿。

B 堆积角

堆积角又称休止角、安息角或静止角等，是粉状及块状物料在水平面上自由堆积时，其自由表面（倾斜面）与水平面形成的最小夹角。

C 陷落角

自由堆积在水平面上的粉状或块状物料，通过底部开孔的漏斗流出时，其物料自由表面与水平面所能形成的最小夹角。

D 真密度和假密度

密度是指单位体积物料的质量（t/m^3）。当单位体积物料颗粒间不存在间隙或者部分存在间隙，其质量称为物料的真密度，反之称为物料的假密度。

2.3.1.3 磨矿作业的工艺指标

磨矿效果的好坏，一般用磨矿粒度、磨机的生产能力、作业率、单位功耗生产率和技术效率等来衡量。

A 磨矿粒度

适宜的磨矿粒度一般是通过试验来确定，也可以由生产过程中不断的测定来确定。石英粉的粒度要求是 -60 目（-0.246mm）大于 90%。

磨矿产品的粒度过粗或过细都将影响系统的生产。粒度过粗，影响石英粉的产品质量，并加剧熔剂加工系统的设备磨损，同时也影响闪速炉风根秤的正常下料，引起设备故障。粒度过细（称为过磨或过粉碎）时，则会降低系统的分级效率。

B 球磨机的生产能力

球磨机的生产能力是衡量球磨机本身工作好坏的指标，也是评价磨矿技术管理和磨矿工操作水平高低的主要依据。

a 球磨机台时生产能力

球磨机台时生产能力即在一定给矿和产品粒度条件下，单位时间内磨机能够处理的原矿量，以t/(台·h)表示。只有在球磨机的形式、规格、矿石性质、给矿粒度和产品粒度相同时，才能比较简明地评述磨机的工作情况。

b 球磨机利用系数

球磨机利用系数是指单位时间内球磨机每立方米的有效容积中平均所能处理的原矿量，以t/(m^3·h)表示。磨机的利用系数公式为：

$$q = Q/V$$

式中 q——单位时间内球磨机每立方米的有效容积中平均所能处理的原矿量，t/(m^3·h)；

Q——每小时给入球磨机的原矿量，t/h；

V——球磨机的有效容积，m^3。

利用系数q的大小，只能在给矿粒度、产品粒度均相近的条件下，才能比较真实地反映矿石性质和磨机操作条件。因此，它只能粗略地评述磨机的工作状况。

c 特定粒级利用系数

特定粒级利用系数是单位时间内经过磨矿过程所获得的某一指定粒级的数量，以t/(m^3·h)表示。其计算公式为：

$$q_{-60目} = \frac{Q(\gamma_{溢} - \gamma_{给})}{V}$$

式中 $q_{-60目}$——经过磨矿产生的-60目粒级的磨矿产品数量，t/(m^3·h)；

Q——每小时给入球磨机的原矿量，t/h；

$\gamma_{溢}$——闭路磨矿时分级机溢流中或开路磨矿时球磨机排料中-60目级别的产率，%；

$\gamma_{给}$——球磨机给料中-60目级别的产率，%；

V——球磨机有效工作容积，m^3。

上式考虑了原矿和磨矿产品的粒度组成对磨机生产能力的影响。

C 球磨机的作业率

球磨机的作业率又称为运转率。它是指球磨机实际运转的小时数占日历小时数的百分数，即：

$$磨机作业率 = \frac{磨机总运转时间}{同期日历总时间} \times 100\%$$

球磨机从启动到停止运转（试车除外），无论给料与否都作运转计算。球磨机作业率的准确与否，关键在于运转时间的统计，因此要求认真填写开车时间和停车时间，以计算出本班实际运转时间。

D 分级效率

分级效率是指分级机溢流中某一粒度级别的质量占分级机给矿中同一粒级质量的分数。其计算公式如下：

$$E = \frac{\beta(\alpha - \zeta)}{\alpha(\beta - \zeta)} \times 100\%$$

式中 E——分级效率,%;

α, β, ζ——分别表示分级机给矿、溢流、返砂中某一级别的质量分数,%。

该式只考虑了进入溢流中细粒级的含量，而未考虑溢流中混入的粗粒级的量。如果既考虑分级过程量的效果，又反映分级产物的好坏，可用下式计算分级效率：

$$E = \frac{100(\alpha - \zeta)(\beta - \alpha)}{\alpha(\beta - \zeta)(100 - \alpha)} \times 100\%$$

式中符号意义同上。

E 球磨机的单位功耗生产率

球磨机的单位功耗生产率是指磨矿时，每消耗 1kW·h 电能球磨机所能处理的原矿量，也称为磨矿效率。通常有以下几种表示方法：

(1) 电耗 1kW·h 所处理的原矿吨数，单位 t/(kW·h)。

(2) 电耗 1kW·h 所生产的按指定级别（如 -60 目）计算的磨矿产品吨数，单位 $t_{-60目}$/(kW·h)。

与单位功耗生产率的表示法相反，如果把“t/(kW·h)”颠倒过来变成 kW·h/t，则表示磨碎 1t 原矿需要消耗多少电能。kW·h/t 称为相对功耗或者比功耗，又称为功指数。它也是衡量磨矿效果的重要工艺指标，在比较磨矿机能耗时经常用到。

F 球磨机的技术效率

磨矿过程中磨矿产品的粒度过细或过粉碎对生产都不利，所以对磨矿工作的好坏进行评价时，不仅要看生产能力，还要检查给矿中粗粒级有多少磨到合格粒度，有多少磨成了难选微粒。这就引出了磨矿技术效率的概念。

球磨机的技术效率是指磨矿所得合格粒度与给矿中大于合格粒度之比，减去磨矿所生成过粉碎部分与给矿中未过粉碎部分之比，用百分数表示。其计算公式为：

$$E_{效} = \frac{\gamma - \gamma_1 - \{(\gamma_3 - \gamma_2)[1 - (\gamma_1 - \gamma_2)/(100 - \gamma_2)]\}}{100 - \gamma_1} \times 100\%$$

式中 $E_{效}$——球磨机的技术效率，t/(m^3·h)；

γ——球磨机排料中小于规定的最大粒度级别的产率,%;

γ_1——球磨机给料中小于规定的最大粒度级别的产率,%;

γ_2——球磨机给料中过粉碎部分的产率,%;

γ_3——球磨机排料中过粉碎部分的产率,%。

由上式可看出，当 $\gamma = \gamma_1$、$\gamma_2 = \gamma_3$ 时，$E_{效} = 0$，说明球磨机没有发生磨碎作用。当 $\gamma = 100\%$、$\gamma_3 = 100\%$ 时，同样 $E_{效} = 0$，说明矿石已被全部磨成了过粉碎，达不到磨矿的预期效果。

2.3.2 磨矿过程的基本理论

2.3.2.1 磨矿介质的运动轨迹

球磨机的磨矿是在装有许多直径大小不一的钢球的筒体内进行的。筒体在传动机构的驱动下以一定的转速旋转时，装在筒体内的钢球就要产生相对运动。从钢球在筒体内的运动轨迹可分为两种情况：一种是跟随筒体上升的圆周运动，另一种是脱离筒壁跌落的抛物线运动。这里是指球磨机在抛落式状态下工作时钢球的运动轨迹。

钢球产生上述运动的原因，主要是球磨机运转时，钢球受到球磨机施加的和钢球本身固有的（重力）四种基本力的综合作用结果。这四种力可分为：

（1）离心力：与任何做圆周运动的物体一样，钢球在筒体内做圆周上升运动时受到离心力的作用。离心力的作用的方向与筒体的法线方向一致，即与筒体半径相重合，方向由筒体中心指向筒壁。它的大小与钢球的质量、筒体转速的二次方成正比例，与钢球的中心到球磨机中心的距离成反比。用公式表示为：

$$C = \frac{mv_t^2}{R}$$

式中 C——离心力；

m——钢球的质量；

v_t——磨矿机筒体转速；

R——钢球中心到磨矿机中心的距离。

（2）重力：是由于钢球本身具有一定的质量，受地心的引力作用而产生的。重力的大小与钢球的质量成正比，方向垂直向下指向地心。在球磨机运转时钢球与筒体上升的过程中，重力分解为沿球磨机半径的法向分力（方向随钢球所处的位置不同而改变），以及切向分力（它始终与球磨机半径垂直，指向也随钢球所处的位置不同而变化）。用公式表示为：

$$G = m \cdot g$$

式中 G——重力；

m——钢球的质量；

g——重力加速度。

（3）摩擦力：是由离心力和重力的法向分力对球磨机筒壁产生的正压力与钢球与筒壁接触点的摩擦系数构成的，它的方向与重力的切向分力相反，大小取决于离心力、重力的法向分力和摩擦系数。

（4）机械阻力：是由于钢球的大小、表面粗糙度和规格程度不同引起的。它在球磨机水平直径以下部分才表现出来。

2.3.2.2 基本原理

钢球在球磨机内受到四种力的作用，又以三种形式对被磨物料产生粉碎作用，即冲击、挤压、研磨。

A 冲击破碎

钢球在脱离圆形轨迹以抛物线轨道下落时，具有一定的动能和势能，所以就对筒体底部的物料发生冲击，把它们破碎。钢球对物料冲击力的大小取决于球磨机的转速、钢球的质量和钢球的下落高度，另外还与球磨机内物料的高度和浓度有关。

B 挤压破碎

在球磨机作回转运动时，装在筒体内的钢球围绕筒体轴线以圆形轨道上升的运动称为公转。公转时钢球由筒体底部向上提升，钢球在上升过程中从筒壁向里分成若干层，层与层、钢球与钢球、钢球与筒壁之间都夹带着物料。由于存在离心力和重力作用，这些夹带的物料就受到钢球与钢球、钢球与筒壁间挤压作用而被挤碎。

C 研磨破碎

钢球在随筒体上升过程中同时受到摩擦力和重力作用，其方向和作用点都不一致，摩擦力使钢球向上运动，重力则使钢球向下运动，摩擦力作用在钢球的表面切线上，重力则集中作用在钢球中心，它们对钢球的作用方向基本相反，这样钢球就受到一对力偶的作用，产生围绕自身中心的自转。各层钢球自转的速度不一样，是由筒壁向里逐层减慢，所以层与层之间存在自转速度差。这样，夹杂在钢球与钢球和钢球与筒壁之间的物料受到研磨作用而被磨碎。

由此可知，磨矿过程矿石被粉碎的基本原理是：球磨机以一定转速做回转运动，处在筒体内的钢球由于旋转时产生离心力，使它与筒体间产生一定摩擦力。摩擦力使钢球随筒体旋转，并达到一定高度。当其自身重力大于离心力时，就脱离筒体抛射下落，从而击碎矿石。同时在磨机运转过程中，钢球还有滑动现象，对矿石也产生研磨作用。所以矿石就在钢球产生的冲击、挤压和摩擦等联合作用下得到粉碎。

2.3.2.3 球磨机的工作状态

球磨机的工作状态是指磨矿介质，即钢球的运动状态。在磨矿过程中，钢球的提升高度与抛落的运动轨迹，主要取决于球磨机的转速和钢球的装填量。其工作状态分为：泻落状态、抛落状态和离心状态。

A 泻落状态

当球磨机低速运转时，钢球受到的离心力比较小，摩擦力也比较小，因此提升高度较低。全部钢球只能向筒体旋转方向偏转一定的角度（约45°~50°）后，不再随筒体一起上升，只能不断地沿圆形轨道上升到上部倾斜层，然后向下“泻落”回筒体底部。这种运动状态称为球磨机的泻落式工作状态。

在泻落状态下工作的球磨机，钢球只能沿筒壁滑动，钢球层与层之间也做相对滑动，钢球本身绕自己轴线做自旋转动。因此物料不受冲击力的破碎作用，只受到挤压和磨剥，钢球对物料的粉碎作用比较弱。生产中很少采用泻落式工作，只有入磨物料的硬度很低，可磨性很好，或者处理细粒砂矿时采用。

B 抛落状态

当球磨机以正常转速运转时，钢球受到的离心力将提高较大的幅度，摩擦力也必然加大，钢球随筒体做圆周运动上升到一定高度后，就脱离筒壁形成自由的、以一定的水平分速度沿着抛物线轨道下落的运动，成为抛落式状态落回筒体底部。

球磨机在抛落状态下工作时，被磨物料在圆周曲线运动区受到球的磨剥作用和挤压作用，在底部区域受到下落球的冲击和强烈翻滚着的钢球的磨剥作用，而且在抛落状态时，由于球磨机的转速比泻落时要高，钢球的自旋速度加快，相互之间的摩擦激烈，钢球的冲击、磨剥和挤压作用都得到了充分的发挥，物料受到最强烈的粉碎，所以抛落式的工作状态是磨矿过程中采用最广泛的工作制度。实现抛落式工作制度的球磨机转速有多种，它与球磨机筒体直径、介质的装入量及其规格有关。一般地，筒体直径大、介质装入量大的球磨机，在较低的转速下就可以达到抛落式工作状态，但最有利的工作转速应该是保证钢球获得最大的下落高度。

C 离心状态

当球磨机转速提高到某个极限数值时，钢球受到的离心力足够大，它等于或超过了重力，所以钢球不能下落，不论处在什么位置都无法与筒壁脱离，而是以多层的形式紧紧地贴在球磨机筒体内壁上与筒体一起公转，钢球本身也不再自旋，这种状态称为离心状态。

在离心状态下，钢球与球磨机完全成为一体，它们不发生任何相对运动，钢球完全丧失了对物料的粉碎能力，理论上不产生磨矿作用。所以，球磨机应在低于离心运转的转速条件下工作。

2.3.2.4 球磨机的转速

球磨机在转速不同时，装在球磨机筒体内的钢球具有不同的运动形式，而不同的运动形式对物料的粉碎效果（即磨矿效果）是不同的。最合适的球磨机转速是要保证钢球获得最大的下落高度，这个最大的下落高度，显然只有当钢球上升到筒体最高点时与筒体分离而落下才能获得。

A 钢球在筒体内的运动规律

为了合理地选择球磨机的工作参数（如临界转速、工作转速等），提高球磨机的磨矿效率和生产能力，必须了解钢球在筒体内的运动规律，可以简单概括如下：

（1）当球磨机在一定的转速条件下运转时，钢球在离心力和重力的作用下做有规则的循环运动。

（2）钢球在筒体内的运动轨迹，由做圆弧轨道的向上运动和做抛物线轨道的向上运动所组成。

（3）各层钢球上升高度不同，最外层到最内层的上升高度逐渐降低。

（4）各层介质的回转周期不同。愈靠近内层，回转周期愈短。

B 临界转速

将能够把钢球提升到筒体最高点时使钢球受到的离心力和重力相等时的球磨机转速，称为临界转速。

临界转速是钢球离心与否的分水岭。其计算公式如下：

$$n_0 = \frac{42.4}{D^{1/2}}$$

式中 n_0——磨机的临界转速，r/min；

D——磨矿机筒体的有效直径，即筒体规格直径减去两倍衬板的平均厚度，m。

在生产中，相同直径的球磨机的工作转速都比临界转速低，一般是临界转速的76%～88%，即 $n_{球} = (76\% \sim 88\%) n_0$。

C 转速率

不同规格球磨机的临界转速和工作转速都不相同，直径小的球磨机需要较大的转速才能使钢球处于较理想的工作状态，而直径大的球磨机不需太大的转速就能使钢球在理想状态下工作。为了使不同直径球磨机的工作转速可以进行比较，引出了转速率的相对概念。

转速率就是球磨机的实际工作转速与它本身的临界转速之比的百分数，用符号 ψ 表示。

2.3.2.5 钢球的配比和补加

各种不同规格钢球的搭配比例（重量比）称为钢球的配比。钢球的配比和补加的合理性，对提高球磨机的生产率和节约能耗有着重要意义。影响钢球合理配比和补加的因素比较多，主要考虑的是入磨矿石的粒度组成和能量消耗情况，特别是把入磨矿石粒度的组成作为钢球配比的主要依据。

A 钢球的配比

各种规格的钢球所占的比例可以和球磨机全给矿（原矿＋返砂）的粒度组成中相应粒级的产率相当。如果过细粒级已经达到磨矿指定的粒度，就应当把它们扣除，然后把剩余粒级作为总产率来计算。

a 钢球充填率

钢球的体积（包括空隙在内）占球磨机工作容积的百分数称为球磨机的钢球充填率，用ψ表示。其中球磨机的工作容积（又称为有效容积），是指球磨机筒体内容积扣除衬板所占据容积后的实际容积。生产中应经常测定球磨机的钢球充填率。其经验公式为：

$$\psi = \frac{0.785a\{R^2 - [R^2 - (a/2)^2]^{1/2}\}}{\pi R^2} \times 100\%$$

式中 R——球磨机扣除衬板厚度后的有效内半径，m；

a——球磨机静止时钢球所占阴影部分的弦长，m。

由上式可知，钢球充填率仅与钢球平面上两筒壁间的距离，即弦长a有关，只要测得a值，就可算出钢球充填率。在测量a值前，筒内应平整，同时可多测几个断面后取平均值，这样计算结果较准确。

b 装球总量的计算

当球磨机的钢球充填率确定以后，可以求出装球总质量G。计算公式如下：

$$G = \delta\psi \frac{\pi D^2}{4} \times L$$

式中 G——装球总质量，t；

δ——钢球的堆密度，t/m^3；

ψ——钢球充填率，%；

D——球磨机筒体有效内直径，m；

L——球磨机筒体内有效长度，m。

球磨机工作时，给入的矿量一般为装球量的0.14倍，所以球磨机工作时的总负荷量（钢球＋矿石）约为：

$$G_{总} = G + 0.14G = 1.14G$$

c 钢球直径大小的选择

球磨机的给矿是由若干种大小不同的粒子群组成。生产实践证明，只装一种尺寸的钢球，磨碎效果不如装几种不同尺寸的混合钢球好。在钢球充填率一定时，钢球直径小者个数多，磨机每运转一周钢球对矿粒的打击次数也较多，但打击力较弱，而大直径的钢球则个数少，打击次数少，但打击力强。因此，各种大小直径的钢球应按一定的比例搭配使用，这样既有足够的打击力度又有较多的打击次数，提高磨矿效果。装入球磨机钢球直径大小的主要选择依据是入磨矿石的粒度组成。

生产中不同给矿粒度与常采用的钢球直径大小关系见表2-2。

表2-2 不同给矿粒度与钢球直径大小对照

给矿粒度组成/mm	钢球直径/mm	给矿粒度组成/mm	钢球直径/mm
18~12	120	6~4	70
12~10	100	4~2	60
10~8	90	2~1	50
8~6	80	1.0~0.3	40

据研究，当球磨机的规格球充填率和磨机转速一定时，引起球磨机输入功率变化的主要因素是钢球的直径，适当减小钢球直径，可以节约球磨机能耗。这样又引出了合理选择球磨机装球直径的理论，其估算公式为：

$$B = 25.4d^{1/2}$$

式中 B——最大钢球直径的尺寸，mm；

d——给矿粒度，mm。

d 钢球直径的配比

钢球直径的配比包括两层意思：一是要确定选用哪几种规格的钢球；二是要确定各种规格的钢球各占多大比例和实际重量。合理配球的目的，就是在球磨机中保持大球、中球和小球有适当的比例。

生产中常用的合理配球的方法是：先将球磨机的全给矿（原矿+返砂）取样进行筛分，把这些矿样分成若干级别，如分成18~12、12~10、10~8、8~6……等，再由各级别的重量算出它们的产率。然后用各级别的上限粒度或平均粒度，算出各自应选配的最大钢球直径。这样就算出了需要加入球磨机的各种钢球的直径，得出钢球尺寸的配比。但在配球时，一般只选用几种尺寸的钢球，过小直径的钢球不装入。因此在球径选择计算时，就把入磨矿石中已达到指定粒度的那一部分的产率去掉；还有一种办法是把过细部分的产率调整到粗级别产率中去，然后再计算各种尺寸钢球的产率（即重量比）。而各种尺寸钢球的重量比可以与入磨矿石粒度组成中各级别的产率相当，在算出装球总量后，便可求出各种尺寸的钢球应装入的实际重量。

熔剂加工系统中钢球的级配如下：ϕ90mm（3t）、ϕ80mm（4t）、ϕ70mm（6t）、ϕ60mm（9t）、ϕ50mm（11t）、ϕ40mm（9t）。

B 钢球的合理补加

随着磨矿工作不断进行，装入球磨机内的钢球在把矿石粉碎的同时，自身也因磨损而消耗，不仅重量愈来愈轻，而且直径也愈来愈小，所以在磨矿过程中要不断地添加钢球。补加的目的：一是要保持初装钢球时的充填率；二是要使钢球的配比（包括球径比和重量比）也基本保持不变，以便保证球磨机始终保持较高的磨矿效率。

最合理的补加办法是：合理装球后经过一段时间的工作，把钢球倒出来清理分级，把它们分成若干个级别，如90~80、80~70、70~60……等，再称出各个级别的重量，算出它们所占的比例，找出磨损规律。根据这些资料来确定需要补加钢球的规格及各种规格的补加量，制定出合理的补加制度。这种方法是准确、合理的，但工作量很大。

生产中普遍采用的是按磨矿试验时所提供的磨碎 1t 矿石要消耗多少钢球来进行补加，或者根据生产的实际消耗量来补加，但补加效果不一定好，很难做到球荷平衡。

钢球的消耗量（磨损量）（kg/t）按下式计算：

$$钢球消耗量 = \frac{最初装球量 + 补加量 - 清理出的废球}{处理矿石量}$$

生产中应定期清理球磨机内的废球，清理周期随钢球的质量不同而不同，钢球一般每 6～10 个月清理一次。

2.3.2.6 影响磨矿过程的主要因素

影响磨矿作业工艺指标、物料消耗、能耗等的因素很多，除操作管理方面的因素外，还有原料、设备等各种因素，主要分为三个方面：

（1）入磨物料的性质；

（2）球磨机的结构和工作转速；

（3）操作条件。

A 入磨物料性质的影响

入磨物料性质影响磨矿过程的因素，可分为矿石的可磨性、粒度组成、矿石的嵌布粒度和磨矿产品粒度等几个方面。

a 矿石可磨性的影响

矿石的可磨性是指矿石由某一粒级磨到规定粒度的难易程度，它说明矿石是好磨的还是难磨的。具体用矿石的可磨性系数来衡量。矿石的可磨性系数与矿石的机械强度、粒度嵌布特性和磨碎比等有关。矿石越硬可磨性系数越小，将其磨碎到所要求的粒度需要的时间较长，消耗的能量也较多，故磨矿的生产率比较低。若矿石的可磨性系数较大，则磨矿的生产率比较高。矿石为中硬矿石，它的可磨性系数为 1。而硬矿石的强度大，可磨性系数都小于 1。

b 嵌布粒度的影响

在同一矿石中，有用矿物的嵌布粒度也不是完全均匀的。在磨矿时就会出现嵌布粒度粗的矿石过粉碎，而嵌布粒度细的矿石还没有达到单体解离的问题。所以，会出现选择性磨碎现象，一部分还没有磨碎，另一部分已过粉碎了。矿石的嵌布粒度愈细，愈需要较细的磨矿粒度才能达到单体分离，所以需要较长的磨矿时间，这样就降低了球磨机的生产能力。

c 给矿粒度和磨矿产品粒度的影响

入磨矿石的粒度大小，对球磨机的生产率，特别是对能量的消耗量影响很大。一般规律是：磨矿粒度相同时，给矿粒度愈细，球磨机的处理能力愈高，能耗也愈低；给矿粒度相同时，磨矿产品粒度愈细，球磨机的处理能力愈低，能耗也愈高。

降低给矿粒度能够提高球磨机的生产率，其主要原因是：（1）给矿粒度降低，磨到指定粒级所需要的磨矿时间比给矿粒度粗时的短，因为给矿粒度细，磨到指定粒度的磨碎比小；（2）给矿粒度细时，给料中所含的按磨矿产品粒度要求的合格粒子的含量相应增多。但是，给矿粒度过细时，其中所含的合格产品数量大，磨矿时这一部分容易产生过粉碎，造成磨矿的技术效率下降，故球磨机的给矿粒度要适当。

当给矿粒度基本固定，磨矿产品粒度要求细时，磨矿的能量消耗和材料消耗都大，球磨机的生产率低，这是因为：(1) 给矿粒度相同，磨矿产品粒度要求细时，磨碎比大，磨到指定粒级所需要的时间长。(2) 球磨机内的钢球破碎物料有选择性，先破碎软的或松脆的易碎矿石，剩下的是结构致密、质地坚硬的难磨粒子。随着磨矿时间的延长，磨得越细，这些难磨的粒子就越多。一般地，对于非均质矿石，球磨机的相对生产率随着磨矿产品粒度的变细而下降；对于均质矿石，球磨机的相对生产率随着磨矿产品粒度的变细而提高。

B 球磨机结构和转速的影响

a 球磨机规格的影响

当相同类型的球磨机长度相同，而直径不同时，单位容积生产能力和比功耗不相同。大直径球磨机的单位生产率比小直径的球磨机高，但其比功耗则比小直径球磨机低。另外，球磨机的长径比（L/D）对球磨机的生产率也有影响。球磨机筒体长，物料从给入到排出所需的时间长，即物料被磨时间长，从而影响到磨矿产品的粒度，故当产品粒度要求较细，矿石易磨碎时，宜选用筒体短的球磨机；矿石难磨碎，产品粒度要求又较细时，宜选用筒体较长的球磨机。目前，国内球磨机的 L/D 在 0.78～2 之间。

b 衬板类型的影响

衬板不同的几何形状和排列方式，对球磨机的生产率、功耗、钢球消耗等产生影响。一般平滑衬板球磨机的生产率比不平滑衬板球磨机的生产率小，单位产品功耗高，钢球消耗也较高。因为平滑衬板易与钢球产生相对滑动，球磨机需要较高的转速等。衬板厚，减小了球磨机的工作容积，生产率也会下降。衬板磨损后，球磨机的有效直径加大，使钢球充填率降低，若不补加钢球，生产率也会降低。

c 球磨机转速的影响

球磨机的转速决定着钢球的运动状态、提升高度或下落高度、钢球的自旋速度等。因此，当其他条件不变时，球磨机转速对自身的工作效率存在着直接影响。转速较低，钢球下落高度小，自旋速度低，对矿石的冲击破碎能力和研磨能力都差，显然，磨矿效果差。当转速较高时，产生离心力，钢球完全失去了破碎能力。实践证明，在限定的条件下如使用光滑衬板，适当降低钢球充填率等，提高球磨机转速，可以提高磨矿效果。

对于光滑衬板来说，钢球随筒体上升的时候，要产生与筒体旋转方向相反的滑动，钢球与筒壁之间存在着速度差。在未离心以前，转速越高，这个速度差就越大，这样在外层钢球与衬板之间形成很强烈的研磨区，对矿石产生强烈的磨碎作用。另外，球磨机转速加快时，钢球的下落高度和水平分速度都加大，钢球获得的动量增加，增强了钢球的冲击破碎能力。但是，球磨机转速提高后，排料速度加快，分级机的负荷增大，要相应提高分级机的生产率和分级效率。同时，钢球和衬板的消耗量也增加，球磨机的振动加剧。所以，目前认为还是采用低转速较好。

C 操作条件的影响

a 装球制度的影响

装球制度，主要指的是钢球充填率、钢球直径配比合理补加等方面对球磨机生产率的影响。当钢球充填率、钢球密度、硬度、形状等不变时，钢球直径的大小对球磨机生产率和功耗的影响起主导作用。钢球直径大，下落时对矿石的冲击破碎力大，对大块矿石的粉碎效果好。但大球过多，装球数就少，磨机每转一周钢球对矿石的打击次数就相应地减少。钢球直径小，可装入的数目多，单位时间内对矿石的打击次数多，但冲击力较小。所以，大小直径的钢球应搭配使用。

当其他条件不变时，钢球充填率高，钢球数量多，可增强磨矿作用。但是，球磨机最适宜的转速率与钢球充填率有关，充填率高时，其转速率相应要低些，否则容易产生离心力，转速下降，磨矿作用随之减弱。另外，钢球充填过多时，球磨机装料的有效容积减小，则给矿量减少，生产率下降。

b 钢球密度与形状的影响

在其他条件相同时，球磨机的生产率随着钢球密度的增加而提高。这是由于大密度的钢球，在相同条件下工作时，冲击作用、磨剥作用要比相同尺寸的小密度钢球强得多。同时，由于密度大，钢球的尺寸可以相应减小而增加个数，这样就增加了单位时间内对矿石的打击次数。另外，在装球数不变的情况下，大密度钢球由于可以缩小规格，它的充填率可以比小密度钢球低些，此时，球磨机装载物料的有效容积相应地增大，可以提高给矿量，增加球磨机的生产率。同时，钢球在磨矿时碰撞为点接触，磨矿效率高，宜于细磨，但过粉碎现象严重。

c 循环负荷的影响

在球磨机与分级机构成的闭路磨矿中，必然存在循环负荷。为保证球磨机的排料有稳定的浓度和粒度，球磨机的总给矿量（原矿 + 返料）应保证稳定，并接近一个常数。当总给矿量接近或者达到球磨机的最大处理能力时，再增加原矿量就必须相应地降低循环负荷率，使分级溢流粒度变粗，否则就会引起膨胀。降低原矿量，增大返砂比，分级溢流粒度就会变细。

所以为确保球磨机排料质量，原矿和返砂比之间，有一高必有一低，因此要提高球磨机的生产率和排料粒度的合格率，就要提高分级机的分级效率。分级效率越高，返砂中含合格粒度就越少，过磨现象越轻，因此磨矿效率也越高。据测定，如果分级效率从50%提高到80%，能使球磨机的处理能力提高25%左右，电耗下降20%左右。

d 给矿速度的影响

给矿速度指的是单位时间内通过球磨机的矿石量。在其他条件不变时，提高给矿速度，必然要降低入磨矿石粒度或分级机的返料量，否则因给入的矿石量超过了球磨机的处理能力，将发生膨胀或磨不细的现象。当给矿速度很低时，磨机内矿量少，不但球磨机生产率低而且形成空磨，结果是：一方面造成过粉碎，另一方面造成衬板和钢球的无功消耗，比功耗也将增大。如果给矿速度过高，超过了磨矿机的处理能力，就会发生吐球、吐大块矿石和涌出粉料的情况。所以，为了使球磨机能够高效率工作，应该维持充分高的给矿速度，以保证磨机内有足够量的待磨矿石。

2.3.3 熔剂加工工艺流程

2.3.3.1 概述

熔剂加工工艺主要是将含水小于5%、粒度小于12mm的石英石，经过球磨机磨碎后，产出含水小于1%、粒度 -60 目（-0.246mm）大于90%的石英粉，然后由仓泵输送至闪速炉顶熔剂仓存放供闪速炉生产使用。

2.3.3.2 工艺流程

熔剂加工工艺流程如图 2-3 所示。

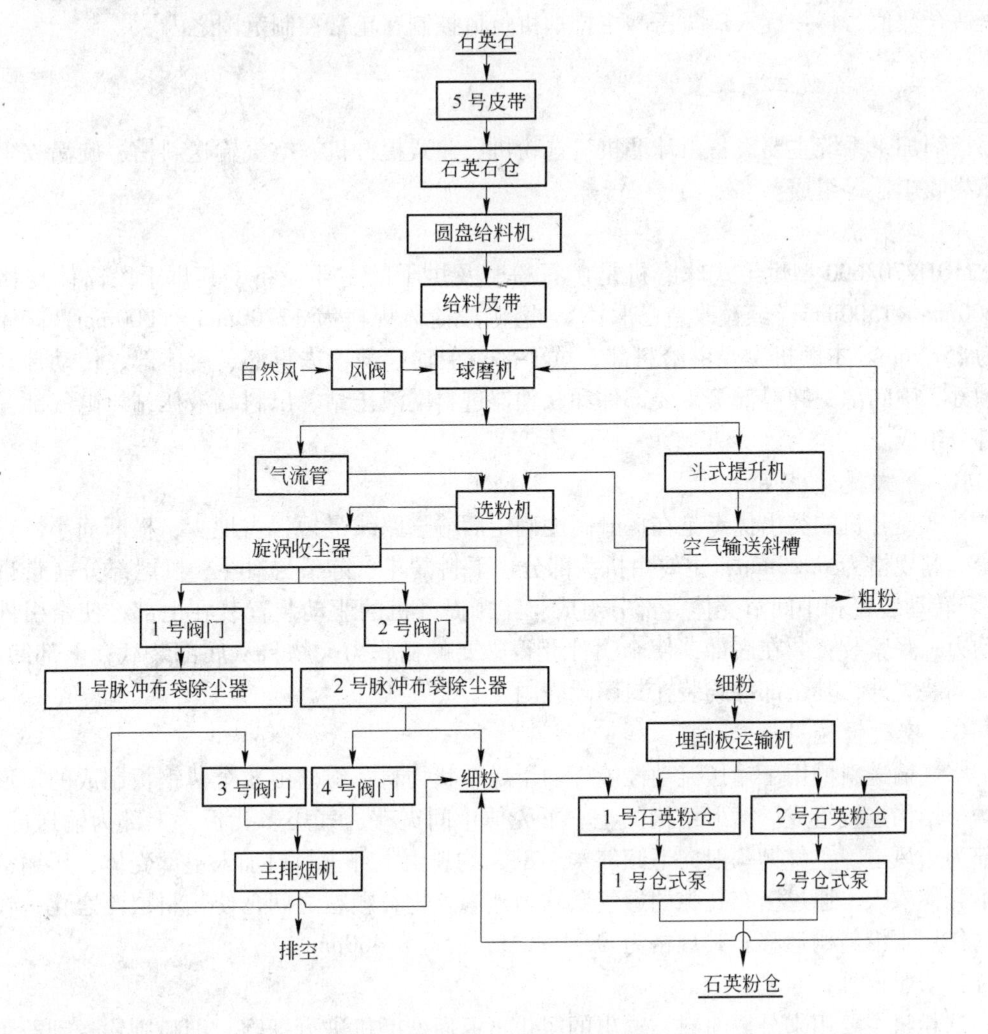

图 2-3 熔剂加工系统工艺流程图

2.3.4 生产控制及工艺配置

2.3.4.1 熔剂加工过程生产控制

在熔剂加工过程中，石英的成分不发生变化，而石英的水分、粒度随工艺参数的波动而发生改变，故生产中通常用控制一旋入口负压、球磨机给矿量以及给矿水分等因素来控制最终石英粉水分含量和石英粉粒度。

（1）影响石英粉水分含量的主要因素有：

1）给矿水分含量；2）块石英处理量；3）球磨机产生的热功率；4）系统漏风率；

5）系统散热情况。

（2）影响石英粉粒度的主要因素有：

1）主排烟机转速；2）系统漏风量；3）钢球充填率；4）钢球配比。

在块石英处理量一定的前提下，调整球磨机的钢球配比、钢球充填率和主排烟机的负荷至适合数值，将一旋入口负压和主排烟机负荷控制在正常控制范围之内。

2.3.4.2 系统工艺配置

熔剂加工系统主要设备由球磨机、选粉机、斗式提升机、空气输送斜槽、旋涡收尘器和布袋收尘器等组成。

A 球磨机

MQH270/600 型烘干式球磨机是矿石粉磨及烘干的主要设备，其烘干段筒体规格为 ϕ2600mm × 1500mm（经过改造已取掉），磨矿段筒体规格为 ϕ2700mm × 6000mm，筒体转速为 25r/min。本磨机主要由给料部、烘干部、主轴承部、进料部、筒体部、传动部、连接轴部、中间部、卸料部等主要部件和联轴器进料端液压站、出料端液压站、电气部等辅助部分组成。

B 斗式提升机

斗式提升机的突出优点是在提升高度确定后输送路线最短，占地少，横断面小，结构紧凑。其规格为 *B*500mm，主要由机头部分、下料漏斗、链条与料斗、机尾部分（带进料口）、转动装置和中间节壳体等部分组成。斗式提升机的驱动装置装在上部，使牵引件获得动力；张紧装置装在底部，使牵引件获得必要的初张力。物料从底部装载，上部卸载，除驱动装置外，其余部件均装在封闭罩壳内。

C 空气输送斜槽

空气输送斜槽用于输送流动性能好的干燥粉状物料。斜槽由数个薄钢板制成的矩形断面槽形结构连接组成。槽形结构的上、下壳体中间夹有透气层多孔板，上部为输送部分，下部为通风道。空气槽一般向下倾斜 4°～8°，物料由上部进料口加入上部壳体，压缩空气由下壳体吹入，通过密布孔隙的透气层均匀地渗入物料颗粒之间，使物料层流态化，在重力的作用下沿斜槽运移。其规格为 6804 – SM，槽宽为 400mm。

D 选粉机

选粉机主要用来分离粉料，选出的粗粉再返回球磨机进行细磨，细粉则输送到石英粉仓。其主要由动力驱动装置、回转部分、润滑系统和电控部分组成。

E 仓式输送泵

仓式输送泵是充气罐式气力输送装置的一种，用于压送式气力输送系统中。仓式输送泵工作时以压缩空气为动力，泵体内的粉状物料与充入的压缩空气相混合，形成似流体状的气固混合物，借助泵体内外的压力差实现混合物的流动，经输送管输送至储料仓。仓式输送泵（为上引式仓泵）主要由泵体、气动进料阀、气动出料球阀、排气阀、安全阀、料位计（或称重模块）、若干管道部件及各类一、二次仪表等组成。

F FMQDⅡⅠ96 – 9 气箱式脉冲袋式收尘器

FMQDⅡⅠ96 – 9 气箱式脉冲袋式收尘器本体分割成 9 个箱区，每箱有 96 条布袋，并在每箱侧边出口管道上有一个气缸带动的提升阀。当除尘器运行达到预定时间后或阻力达到预设定值时，清灰控制器就发出信号，第一个箱室的提升阀就开始关闭以切断过滤气流，然后这个箱的电磁阀（每箱一个）开启，压入压力为0.5MPa的压缩空气以清理滤袋上的粉尘。当这个动作完成后（大约2~15s），出口管上的提升阀就重新打开，使这个箱室重新进行过滤工作，并逐一按上述要求进行直至全部清灰完毕。

2.3.5 常见故障及处理

熔剂加工系统常见故障主要有球磨机单位产率过低、筒体螺栓处漏料、主轴承温度过高、球磨机闷磨、球磨机内的声响减弱或增强、球磨机突然发生强烈振动或发出撞击声、仓式泵堵管、布袋收尘器跑漏、斜槽滤布漏料等。

2.3.5.1 球磨机单位产率过低

A 故障原因

球磨机产率过低的原因是：（1）给料机堵塞或磨损；（2）供给矿石不足；（3）入磨物料的粒度组成和易碎性有变动；（4）钢球磨损过多；（5）球磨机内通风不良或鼠板孔被堵。

B 处理措施

根据生产情况进行检查和工艺控制参数调整。（1）检查给料机有无磨损和堵塞；（2）更换球磨机密封圈；（3）调整物料的给料量；（4）补充钢球量；（5）清扫通风管道及鼠板孔。

2.3.5.2 筒体螺栓处漏料

A 故障原因

球磨机筒体螺栓外漏料故障主要是由于球磨机衬板螺栓松动，筒体螺栓密封垫圈磨损，以及球磨机衬板螺栓等原因造成的。

B 处理措施

（1）球磨机工发现筒体螺栓外漏料时，通知控制室停止加料，并联系电工将球磨机电源断开；（2）检查螺栓密封情况，若是由于磨机衬板螺栓松动或筒体螺栓密封垫圈磨损造成，拧紧螺栓或更换密封圈；（3）检查球磨机衬板和螺栓的磨损情况，若是由于衬板和螺栓磨损严重造成，组织本班作业人员更换衬板或螺栓；（4）待处理完毕后，将磨门封严，并通知控制室正常进料。

2.3.5.3 主轴承温度过高

A 故障原因

造成主轴承温度过高的原因主要是：（1）供给主轴承的润滑油量少，油压不够，供油中断或矿石落入轴承；（2）主轴承位置不正；（3）筒体和轴瓦不同轴；（4）轴颈与轴瓦接触不良。

B 处理措施

当出现主轴承温度过高时，应采取以下措施：（1）调整油量油压或立即停磨，清洗轴承或更换润滑油；（2）修理轴颈、刮研轴瓦或调整轴承位置；（3）修正筒体和轴；（4）更换润滑油或调整油的黏度；（5）增加供水量或降低水温。

2.3.5.4 球磨机闷磨

A 故障原因

球磨机闷磨的主要原因是给料过多；返料量过多或磨机排料不及时。

B 处理措施

当球磨机工发现球磨机闷磨时，应采取以下措施：(1) 及时通知控制室将圆盘转速调至“0”位，停止加料；(2) 检查球磨机头、尾部是否有冒料，并监听球磨机内的声音；(3) 负责观察系统负压的波动情况；(4) 当球磨机工认为磨已不闷时，按正常操作组织进料。

2.3.5.5 球磨机内的声响减弱或增强

A 故障原因

(1) 磨球机内的声响减弱的主要原因是给料过多，物料水分过大，物料黏附在钢球或筒体表面上，给料量大于排出量，球磨机开始膨胀；(2) 球磨机内的声响增强的主要原因是给料太少，形成空磨，钢球直接打击衬板或钢球间相互打击。钢球配比不当，大球过多，或者是衬板脱落。

B 处理措施

(1) 若球磨机内声响减弱，应停止加料，加大风量；(2) 若球磨机内声响增强，应增加给料量，重新调整钢球配比，减少大球比例。

2.3.5.6 停电停车

出现突发性停电造成停车故障时，应紧急到现场将球磨机、斗式提升机、选粉机、空气输送斜槽等设备的安全开关打到“0”位。待送电后及时联系电工进行检查和处理。待各设备运行正常后，组织进料。

2.3.5.7 球磨机突然发生强烈振动和发出撞击声

A 故障原因

造成球磨机突然发生强烈振动和发出撞击声的主要原因是：(1) 两齿轮啮合间隙混入铁杂物；(2) 小齿轮窜轴；(3) 齿轮打坏；(4) 轴承或地脚螺栓松动。

B 处理措施

发现球磨机突然发生强烈振动和发出撞击声时应采取以下措施：(1) 紧急停球磨机，并停止加料；(2) 检查两齿轮间隙，清除齿轮间的铁杂物，并修整齿面；(3) 检查齿轮、轴承、箱壳。若齿轮与轴承的间隙不是太大，可在轴承上滚花或打点；如果间隙很大或轴承磨损较严重，可堆焊后用车床加工或加套；如果齿轮箱壳已撞破，应更换或用环氧树脂粘合；(4) 检查、调整或更换齿轮，紧固地脚螺栓。

2.3.5.8 仓式输送泵堵管

A 故障原因

在送料过程中，如灰管压力接近或等于母管压力时，称重表显示重量不持续下降，则仓式输送泵吹灰系统处于堵管状态。其主要原因是压缩空气流量不足或压力突降，物料流化状况不好，输灰管道有泄漏等。

B 处理措施

若发现仓式输送泵发生堵管故障时，在控制盘上将系统切换至“手动”位置，并将转换开关打到“中控”位置后，先手动打开排堵阀，再打开二次进气阀进行排堵。

如在现场排堵，输送工执行下列操作：（1）将现场开关切换到相应位置；（2）打开排堵阀，此时灰管压力逐渐降至0，再次打开二次进气阀，观察灰管压力变化情况，如灰管压力又升至与母管压力一样，则按上述操作进行；（3）打开排堵阀时，应先关闭二次进气阀，反复几次，排除堵管状态。待故障处理完毕后，输送工通知控制室组织正常进料。

2.3.5.9 脉冲布袋除尘器跑漏

A 故障原因

布袋除尘器跑漏主要是由于布袋脱落、布袋损坏或系统负压过高造成的。

B 故障处理

出现故障时，应及时停料进行检查和处理。（1）负责将260kW风机变频调到“0”位后，开启脉冲布袋除尘器下面的两个刚性给料器，将布袋内收集的粉尘放空；（2）打开脉冲布袋除尘器的顶盖，将布袋上的积灰清理干净，并检查有无破损布袋及变形龙骨，若发现应及时更换；（3）待故障处理完毕后，通知控制室组织正常进料。

2.3.5.10 斜槽滤布漏料

当发现斜槽滤布漏时，应及时停料，并停球磨机、斗式提升机，组织班中人员，将斜槽内的料清理干净，并对漏洞进行临时处理，若发现漏洞比较大，应联系钳工进行处理。待故障处理完毕后，通知控制室组织进料。

2.4 粉煤制备系统

2.4.1 粉煤制备

2.4.1.1 煤的一般性质

煤（即碳）是一种固体燃料，它主要是由碳、氮、硫、水、挥发分及灰分等组成，其主要热源是碳。碳在燃烧时与空气中的氧气发生放热反应产生CO_2，其反应方程式为：

$$C + O_2 = CO_2$$

工业分析时，通常分析固定碳、挥发分、灰分、水分和发热量。固定碳含量越高，煤的发热量越大；挥发分含量越高，煤越容易点燃，但不能过高，否则会发生粉煤爆炸事故；水分含量高，不但输送粉煤困难，下煤不畅，而且不利于粉煤的燃烧。为此对煤质有下列要求：

（1）化学成分：固定碳55%～60%，挥发分25%～30%，灰分小于15%，发热值25080～26334kJ/kg。

（2）原煤：粒度小于12mm，水分小于8%；粉煤：粒度－200目（－0.074mm）不小于85%，水分不大于1%，堆密度1000kg/m³。

2.4.1.2　粉煤的制备过程

（1）原煤经过圆盘给料机进入球磨机，在球磨机里被磨细，并由来自加热炉的热风对其进行烘干，被磨细烘干后的粉煤在气流的带动下，进入粗粉分离器，在其中进行粗细粉分离。粗粉又返回球磨机进行二次研磨，细粉则被细粉分离器、六筒旋涡收尘器和扁布袋收尘器等设备收集，成为合格的粉煤，由仓式输送泵供给各使用部门。

（2）原煤经过圆盘给料机进入球磨机，在球磨机里被磨细，并由来自加热炉的热风对其进行烘干，被磨细烘干后的粉煤在气流的带动下，进入选粉机，在其中进行粗细粉分离。粗粉返回球磨机进行二次研磨，细粉则被细粉分离器、六筒旋涡收尘器和扁布袋收尘器等设备收集，成为合格的粉煤，由仓式输送泵供给各使用部门。

2.4.1.3　生产作业参数和技术经济指标

A　球磨机钢球级配

球磨机钢球级配，见表2-3。

表2-3　球磨机钢球级配

钢球规格/mm	配入重量/t	一次配入合计/t
φ30	9	25
φ40	6	
φ50	10	

B　生产作业参数

生产作业参数，如表2-4所示。

表2-4　粉煤制备生产系统的生产作业参数

序　号	生产作业参数	单　位	控制参数
1	球磨机入口温度	℃	280～400
2	煤粉通风机入口压力	Pa	－3000～－4200
3	扁布袋收尘器入口温度	℃	70～100
4	球磨机入口压力	Pa	－1000～－1600
5	球磨机出口压力	Pa	－1800～－2600
6	粉煤仓温度	℃	<70
7	助燃风机叶轮给粉机转速	r/min	0～180
8	圆盘给料机变频	%	0～50
9	锅炉引风机入口压力	Pa	－1200～－2000
10	输送风压力	MPa	≥0.45

2.4.2 工艺流程

2.4.2.1 概述

粉煤制备的主要任务就是将含水小于8%、粒度小于12mm的原煤，经过球磨机进行烘干、研磨，产出含水不大于1%、粒度-200目（-0.074mm）不小于85%的粉煤以满足闪速炉、干燥、顶吹炉及本系统生产之需要。

2.4.2.2 工艺流程

粉煤制备的工艺流程，如图2-4所示。

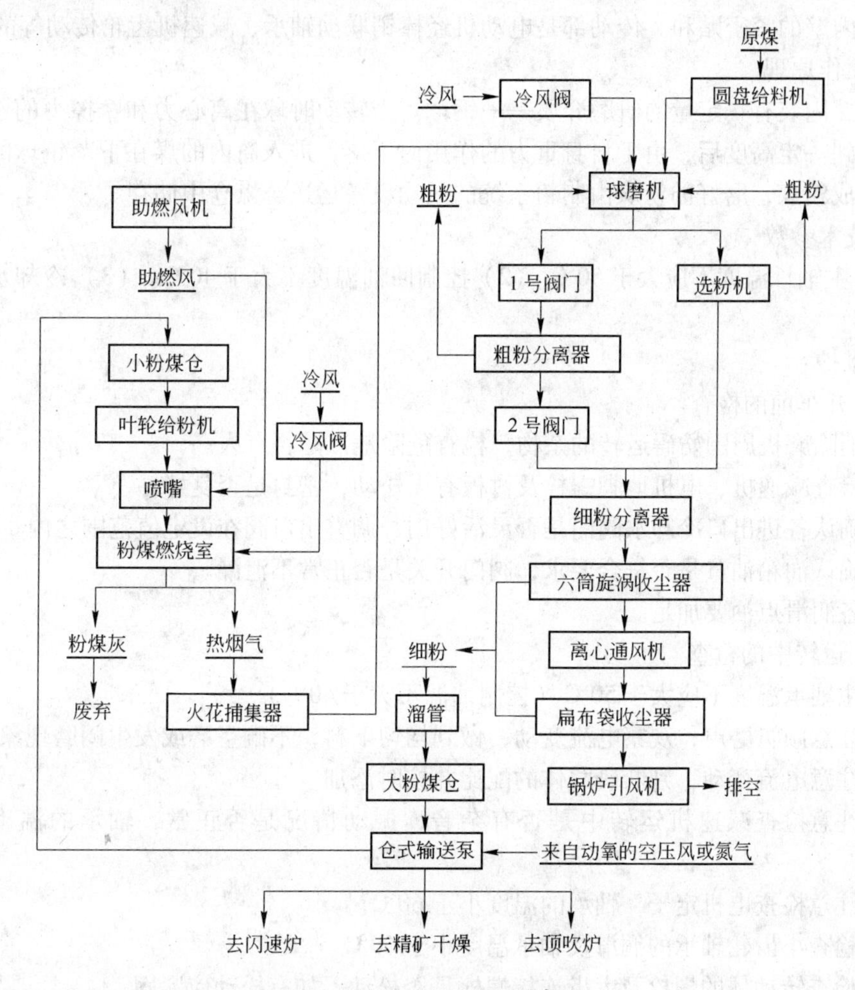

图2-4 粉煤制备系统工艺流程

2.4.3 工艺配置

2.4.3.1 粉煤制备的主要设备性能及规格

粉煤制备的主要设备有球磨机、粗粉分离器、选粉机、细粉分离器、六筒旋涡收尘器、扁布袋收尘器、煤粉离心通风机、锅炉引风机、加热炉、仓式输送泵等。

2.4.3.2 主要设备的工作原理及维护

A 球磨机

a 结构

球磨机是由进出料斗、转动部、主轴承、传动部等主要部分和棒销联轴器、减速机、固定罩等辅助部分组成。

设备的主要工作部分——转动部是由钢板焊接而成，为了防止筒体磨损，筒体内部设置高锰钢的波形衬板，衬板压紧楔，形成横向压力，使之紧固在筒体筒壁上。在衬板和筒体间有10mm厚的石板，以防止筒内热量迅速外传，并缓冲钢球对筒体的冲击和有助于衬板与筒体内壁的紧密贴和。传动部是电动机经棒销联动轴承、减速机齿轮传动等的装置。

b 工作原理

转动部内装有一定量的研磨介质——钢球。当转动时球在离心力和摩擦力的作用下被筒体提升到一定高度后，由于自身重力的作用而下落，进入筒内的煤在下落钢球的冲击和研磨下形成粉煤，磨好的粉煤由制粉系统的风动设备运送至煤仓中储存。

c 技术参数

(1) 主轴承温度不应大于50℃。(2) 控制回油温度不大于40℃。(3) 冷却水温度不大于40℃。

d 维护

(1) 开车前的检查。

1) 消除磨机周围妨碍运转的杂物，检查危险地点是否有人。

2) 检查减速机、电机地脚螺栓及衬板有无松动，密封是否良好。

3) 确认各进出口冷却水阀门是否灵活好用，调整出口阀在设定值范围之内。

4) 确认油箱油量是否符合要求，阀门开关是否正常不泄漏。

5) 各润滑点油要加足。

(2) 运转中的检查。

1) 主轴承温度不应大于50℃（控制油温不大于40℃）。

2) 注意倾听磨声，观察电流变动，做到均匀下料，不砸空磨或发生闷磨现象。

3) 注意电流变动，判断研磨体的配比并按时添加。

4) 注意检查减速机运转中是否有杂音，振动情况是否正常，轴承的温度不得超过60℃。

5) 注意检查电机定子，轴承的温度小于60℃。

6) 检查小齿轮轴承的润滑及轴承温度小于60℃。

7) 检查转动体的螺栓及大齿连接螺栓是否松动，如有松动应紧固。

(3) 紧急情况的处理。

1) 主轴瓦出现温升太快，或温度达到极限时应立即减少下料量，增加润滑，开大冷却水。

2) 出现研瓦或粉尘进入主轴瓦，不要立即停磨，而应加润滑油清洗，防止抱轴事故。

B 吊式圆盘给料机

a 工作原理

电动机带动减速机，再带动传动轴、小锥伞齿轮，带动主轴、大锥伞齿轮，最后带动圆盘旋转。随着圆盘的转动，物料从挡板处均匀地落到出料处，由于电机是可调速的，即以控制物料下料量的大小，可控制圆盘转速，从而达到使物料连续均匀传输的目的。

b 维护

（1）运转前的检查。

1）仔细检查各部位的地脚螺丝及连接螺栓有无松动，若有松动应紧固。

2）检查圆盘内螺栓有无松动、掉叶及磨损情况。

3）检查减速器的油位及油质情况。

4）与上下岗位取得联系确认可以开车时，方可开车下料。

（2）运转中的检查。

1）检查电机、减速机的温度、声音是否正常。

2）经常检查圆盘挡板及衬板的磨损情况。

3）注意捡出料中大块及其他杂物，如有大块及杂物卡住圆盘立即停车处理。

4）检查减速机运转中是否有杂音，振动情况是否正常，轴承的温度不得超过60℃。

5）随时调整圆盘给料量，以保证本系统生产顺利进行。

C 加热炉

a 工作原理

粉煤由叶轮给粉机均匀地落到水平风管内，在鼓风机作用下向加热炉方向流动，在风管的另一侧装有燃烧器，将鼓风机吹过来的粉煤喷成雾状，当燃烧室内温度达到一定值后粉煤燃烧，炉膛温度越来越高，热量由隔墙下方的通口进入混风室、火花捕集器，然后由风机将热风导向球磨机内。

b 维护

（1）烘炉。

1）凡是新砌成或大修后的炉子都必须对炉子进行烘炉，以除去耐火材料中的水分，然后才能进行正常生产。烘炉期间严禁出现温度大幅度忽高忽低现象，必须严格按照烘炉升温曲线进行升温操作。

2）烘炉时，各工作门严禁打开，且使燃烧室内保证适当负压，以防火焰反扑伤人。

（2）开车。

1）先清理燃烧室内积灰和结焦。

2）将棉纱或木板点燃后置于燃烧室内炉壁上，关闭工作门，行人远离。

3）开启鼓风机，缓慢打开风阀，然后启动叶轮给粉机，控制好风煤比。

D 选粉机

选粉机主要用来分离粉料，选出的粗粉返回球磨机进行细磨，细粉则输送到大粉煤仓。其主要由动力驱动装置、回转部分、润滑系统和电控部分组成。

2.5 上料系统和返料破碎系统

2.5.1 概述

上料系统的生产目的是为粉煤制备和熔剂加工系统提供合格、充足的原煤、石英石。

返料破碎系统的生产目的是为闪速炉贫化区、贫化电炉及转炉提供足够合格的返料、石英石、块煤、特富矿等物料，从而保证生产的顺利进行。

2.5.2　工艺流程

上料系统和返料破碎系统的工艺流程图如图 2-5、图 2-6 所示。

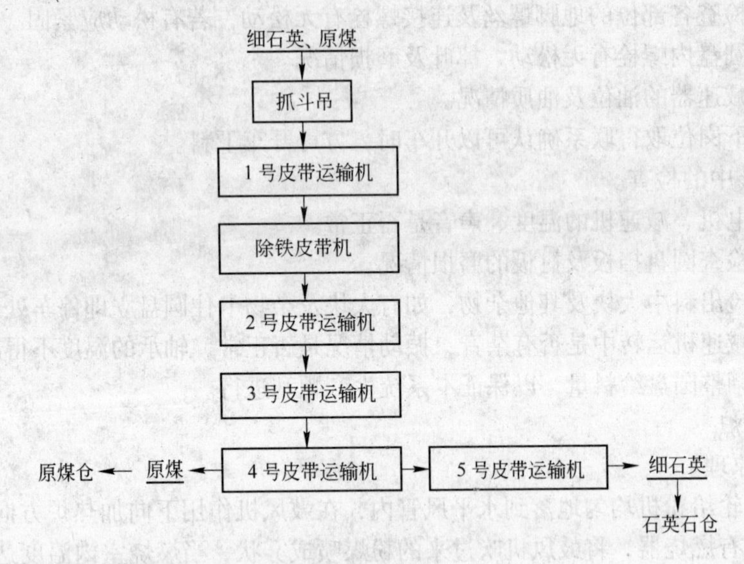

图 2-5　上料系统的工艺流程

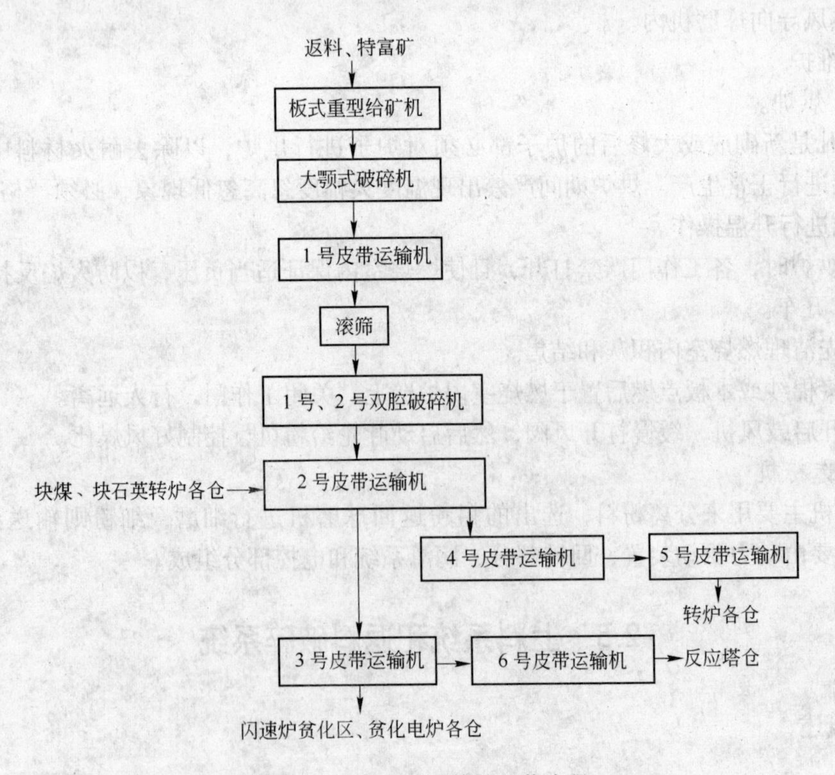

图 2-6　返料破碎系统的工艺流程

2.5.2.1　上料系统

原煤（粒度 0 ~ 12mm、水分小于 8%）、细石英（粒度 0 ~ 12mm、水分小于 5%）经板式给矿机运至 1 号皮带运输机、2 号皮带运输机、3 号皮带运输机、4 号皮带运输机，其中原煤进入粉煤原煤仓；细石英再被运至 5 号皮带运输机后，进入熔剂石英石仓。

2.5.2.2　返料破碎系统

粒径为 0 ~ 380mm 的返料经板式给矿机运至大颚式破碎机进行粗破，破碎后的返料（粒径小于 100mm）经 1 号皮带运输机、滚筛运至双腔破碎机进行细碎，经细碎后的物料（粒径小于 40mm）被送至转炉返料仓。

粒径 0 ~ 40mm 的块煤、块石英石则不需要破碎，经 2 号皮带运输机直接被送往闪速炉贫化区、贫化电炉和转炉相应的料仓。

2.5.3　工艺配置

2.5.3.1　上料和返料破碎系统主要设备

上料和返料破碎系统的主要设备有板式给矿机、皮带运输机、颚式破碎机、双腔破碎机和滚筛等。

2.5.3.2　主要设备的工作原理及维护

A　板式给矿机

a　工作原理

电动机的动力通过棘爪传递给链轮，链轮带动链板一起运动，链板上的物料在摩擦力的作用下，随链板同步运动，被送往目的地。

b　维护

（1）运转前的检查。

1）检查各地脚螺丝及连接螺丝是否松动；

2）各轴承及减速箱的油量是否充足，有无漏油现象；

3）检查各部护罩，如发现错位松动，应及时复位或紧固；

4）检查给矿机周围有无妨碍工作的杂物，如有需清除干净。

（2）运转中的检查。

1）检查各轴承座螺丝是否松动，是否有异常声响；

2）检查齿轮啮合是否平稳，不允许有任何冲撞声音；

3）检查轴承、电机温度是否正常；

4）检查链带运转是否平稳，不应有跑偏现象。

B　皮带运输机

a　设备的用途

通用固定式皮带运输机适用于矿山、工厂、建筑工地等场所输送成件或散状物料。其工作性能：工作环境温度一般限于 -10 ~ +50℃之间（特殊措施的除外），不能用于输送具有强酸、强碱、油类物质及有机溶剂等成分的物料，可用于水平或倾斜输送，用于向上倾斜输送物料时，其允许倾斜角一般应比被输送物料与胶带之间摩擦角小 10° ~15°。

b 工作原理

皮带运输机是由运输胶带作为物料承载件和牵引件的连续运输机械，它是根据摩擦传动原理，由驱动滚筒带动运输胶带，胶带带动物料而完成输送过程。

c 维护

(1) 运转前的检查。

1) 检查各部螺丝、螺栓是否紧固，减速机油量是否合适；

2) 检查皮带上有无压料，下料口是否畅通；

3) 仔细检查首、尾轮滚以及上、下托辊是否有障碍物，妨碍其运行；

4) 检查上、下托辊是否齐全或损坏，托架是否牢固；

5) 检查各润滑点油质、油量是否合乎标准；

6) 检查调整机构是否灵活完好；

7) 检查胶带磨损情况。

(2) 运转中的检查及注意事项。

1) 检查减速机、电动机温度是否正常，有无异常声音或强烈振动；

2) 检查各部托辊运转是否灵活，胶带是否跑偏，接口是否牢固；

3) 及时调整皮带跑偏，注意清理物料中的杂物和金属物料；

4) 清理上、下托辊粘料，处理不转或脱落的托辊；

5) 发现设备被卡，下料管堵塞应及时处理；

6) 除紧急情况外，不得带负荷停车。

C 颚式破碎机

a 设备用途

颚式破碎机是用于对坚硬或中硬矿石进行粗碎、中碎的设备。

b 工作原理

活动颚在电机与三角带的传递下逆时针旋转，固定颚与活动颚在偏心轴的作用下，间隙不断变化，从而达到破碎硬石的目的。

c 维护

(1) 运转前的检查。

1) 检查润滑系统及润滑点油量是否充足，有无漏油现象；

2) 检查皮带轮、飞轮有无松动、缺损、裂伤现象；

3) 检查颚板间是否夹有矿石，排矿漏斗是否畅通；

4) 检查拉杆装置及附件是否有短裂或擦卡现象。

(2) 运转中的检查。

1) 检查手动油泵及管路各部应密封严密，不许有漏油现象；

2) 电动机不应有异常响声，机体温度不应超过 55℃；

3) 轴承座不应有振动，各部轴承温度不应超过 60℃；

4）皮带不应有打滑现象；

5）检查弹簧松紧情况；

6）检查下部漏斗有无堵塞现象；

7）检查电机的电压、电流是否正常。

D 其他布袋除尘器

a 脉冲布袋除尘器

含尘气流在排烟风机的作用下，由上、下进气口进入过滤室空间，在尘流进入布袋内部时，其细尘被阻隔在外表面，净气流则由风机排出。当布袋积尘量达到一定程度时，脉冲控制仪发出指令，按顺序触发各脉冲控制阀，开启脉冲控制阀，使压缩空气从喷吹管各喷孔喷入滤袋，并使滤袋急剧膨胀和收缩，从而将其外表面的积尘抖落进入灰斗，由除灰器排出。

b 振打式布袋除尘器

含尘气流由进尘口进入灰斗上部空间，其大颗尘粒沉降在灰斗下部，细小粉尘则随“正压”气流进入布袋内部并被布袋阻隔在内表面上，净化气流由出气口排出。当布袋内部积灰达到一定程度时，开启振打电机，通过减速机凸轮，振打杠杆及布袋吊架上、下往复振打，将布袋内部积灰抖落，进入灰斗由除灰器排出。

2.5.4 常见故障的判断与处理

2.5.4.1 皮带运输机常见故障及消除方法

皮带运输机常见故障及消除方法如表 2-5 所示。

表 2-5 皮带运输机常见故障及消除方法

现 象	故障原因	消除方法
皮带打滑	（1）胶带张力小 （2）传动滚筒油污等	（1）增加拉紧装置张力 （2）消除油污等
胶带在两端跑偏	（1）滚筒安装不符合技术要求 （2）滚筒表面积尘太多成锥形	（1）按技术要求调整 （2）消除表面积尘
胶带在中间跑偏	（1）托辊组安装不合适 （2）胶带接头不正	（1）调整装料设备 （2）重新胶接皮带接头
胶带开始运转正常之后向一侧跑偏	（1）物料加于胶带上偏于一侧 （2）输送机各部件未紧固	（1）调整物料装置 （2）紧固各部件
胶带接头开裂	（1）胶接质量差 （2）拉紧力太大 （3）经常重负荷启动 （4）清扫器刮板磨损	（1）按规定要求胶接 （2）减小拉紧力 （3）应保证无负荷启动 （4）更换清扫器上胶皮

2.5.4.2 布袋除尘器常见故障及消除方法

布袋除尘器常见故障及消除方法如表 2-6 所示。

表 2-6 布袋除尘器常见故障及消除方法

现 象	故障原因	消除方法
布袋本体冒烟尘	(1) 布袋积灰严重 (2) 集尘仓内的烟灰太多或已满，使布袋糊死 (3) 布袋清灰装置有问题	(1) 打开工作门，清扫布袋 (2) 将集尘仓内的烟灰放空，并清扫布袋 (3) 检查清灰装置，使清灰装置运转良好
排烟烟囱冒黑烟	(1) 布袋磨损严重或有损坏现象 (2) 布袋有脱落现象 (3) 布袋口没扎严，有泄漏现象 (4) 收尘管道积灰严重	(1) 打开工作门，检查布袋并进行更换 (2) 将布袋扎好 (3) 将管道内的积灰清理干净

2.6 排烟收尘系统

2.6.1 概述

2.6.1.1 粉尘的控制技术

A 粉尘的种类与性质

粉尘的种类很多，按不同的划分方法可以分成不同的种类。

(1) 按形成的过程可分为：固体物料经过机械碰撞、碾磨和粉碎而形成的粉尘；煤、石油等燃料燃烧过程产生的粉尘；物料通过各种化学和物理化学过程产生的粉尘。

(2) 按化学性质可分为：无机粉尘，包括矿物性粉尘、金属粉尘、人工无机粉尘；有机粉尘，包括植物性粉尘、动物性粉尘、人工有机粉尘。

(3) 按物理化学性质可分为：普通粉尘、易燃易爆粉尘、亲水性粉尘、疏水性粉尘、放射性粉尘、非放射性粉尘、高比电阻粉尘、低比电阻粉尘。

B 粉尘的主要性质

(1) 粉尘的成分：指粉尘中各种物质的含量。它是制定排放标准及判断是否有回收价值的主要依据。粉尘的种类不同，其化学性质成分相差很大。

(2) 粉尘的粒径分布：指粉尘中的各种粒径的粒子所占的百分数。粉尘的粒径不同，其捕集方法也不同。

(3) 粉尘的密度：粉尘的密度可分为真密度和假密度两种：

1) 真密度：指在绝对密实状态下单位体积粉尘的质量。

2) 假密度：指在松散状态下单位体积粉尘的质量。

(4) 粉尘的比电阻：指包括粉尘颗粒本体的容积电阻和颗粒物表面因吸收水分等形成的化学膜的表面电阻，用电阻率来表示。

通常把粉尘比电阻小于 $10^4\Omega\cdot cm$ 称为低比电阻，粉尘比电阻大于 $10^{10}\Omega\cdot cm$ 称为高比电阻，介于二者之间称为中等比电阻。粉尘的比电阻不仅与其本身的性质有关，而且与含尘气体的温度、湿度及化学性质有关。因此，在实际操作环境中测定粉尘比电阻更具有实用的意义。

（5）粉尘的吸湿性：指粉尘吸收空气中水分，增加含湿量的性质。

（6）粉尘的浸润性：粉尘粒子原有的固-气界面被固-液界面所代替，形成液体对粉尘的浸润。易被水浸润的粉尘为亲水性粉尘，反之称为疏水性粉尘。

（7）粉尘的水硬性：指粉尘吸水后，发生一系列的化学反应，形成不溶于水的硬垢。水硬性粉尘应优先采用干式机械除尘系统。

（8）粉尘的安息角：粉尘的安息角分为自然安息角和滑动安息角。

1）自然安息角：指粉尘自然地堆放在水平面上形成的圆锥体的底角。

2）滑动安息角：指粉尘置于光滑的平板上，使该板倾斜到粉尘沿直线滑下的角度。

（9）粉尘的黏附性：指粉尘具有与其他物体表面相互黏附的特性。

（10）粉尘的磨蚀性：指粉尘随气流运动，带有一定的惯性，冲刷、切削、磨损管道、设备等的性质。

（11）粉尘的爆炸性：指粉尘置于空气中达到一定的浓度范围时，遇到高温、明火、放电、碰撞和摩擦等作用时，引起爆炸的特性。

C 粉尘对人体的危害

粉尘对人体的危害与粉尘的化学性质、粒径大小和进入人体的粉尘量有关。

粉尘的化学性质是危害人体的主要原因。毒性强的金属粉尘（铬、锰、铅、镍等）进入人体后，会引起中毒甚至死亡。例如：铅使人贫血，损害大脑；锰、镉损坏人的神经系统和肾脏；镍可以致癌。粉尘中的一些重金属元素对人体的危害很大。

粉尘粒径的大小是危害人体的另一个重要因素。对人体危害较大的是2μm左右的粉尘。

2.6.1.2 除尘效率和穿透率

A 除尘效率

除尘效率是评价除尘器性能的重要指标之一。除尘器除去的粉尘量与进入除尘器的粉尘量之比称为除尘器的全效率。

（1）根据粉尘量计算除尘器的全效率。

$$\eta = G_2/G_1 \times 100\%$$

式中 G_1——进入除尘器的粉尘量，g/s；

G_2——除尘器除去的粉尘量，g/s。

（2）根据除尘器进口、出口管道内烟气流量和烟尘浓度计算除尘器的全效率。

1）当除尘器结构严密，没有漏风，即 $Q_{进} = Q_{出}$ 时，

$$\eta = \left(1 - \frac{c_{出}}{c_{进}}\right) \times 100\%$$

2）当除尘器漏风，即 $Q_{进} \neq Q_{出}$ 时，

$$\eta = \left(1 - \frac{c_{出}\ Q_{出}}{c_{进}\ Q_{进}}\right) \times 100\%$$

式中 $c_{进}$，$c_{出}$——除尘器进口、出口管道内烟尘浓度，g/m^3（标态）；

$Q_{进}$，$Q_{出}$——除尘器进口、出口管道内烟气流量，m^3（标态）/h。

（3）除尘器串联时其总效率为：

$$\eta = 1 - (1 - \eta_1)(1 - \eta_2)(1 - \eta_3)\cdots(1 - \eta_n)$$

式中　η_1，η_2，…，η_n——分别为第一级、第二级、…、第 n 级除尘器的全效率。

B　穿透率

穿透率也是评价除尘器性能的一个指标，指通过除尘器的粉尘量与进入除尘器的粉尘量之比，其计算公式为：

$$P = (1 - \eta) \times 100\%$$

2.6.2　工艺流程

2.6.2.1　精矿气流干燥排烟收尘的工艺流程

精矿气流干燥排烟收尘的工艺流程如下：

燃烧室 → 干燥窑 → 鼠笼打散机 → 气流干燥管 → 一段旋涡收尘器 → 二段旋涡收尘器 → 排烟机 → 电收尘器 → 排空

2.6.2.2　闪速炉排烟收尘的工艺流程

闪速炉排烟线路有三条，其工艺流程如下：

A 线：

闪速炉烟气 → 余热锅炉 → 球形烟道 → 电收尘器 → 排烟机 → 三硫酸

B 线：

闪速炉烟气 → 余热锅炉 → 球形烟道 → 电收尘器 → 排烟机 → 干燥烟囱

C 线：

闪速炉烟气 → 闪速炉副烟道 → 喷雾室 → 环保烟道 → 环保排烟机 → 环保烟囱

闪速炉正常生产时烟气走 A 线，烟气经三硫酸制酸后由硫酸烟囱排空；当制酸系统出现故障时，关闭制酸阀，打开排空阀，烟气切换到 B 线，烟气经干燥烟囱直接排空；当闪速炉处于保温状态，主排烟系统 A、B 线进行检修时，烟气切换到 C 线，烟气经环保烟囱排空，C 线与 A、B 线的切换在闪速炉上升烟道处完成。

2.6.2.3 转炉排烟收尘的工艺流程

转炉排烟收尘的工艺流程如下：

转炉烟气 ——→ 余热锅炉 ——→ 电收尘器 ——→ 排烟机 ——→ 制酸

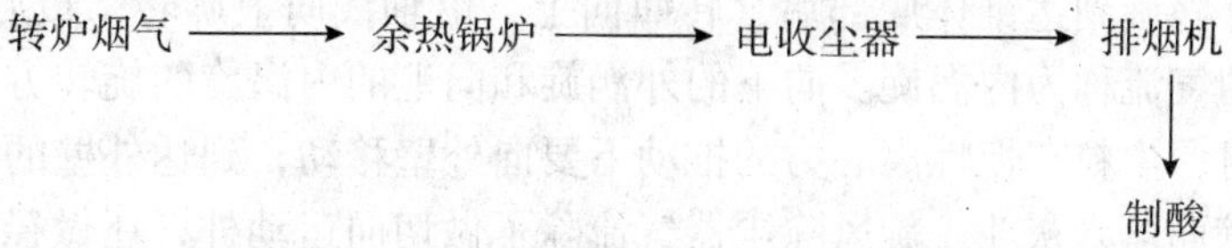

2.6.2.4 贫化电炉排烟收尘的工艺流程

贫化电炉排烟收尘的工艺流程如下：

贫化电炉 ——→ 水冷烟道 ——→ 混气室 ——→ 电收尘器 ——→ 排烟机 ——→ 制酸

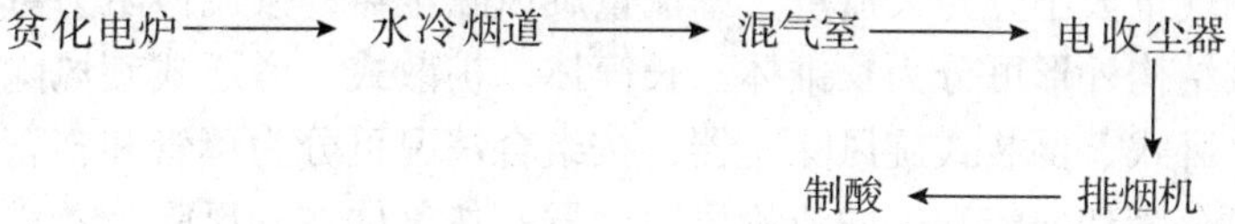

2.6.3 工艺设备

目前，常用除尘器的除尘机理有：重力、离心力、惯性碰撞、接触阻留、扩散、静电、凝聚。工程上常用的除尘器往往不是简单地依靠某一种除尘机理，而是几种除尘机理的综合运用。

除尘器一般可分为：机械式除尘器、洗涤式除尘器、过滤式除尘器、电除尘器和声波除尘器五类。

2.6.3.1 机械式除尘器

机械式除尘器是利用重力、惯性、离心力等方法来除去尘粒的设备，包括重力沉降室、惯性除尘器和旋风除尘器。这种设备构造简单、投资少、动力消耗低，除尘效率一般在40%～90%之间，是常用的一种除尘设备。

A 重力沉降室

重力沉降室是利用重力沉降原理使尘粒从气体中分离出来的除尘设备。该设备结构简单，流体阻力小，但除尘效率低，体积庞大。

重力沉降室可分为水平气流沉降室和垂直气流沉降室。

B 惯性除尘器

为了改善重力沉降室的除尘效果，可在其中设置各种形式的挡板，利用尘粒的惯性使其和挡板发生碰撞而捕集，这种利用惯性力来除尘的设备称为惯性除尘器。惯性除尘器的结构形式分为碰撞式和回转式两类，气流在碰撞方向转变前速度愈高，方向转变的曲率半径愈小，则除尘效率愈高。惯性除尘器主要用于捕集20～30μm以上的粗大尘粒，常用作高级除尘中的第一级除尘。

C 旋风除尘器

旋风除尘器是利用离心力从气体中除去尘粒的设备。旋风除尘器结构简单，造价便宜，维护管理方便，主要用于捕集10μm以上的粉尘，常用作多级除尘中的第一级除尘器，这种除尘器已得到广泛的应用。

旋风除尘器由筒体、锥体、排出管三部分组成，有的在排出管上设有锅壳形出口。含尘气流由切线进口进入除尘器，沿外壁由上向下做螺旋形旋转运动，这股向下旋转的气流称为外涡旋。外涡旋到达锥体底部后，转而向上，沿轴线向上旋转，最后经排出管排出，这股向上旋转的气流称为内涡旋。向下的外涡旋和向上的内涡旋的旋转方向是相同的。气流在旋转运动时，尘粒在惯性离心力的推动下要向外壁移动，到达外壁的尘粒在气流和重力作用下，沿壁面落入灰斗。旋风除尘器气流除了做切向运动外，还做径向运动，外涡旋的径向速度方向是向心的，而内涡旋的径向速度方向是向外的。

a　旋风除尘器的分类

旋风除尘器的类别繁多，可以按不同方法分类。按除尘效率可分为高效和普通旋风除尘器；按处理烟气量大小分为大流量、中流量旋风除尘器；按流体阻力可分为低阻、中阻旋风除尘器；按结构外形可分为长锥体、长筒体、扩散式、旁通式旋风除尘器；按安装方式可分为立式、卧式、倒装式旋风除尘器；按组合情况可分为单管和多管旋风除尘器；按气体导入方向可分为切向流和轴向流旋风除尘器；按气体在旋风除尘器内流动和排出路线分为反转式和直流式旋风除尘器等。

b　影响旋风除尘器性能的因素

(1) 进口流速。旋风除尘器进口流速增大，尘粒受到的离心力增大，除尘效率提高；但是，进口流速过大，旋风除尘器内尘粒的反弹、返混及尘粒碰撞被粉碎等现象反而影响除尘效率继续提高，因此，必须根据除尘器特点、尘粒的特性、使用条件等综合情况，来选择合适的进口流速。例如，高效旋风除尘器进口流速可取 14 ~ 21m/s，低阻、大容量或串联使用的旋风除尘器进口流速可取 25 ~ 30m/s。

(2) 进口形式。旋风除尘器进口形式是影响其性能的重要因素，常用的有切向进口、螺旋面进口、渐开线蜗壳进口、轴向进口等。

切向进口是普遍使用的一种，它制造简单、外形尺寸紧凑。螺旋面进口能使气流与水平呈一定角度向下旋转流动，可减少进口部分气流的相互干扰。渐开线蜗壳进口加大了进口气流和排气管间的距离，减小了进口气流对内部逆转气流的干扰和短路逸出，除尘效率较高。轴向进气口的气流分布均匀，流体阻力小，但除尘效率低，常用于组合成小直径的多管旋风除尘器。

(3) 排气管。排气管内径愈小，使内涡流直径愈小，最大切线速度增大，有利于提高除尘效率，但流体阻力也随之增大。普通旋风除尘器排气管内径可达 $0.6D$，排管的插入深度超过进口管下缘，但不应接近锥体上边缘。

(4) 锥体。增加锥体长度，可提高除尘效率，降低流体阻力，减少排灰口附近锥体的磨损。高效旋风除尘器锥体长度不应小于筒体直径的两倍。

(5) 卸灰装置。旋风除尘器在运行中排灰口多数呈负压状态，如卸灰装置漏风，将极大影响除尘效率。因此，对卸灰装置的选型和维护管理必须引起足够的重视。

卸灰装置可分为干式和湿式两类。干式卸灰装置有圆锥式闪动阀、重锤式锁气阀、翻板阀、星形卸灰阀、螺旋卸灰机等。湿式卸灰装置有：水力冲灰阀、水封排浆阀、水冲式泄尘器等。

c　旋风除尘器的组合

旋风除尘器有并联和串联两种基本组合形式。

并联组合的旋风除尘器的处理气体量等于单筒旋风除尘器处理气量之和。其阻力为单筒阻力的1.1倍，收尘效率略低于同规格单筒旋风除尘器。只有型号和规格相同的旋风除尘器并联方能取得较好的使用效果。

串联使用的旋风除尘器可以是相同型号不同规格的，也可以是不同型号不同规格的。旋风除尘器串联使用一般不宜超过两级，其处理气量等于各台的处理气量，阻力等于各台的阻力之和，除尘效率按串联除尘器效率的计算公式。

d 旋风除尘器的磨损及防护措施

旋风除尘器被磨损的部位主要是筒体与进口管连接、含尘气体由直线运动变为旋转运动的部位和靠近排灰口的锥体底部，其磨损与下列因素有关。

（1）含尘浓度：含尘浓度越大，器壁磨损越严重。

（2）粉尘粒径：粒径越大，器壁磨损越严重。

（3）粉尘的磨蚀性：密度大，硬度大，外形有棱角的粉尘磨蚀性强，对器壁的磨损严重。

（4）气流速度：气流速度越大，器壁磨损越严重。

（5）锥角：锥角越大，锥体底部越容易磨损。

在磨损大的条件下使用的旋风除尘器应考虑抗磨问题，可对整个旋风除尘器作抗磨处理，也可以只对磨损严重的部位作抗磨处理，常用的处理方法有：使用抗磨材料、渗硼、内衬和涂料等。

2.6.3.2 袋式除尘器

袋式除尘器是使含尘气流通过过滤介质将尘粒分离出来的装置。袋式除尘器的过滤介质采用织物作为滤料。袋式除尘器捕集粉尘是筛滤效应、碰撞效应、扩散效应、重力沉降效应和静电效应综合作用的结果。袋式除尘器的过滤特点属于表面过滤，除尘器的过滤效果和阻力损失与除尘器的结构形式、滤料性质、粉尘特性、含尘气体的浓度、清灰方式和过滤风速等许多因素有关。袋式除尘器具有本体结构简单、除尘效率高、阻力较大、自动控制水平要求高、操作维护工作量较大等特点，能够满足严格的粉尘排放标准，在各工业生产部门广泛使用。袋式除尘器一般单独使用，是一种高效的除尘设备。

A 滤料的选择

滤料是袋式除尘器的核心，应根据不同的粉尘和气体性质、清灰方式正确选择不同的滤料，下面介绍几种常用的滤料：

（1）“208”工业涤纶滤料。“208”工业涤纶绒布以涤纶线为原料，织成滤布后经拉绒处理，以提高过滤效果。

（2）“729”滤布。“729”滤布为圆筒涤纶滤布，无纵向缝线，主要规格有ϕ160、ϕ180、ϕ230、ϕ260、ϕ292和ϕ300等，并可根据需要编织成各种规格的滤袋。

（3）针刺毡滤布。针刺毡滤布采用无纺针刺法进行生产。

（4）耐高温滤料。耐高温滤料主要有诺梅克斯（NOMEX）和康耐克斯（CONEX），强度高，耐磨性能好，耐温可达260℃。

（5）玻璃纤维滤布。玻璃纤维滤布是一种耐高温滤布，一般需要进行表面处理，其性能取决于表面处理所用的材料。

(6) 微孔薄膜复合滤料。微孔薄膜复合滤料是以聚四氟乙烯为原料，将其膨化为一种具有多微孔性的过滤膜，将此膜用特殊的工艺与不同的基材复合而成的过滤材料。这是一种比较理想的过滤材料，具有聚四氟乙烯所特有的性能，即极佳的化学稳定性、质体强韧、表面极其光滑、极小的摩擦系数、孔径小、孔隙率高、抗腐蚀、耐酸碱、不老化、不粘性、耐高温和低温、透气性和憎水性等。微孔薄膜复合滤料具有以下特点：与普通的滤料相比，它不依赖滤料表面的初始滤层，而实现表面过滤；并且过滤效率可提高 1 ~ 2 个数量级，过滤效率高；滤膜表面极其光滑，粉尘极易剥落，使过滤自始至终在低阻力下运行，运行阻力低，易清灰；与普通滤料比，能够提高过滤风速，降低除尘器的钢耗量；适用范围广；能够适用于各种粉尘的过滤，滤袋内外的压差降低，清灰次数少，粉尘与滤袋的基布不直接接触，大大提高了使用寿命。

(7) 滤料除以上几种外，近年来滤料发展很快，特别是滤料表面处理，如防静电、防油防水、易清灰滤料等具有多种规格和型号，国内外还研制成功了碳纤维和陶瓷滤管（耐高温可达 600℃），且能承受一定的压力，因此，要根据自身的需要，合理、正确、经济地选择滤料。

B 过滤风速和清灰方式的选择

过滤风速的选择是袋式除尘器经济可靠运行的关键。过滤风速过高会影响滤料的使用寿命和排放浓度，过低会增大除尘器的过滤面积而增加投资。袋式除尘器的清灰方式有许多，如手动、机械振打、大气反吹、脉冲、声波和多种方式联合等，各有其特点，应根据不同的粉尘和气体情况进行选择。

C 其他附属设备的选择

袋式除尘器附属设备如电气控制装置、反吹风阀门、排灰阀门、输灰系统等均需进行合理的配置，方能保证袋式除尘器的正常运行。

随着日趋严格的大气排放标准，袋式除尘器的应用越来越广泛，单台处理能力从每小时几立方米到几百万立方米，过滤面积从几平方米到几万平方米。袋式除尘器在正常工作时，出口浓度在 $100mg/m^3$ 以下，严格时可达到每立方米几毫克。

2.6.3.3 电除尘器

电除尘器又称静电除尘器，它是利用电场产生的静电力使尘粒从气流中分离的除尘设备。电除尘器广泛应用于冶金、化工、水泥、建筑、纺织等部门，是一种高效除尘器。

A 电除尘器的优缺点

(1) 电除尘器的优点有：

1) 能处理温度高，有腐蚀性的气体；

2) 处理气量大；

3) 阻力低，节省能源；

4) 除尘效率高，能捕集小于 1μm 的粉尘；

5) 劳动条件好，自动化水平高。

(2) 电除尘器的缺点有：

1) 钢材消耗多，一次投资大；

2）结构复杂，制造、安装要求高；

3）对粉尘的比电阻有一定的要求。

B 电除尘器的工作原理

由于辐射、摩擦等原因，空气中含有少量的自由离子，单靠这些自由离子是不可能使含尘气体中的尘粒充分荷电的，因此，电除尘器内设置高压电场。在电场的作用下，空气中的自由离子向两极移动，电压越高，电场强度越大，离子的运动速度越快。由于离子的运动，极间形成了电流，开始时电流较小，电压升到一定值后，电极附近的离子获得了较高的能量和速度，它们撞击空气中的中性原子时，中性原子分解成正、负离子，这种现象称为空气电离。空气电离后，由于连锁反应，在极间运动的离子数大大增加，表现为极间的电流急剧增加，空气成了导体。电极周围的空气全部电离后，在电极周围可看见一圈淡蓝色的光环，这个光环称为电晕，这放电的导线称为电晕极。

在距电晕极较远的地方，电场强度小，离子的运动速度也较小，那里的空气还没有被电离。如果进一步提高电压，空气电离的范围逐渐扩大，最后极间空气全部电离，这种现象称为电场击穿。电场击穿时发生火花放电，电场短路，电除尘器停止工作。因此，电晕范围不宜过大，一般应局限于电晕极附近。

如果电场内各点的电场强度是不相等的，这个电场称不均匀电场；若电场内各点的电场强度均是相同的，则称为均匀电场。在均匀电场内，只要某一点的空气电离，极间空气便全部电离，电除尘器发生击穿。因此，电除尘器内必须设置非均匀电场。

电除尘器的电晕范围通常局限于电晕线周围几毫米处，电晕区以外的空间称为电晕外区。电晕区内的空气电离后，正离子很快向负极移动，只有负离子才会进入电晕外区，向阳极移动。含尘空气通过电除尘器时，由于电晕区的范围很小，只有少量的粒子在电晕区通过获得正电荷，沉积在电晕极上，大多数尘粒在电晕外区通过获得负电荷，最后沉积在阳极上，这就是阳极板称为集尘极的原因。

电除尘器基本工作过程是：空气电离→尘粒荷电→尘粒向集尘极移动并沉积在上面→尘粒放出电荷，振打后落入灰斗。

电除尘器一般采用负电晕极，负电晕极的起晕电压低（刚开始电晕的电压称为起晕电压）、击穿电压高。另外，负离子的运动要比正离子大，因此，采用负电晕极有利于提高除尘效率。用于通风空调进气净化的电除尘器，为了避免负电晕产生的臭氧进入居住和工作地点，一般采用正电晕。

C 电除尘器的分类

电除尘器按集尘极的形式分为管式和板式；按气流流动方式分为立式和卧式；按清灰方式分为干式和湿式等。

D 影响电除尘器性能的主要因素

（1）粉尘比电阻：粉尘比电阻是决定能否经济、高效地使用电除尘器捕集粉尘的判定条件，适宜的粉尘比电阻是 $10^4 \sim 10^{10}\Omega \cdot cm$。低于 $10^4\Omega \cdot cm$ 的粉尘称为低比电阻粉尘，这类粉尘荷电后移至集尘极并立即失去电荷，但受静电感应，获得与集尘极同极性电荷，而被排斥脱离集尘极，又移至电晕电极重新荷电，如此循环称作粉尘跳跃现象，这种现象导致除尘效率下降。但黏性大或呈液体的微粒无跳跃现象，因而不影响除尘效率。

比电阻高于 $10^{10}\Omega \cdot cm$ 的粉尘称为高比电阻粉尘，这类粉尘荷电后移至集尘极难以放出电荷，积蓄在电极上的粉尘形成层内外电位差，达到一定值时，粉尘层被击穿，这就是反电晕现象。发生反电晕区域向空间放出与集尘极同极性电荷，阻止荷电粉尘向集尘极移动，使除尘效率下降。

振打不良，致使电晕电极上的粉尘层达到一定厚度，阻碍电荷放电，产生电晕电极闭锁现象，造成电压高而电流小，影响除尘效率。

影响粉尘比电阻的因素有：

1）温度：在湿度、烟气成分和烟尘成分不变的情况下，温度升高，分子热运动增强，某些粉尘比电阻下降。

2）湿度：增加烟气湿度可降低烟尘比电阻。为改善电除尘器捕集高比电阻烟尘的能力，常用喷雾增湿的方法。增湿常使烟气温度下降，为保证电除尘器的正常作业，烟气温度要高于露点 20 ~ 30℃（湿式电除尘器除外）。

3）烟气成分：烟气中的三氧化硫和水分能改善烟尘的导电性。烟尘比电阻的峰值一般为 100 ~ 200℃。据此可制成冷电极或热电极除尘器。冷电极除尘器可节省电能，但不适于含硫烟气，以免引起腐蚀，重有色冶金工厂不宜采用。向烟气中加入水、二氧化硫等物质，可以提高烟尘表面电导率。三氧化硫、氨、钠盐、氨基酸、硫酸铵等皆可起到调质作用，化学调质剂一般加入十万分之几。

（2）粉尘粒径：粒径大小影响粉尘的驱进速度，因而影响除尘效率，这是由于电荷与质量的比值不同所致。粒径大于 0.5μm 的粉尘主要是电场荷电，小于 0.2μm 主要是扩散荷电，0.2 ~ 0.5μm 的粉尘驱进速度最低。驱进速度和电场强度、离子密度及停留时间有关。在其他条件相同时，粒径大的粉尘驱进速度大。当粗细粉尘同时存在时，更有利于捕集细颗粒粉尘。因此，烟气含尘量不太高时，电除尘器前一般不宜设除去粗粒的除尘设备。

（3）烟气温度和压力：烟气温度高使自身密度降低，导致电晕电极附近空间的电荷密度下降，击穿电压和电场强度均随之降低，使除尘效率受到影响，但是烟气温度升高可以改善烟尘的导电性，也有其利于提高除尘效率的一面，因此，应根据烟尘、烟气性质选择适宜的操作温度。

烟气温度对设备结构亦有影响。烟气温度在 400℃ 左右可使用普通钢材，温度更高时须使用耐热钢。含硫烟气温度低于露点时，须采用不锈钢，低温烟气除尘器采用蒸气保温以防烟尘黏结，影响烟尘的清除。高温烟气的电除尘器须注意设备的热膨胀。

负压操作时烟气密度降低，使击穿电压和电场强度下降。由于电除尘器操作负压不大，其影响可忽略不计；正压操作烟气密度提高，可升高击穿电压和电场强度。

负压大、漏风率高，须加强设备结构的刚度和密封性能。

正压操作如有漏风，绝缘装置会被烟尘污染，使供电电压被迫降低，影响除尘效率。一般采取正压热风清扫，以保证绝缘装置的清洁。

（4）烟气含尘量：烟气含尘超过一定数量会严重抑制电晕电流的产生，烟尘不能获得足够的电荷，使除尘效率下降。一般控制电除尘器入口烟气含尘量不大于 $50g/m^3$，有色冶金工厂的入口烟气含尘量则不宜大于 $30g/m^3$。

（5）烟气成分：烟气中的水分、三氧化硫、氨等可降低烟尘的比电阻，同时，烟气成分对电除尘器的伏安特性和火花放电电压也有很大影响，不同的烟气成分在电晕放电中使电荷载体有不同的有效迁移率。

E 电除尘器的结构

电除尘器的结构由除尘器本体、除尘器电源和附属设备三大部分组成。

a 本体结构

电除尘器本体由气体分布装置、电晕极、集尘极、清灰装置和灰斗组成。

（1）气流分布装置。是由开了许多孔洞的隔板构成。它使进入除尘器断面的气流维持均匀的流速。

（2）电晕极。表面曲率大的电晕极，起晕电压低，在相同电场强度下，能够获得较大的电晕电流；表面曲率小的电晕极，电晕电流小，但能形成较强的电场。

（3）集尘板。早期集尘板的基本形式是平板形。为了进一步提高集尘板的刚度，有效地防止二次扬尘，现在大多采用带有沟槽的形式。

（4）清灰装置。主要的方式有机械振打、电磁振打、刮板清灰、水膜清灰（湿式电除尘器）、挠臂锤振打电极框架的机械清灰方式等。移动刮板的清灰方式，主要用于黏结性粉尘。

b 电除尘器的电源

外电输入单相或三相交流电，经过电压调整、升压整流后，向除尘器输入高压直流电。

为了提高除尘器效率，就要尽可能提高运行电压。但由于粉尘浓度、气体的温度、湿度、清灰等因素，时刻都在变化着，所以运行电压控制的方式主要是利用可控硅或饱和电抗器，从国内情况看，使用可控硅自动控制电源的居多。

c 附属设备

除了本体和电源外，除尘器常配有一些附属设备，如：为了防止绝缘子受到粉尘的污染而引起漏电，通常用干净空气清理绝缘子表面，使其维持良好的绝缘性能；同时还需把空气预先加热，以免绝缘子受到骤冷破裂或结露。有的除尘器还配置向烟气内兑入适量 SO_3 或 NH_3 等气体的一些装置。

F 几种新型电除尘器

a 宽极距电除尘器

宽极距电除尘器一般极距为400～650mm。我国在20世纪70年代中期开始试验此项工作，目前已广泛用于有色、水泥、电力、钢铁等行业。

宽极距电除尘器有以下特点：

（1）能有效地捕集高比电阻烟尘。宽极距反电晕现象减少，同时由于电晕线附近电流速度大，烟尘不易黏结，也不易产生电晕闭锁现象。

（2）能捕集超细烟尘（0.01μm）。宽极距电除尘器能提高运行电压，加速超细烟尘的凝聚，使烟尘粒径加大，提高烟尘驱进速度，有利于超细烟尘的捕集。

（3）节省投资。极距加大，电晕电极数量减少，使电除尘器重量减轻。

（4）便于安装和维修。一般电除尘器的安装误差不大于±10mm，极距400～500mm的电除尘器安装误差可放宽至 ±5mm，而且宽极距电除尘器便于更换电晕线。

（5）降低电耗。宽极距电除尘器的电晕极线电流虽有增加，但电晕电极数量减少，因而总电流下降，总功率也随之降低。

（6）有一定的适用条件。如烟气含尘量大，火花电压下降，烟尘空间电荷效应加强而使荷电稳定性下降，故宽极电除尘一般要求烟气含尘量不大于50g/m³。

集尘极和电晕极配置在同一区域内称为单区电除尘器，目前普遍使用的即为此种。如将集尘极和电晕极置于两个区域，前区为荷电区，后区为集尘区，这类电除尘器称为双区电除尘器。

b 三电极电除尘器

三电极电除尘器由于电极似针管形，又称为针管式或原式电除尘器。电晕电极和辅助电极交替布置，高压直流电接入电晕电极和辅助电极，电场中负离子随烟尘趋向收尘电极，起主要收尘作用；正离子随烟尘趋向辅助电极也起到辅助收尘作用，在辅助电极和收尘电极之间的均匀电场中，正负离子都能发挥其烟尘荷电后的收尘作用，同时也相应增加了收尘面积，在相同断面和烟气流速的条件下，三电极电除尘器的电场长度可缩短三分之一。辅助电极是带高压电的，在收尘过程中表面需要一段时间形成正离子层，此过程使电流下降现象减轻，减少了反电晕现象的产生，故能捕集高比电阻烟尘。

c 低温电除尘器

低温电除尘器操作温度明显低于一般电除尘器，金川二期气流干燥电除尘器即为此种，其入口烟气温度为90℃左右。

低温电除尘器主要结构特点有：为防止烟气在除尘器中结露，电除尘器的外保温用蒸汽，蒸汽排管遍布电除尘器外壳及灰斗，保持内壁温度不低于80℃。低温电除尘器一般在微正压下工作，以避免因漏入空气而降温。但在正压下工作，阴极绝缘子容易粘灰，从而产生放电，为此，一般采用热风清扫。

2.6.4 工艺配置

2.6.4.1 气流干燥排烟收尘系统

气流干燥电收尘系统采用了两台泰兴市电除尘设备厂生产的40m² 低温电收尘器，为卧式、单组、三电场（现已改造为四电场），阳极为C形板，阴极（电晕线）为框架式，改进型不锈钢BS线。根据工艺条件，电收尘器进口端设有三层分流板，以改善气流分布状态；出口端设有一层分流板（迷宫式），以减少或阻止粉尘溢流。阳极采用整体结构，阴极采用框架结构，绝缘子安装在侧面保温箱内，保温箱上部通入热空气以清扫绝缘子，石英管箱上部通入热空气以清扫石英管，灰斗两侧装有振动器，可防止灰斗内部积灰。两台同时使用，在特殊情况下可以互为备用。

2.6.4.2 闪速炉排烟收尘系统

闪速炉排烟收尘系统采用了两台泰兴市电除尘设备厂制造的60m² 宽极距电收尘器。闪速炉电收尘器是卧式、单组、四电场的高温电收尘器，现在设计阳极为C形板，阴极为框架式，不锈钢BS线。采用钢外壳，外部保温。电场进口端有三层分流板，以改善气流分布状态，出口端有一层分流板，以减少或阻止尘埃的溢流。阳极采用整体式结构，阴极采用框架结构，绝缘石英管装设在保温箱内，箱内设有电加热器，在灰斗两侧均设有振动器，可防止灰斗内部积灰。

2.6.4.3 转炉排烟收尘系统

转炉原电收尘器型号为KWZ-RS401/3电收尘器，两台并联，为卧式、单组、三电场高温电收尘器，2010年冷修时改为卧式、单组、四电场高温电收尘器（3台并联），阳极为C形板，阴极为框架式，不锈钢BS线。电场进口端设有三层分流板，以改善气流分布状态，出口端设有一层分流板，以阻止和减少尘埃的溢流。阳极采用整体式结构，阴极采用框架结构，绝缘石英管装设在保温箱内，箱内设有电加热器，在灰斗两侧均设有振动器，可防止灰斗内部积灰。

2.6.4.4 贫化电炉排烟收尘系统

贫化电炉排烟收尘系统采用卧式、单组、三电场高温电收尘器。

2.6.4.5 环保排烟系统

环保排烟系统主要任务是将厂房各烟气溢出点的烟量排空，还负责闪速炉主排烟系统检修或故障时的事故排烟。

2.6.5 生产实践

2.6.5.1 气流干燥排烟收尘系统

气流干燥具有精矿干燥和输送的作用，干燥后的物料全部进入收尘系统。沉尘室，一、二级旋涡收尘器所收集的干精矿，进入干精矿仓；电收尘器所收集的烟尘经埋刮板机集中到闪速炉烟灰仓，用仓式输送泵通过高压风输送到闪速炉烟灰接收仓。

烟气具有如下特点：含尘量大，温度较低。为减少干精矿损失，保证金属回收率和排放标准，设计上采用沉尘室，二段旋涡收尘器，烟气由风机送入电收尘器进行精收尘，然后进入干燥烟囱排空。为避免低温结露，造成腐蚀，电收尘器壳体和灰斗采用蒸气排管加热和保温层隔热措施，所有管道采用外保温。石英管保温箱和阴极瓷轴用热风清扫。

2.6.5.2 闪速炉排烟收尘系统

闪速炉烟气的特点是：含尘量高，烟气SO_2和SO_3的含量高，烟气温度高，故在炉子的出口设置了余热锅炉，使烟气温度降至380℃，然后进入电收尘器。

余热锅炉收下的烟尘，采用单点吹灰的方式送入中间烟尘接收仓，再经仓式输送泵送至闪速炉烟灰接收仓；球形烟道和电收尘器收集的烟灰经埋刮板输送至烟灰仓，再经仓式输送泵（2台）吹送至闪速炉烟灰仓。

通常情况下，闪速炉沉淀池负压控制是通过计算机调节排烟机转速来完成的。通过调整排烟机转速，使沉淀池负压基本处于控制范围，再通过计算机跟踪调节微调阀开度，使负压控制在目标范围内。

2.6.5.3 转炉排烟收尘系统

转炉烟气的特点是烟气含尘量较低，烟气温度高，故在炉子的出口设置了余热锅炉，使烟气温度降至380℃，然后进入电收尘器。正常情况下，烟气送三硫酸制酸；当制酸系统不正常或转炉停止吹炼时，烟气经环保烟囱排空。余热锅炉收集的烟尘送返料系统，电收尘器烟尘用仓式输送泵吹送至贫化炉中间仓，再经仓式输送泵吹送至闪速炉烟尘仓。

由于转炉的操作是间断的，排烟机转速应根据生产情况及时进行调节。

2.6.5.4 贫化炉排烟收尘系统

贫化电炉烟气的特点是烟气温度较高，烟气含尘量较低，故出炉烟气经水冷烟道使温度降到650℃以下后进入强制冷却器和电收尘器，再去制酸或去环保烟囱排空。强制冷却器和电收尘器收集的烟灰由单点吹灰器吹送到中间仓，然后再经仓式输送泵吹送到闪速炉烟灰仓。

2.6.6 常见故障的判断与处理

2.6.6.1 气流干燥排烟收尘系统

（1）排烟机叶轮磨损。由于排烟机在电收尘器前，烟气含尘浓度较高，叶轮磨损严重。在更新沉尘室和旋涡收尘器的给料机，加强密封后，排烟机入口烟气含尘浓度降低幅度较大，排烟机叶轮磨损减轻。因此，生产中要加强沉降室和旋涡收尘器的密封，提高其收尘效率并降低排烟机入口烟气含尘浓度。同时，机壳内的积水、积灰要及时清理。

（2）电收尘器阳极板变形。电收尘器在投入运行后，极板可能发生变形扭曲。主要原因是精矿烟尘黏结在极板上，电场局部放电引燃部分烟尘，造成极板发生扭曲变形。

（3）阴阳极粘灰严重，灰斗下灰不畅。导致故障的主要原因是烟尘中水分含量高，外保温蒸汽管及振打装置故障。通过改进振打装置、蒸汽管以及拆除下灰装置等措施，极板线粘灰及灰斗下灰不畅的问题可以改善。

2.6.6.2 闪速炉排烟收尘系统

（1）电收尘器腐蚀严重，收尘效率低。由于闪速炉电收尘器处理的烟气中含有10%以上的SO_2和SO_3，以及5%左右的水蒸气，因此，系统腐蚀是不可避免的。主要改进措施：调节系统工艺参数，使电收尘器入口温度保持在300～350℃；加强电收尘器保温，保温岩棉由原来的100mm厚增至150mm厚；将原A3钢外壳改为5mm厚不锈钢外壳。

（2）排烟机振动。由于烟气结露，造成排烟机叶轮粘灰严重，导致排烟机振动。生产中要加强密封、保温工作，以保证排烟机入口烟气温度在露点以上。

2.6.6.3 转炉排烟收尘系统

由于转炉电收尘器处理的是高浓度的SO_2烟气，加之转炉是间断作业，停炉时冷风进入电收尘系统。因此，应加强系统的密封保温工作，加强操作联系，及时调整排烟机负荷，减轻腐蚀。

3 闪速熔炼

3.1 闪速炉工艺基本原理

3.1.1 闪速熔炼

3.1.1.1 反应塔内的传输现象

闪速炉的主要熔炼过程发生在反应塔中。悬浮在气流中的颗粒能否在离开反应塔底部进入沉淀池之前顺利地完成氧化、着火和熔化过程，对整个熔炼效果是至关重要的。事实上，这些过程就是气-固相之间传热和传质的过程。传输过程的影响因素就是精矿颗粒氧化、着火和熔化等过程的控制因素。因此，反应塔内的传输现象应包括颗粒与气体的运动，硫化物颗粒的氧化反应速度，以及颗粒和气流之间的质量和热量传递。

A 颗粒和气体的运动

从反应塔顶部喷嘴喷出的气-固（精矿）混合流，离开喷嘴后呈锥形扩散。随着离喷嘴口的距离增加，气流速度衰减。在反应塔空间内，气流的速度衰减过程延续到接近熔池表面，因此，入口的初始速度对气体在塔内的停留时间有重要的影响。

从反应塔顶落下的颗粒与气体处在同样重力作用下的流股中，因此颗粒的下落速度，除了气流影响外，还有其自身的下落速度，应是两个速度的叠加；再者固体颗粒的分散度很大，呈高度悬浮状态，不存在颗粒本身的滑移速度效应。有研究表明，细颗粒流经反应塔的速度与气流速度几乎相等，其停留时间相应较长；而较大的颗粒流经反应塔的速度约两倍于气流速度，则停留时间较短。

B 硫化物的着火温度

着火温度取决于硫化物的特性和比表面积，同一物质的比表面积增加，着火点温度则降低。这是因为粒度越小，单位质量矿物的表面积越大，即表面能越大，而表面能本身就是一种能量存在形式。表 3-1 给出了不同粒级一些矿物的着火温度。

表 3-1 几种常见硫化物的着火温度

粒度/mm	着火温度/℃				
	黄铜矿 $CuFeS_2$	黄铁矿 FeS_2	磁硫铁矿 FeS_{1+x}	闪锌矿 ZnS	方铅矿 PbS
0.0 ~0.05	280	290	330	554	505
0.05 ~0.075	335	345	419	605	697
0.075 ~0.10	357	405	444	623	710

续表 3-1

粒度/mm	着火温度/℃				
	黄铜矿 $CuFeS_2$	黄铁矿 FeS_2	磁硫铁矿 FeS_{1+x}	闪锌矿 ZnS	方铅矿 PbS
0.10 ~0.15	364	422	460	637	720
0.15 ~0.20	375	423	465	644	730
0.20 ~0.30	380	424	471	646	730
0.30 ~0.50	385	426	475	646	735
0.5 ~1.0	395	426	480	646	740

C 颗粒与气流间的传热与传质

在空气流和精矿颗粒之间由对流引起的热传递速度和质传递速度受颗粒大小影响较大。根据经验公式计算出同一物料不同粒级情况下的传热和传质系数，如表 3-2 所示。

表 3-2 颗粒大小对传热和传质系数的影响

颗粒直径/μm		10	50	100	200
热传递系数 /J·(cm^2·s·℃)$^{-1}$	在纯氧中	1.176	0.246	0.133	0.081
	在空气中	0.244	0.051	0.028	0.017

从表 3-2 可见，精矿中的粗颗粒与细颗粒相比，前者不但具有比表面积小和停留时间短的缺点，且质传递系数也小，加之粗颗粒表面吸附的气体浓度较细颗粒少，其氧化燃烧的速率也因此降低。

综上所述，得出以下几点结论：

（1）颗粒停留时间不足时，将会发生脱硫不足的情况，而停留时间与气体的入口速度和颗粒粒度有关，入口速度越高，颗粒越大，停留时间越短。

（2）在干燥精矿中，由于粒级分布的存在，传热和传质过程有较大差异，这直接影响熔炼反应的速度和结果，在粗颗粒中会有欠反应现象存在，而在过细颗粒中会有过反应发生。

（3）气体与颗粒弥散度越高、掺混越强，反应塔反应的动力学条件越好，反应进行得越快、越完全。因此，强化掺混效果是精矿喷嘴研究的依据和方向。

3.1.1.2 硫化物的高温离解与着火

精矿进入反应塔后通过扩散和热量交换而被迅速加热，随着温度升高，高价硫化物将发生离解反应，反应的结果是高价金属硫化物分解成低价的金属硫化物和硫。反应式如下：

$$(Ni\cdot Fe)_9S_8 \longrightarrow 2Ni_3S_2 + 3FeS + 1/2S_2$$

$$CuFeS_2 \longrightarrow Cu_2S + 2FeS + 1/2S_2$$

$$Fe_7S_8 = 7FeS + 1/2S_2$$

$$FeS_2 = FeS + 1/2S_2$$

离解反应的分压越低，说明高价硫化物越稳定，离解反应也越难进行。

火焰中硫化物颗粒表面温度相当高，FeS_2 的氧化反应以及所生成的氧化物的熔化进度有可能超前进行，发生如下反应：

$$2FeS_2 + 11/2O_2 = Fe_2O_3 + 4SO_2$$

$$3FeS_2 + 8O_2 = Fe_3O_4 + 6SO_2$$

生成的 Fe_2O_3 在有 FeS 存在时容易转变为磁性氧化铁。

$$10Fe_2O_3 + FeS = 7Fe_3O_4 + SO_2$$

$$16Fe_2O_3 + FeS \longrightarrow 11Fe_3O_4 + 2SO_2$$

此外，物料中可能存在的硫酸盐（MSO_4）、碳酸盐（MCO_3）以及氢氧化物（$M(HO)_n$）也将发生热分解反应，这些离解反应都是吸热反应。在高温条件下稳定的镍的化合物为 Ni_3S_2、NiO；稳定的铜的化合物为 Cu_2S、Cu_2O；稳定的铁的硫化物为 FeS。

3.1.1.3 硫化物的氧化反应

硫化物发生高温离解后，当温度达到炉料的着火点时，硫化物将发生燃烧，即剧烈的氧化反应。

A 氧化反应及其控制

闪速熔炼的优点在于充分利用精矿中可燃烧的硫和铁，硫化物燃烧并释放大量热量，主要的燃烧反应包括上述离解反应产生的硫的氧化、金属硫化物的氧化反应以及铁的硫化物的氧化造渣反应等：

$$S_2 + 2O_2 = 2SO_2$$

$$2FeS + 3O_2 + SiO_2 = 2FeO \cdot SiO_2 + 2SO_2$$

$$2FeS + 3\frac{1}{2}O_2 = Fe_2O_3 + 2SO_2$$

$$3FeS_2 + 8O_2 = Fe_3O_4 + 6SO_2$$

$$CoS + 1\frac{1}{2}O_2 = CoO + SO_2$$

$$Ni_3S_2 + 3\frac{1}{2}O_2 = 3NiO + 2SO_2$$

$$Cu_2S + 1\frac{1}{2}O_2 = Cu_2O + SO_2$$

$$2CuFeS_2 + 2\frac{1}{2}O_2 = Cu_2S + FeS + 2SO_2 + FeO$$

按反应塔气相组成测定，绝大部分氧化过程发生在距离喷嘴 2m 的范围内，与传统熔炼相比可显著提高熔锍的品位和烟气中 SO_2 浓度。在进料量一定的情况下，熔炼过程的脱硫率和锍品位可通过调节风量、氧量、预热空气温度及燃料用量等来控制。

B 选择性氧化过程

热力学理论计算及熔炼实践都表明，铜和镍相对于铁均有较大的氧化选择性。但在强氧化熔炼中，如闪速熔炼生产高品位锍时，渣中铜和镍的损失量增大，氧化选择性削弱，这是因为在熔锍-炉渣反应中，如果气氛的氧化性强，反应塔硫化物中进入渣相的铁量增大，且多以高价态存在，以镍为例，必然发生镍的硫化物与四氧化三铁的交互反应，而使镍进入渣中。

$$Ni_3S_2 + 7Fe_3O_4 \longrightarrow 24(Fe、Ni)O + 2SO_2$$

反之，在弱氧化气氛下，炉渣中的氧化物将与 FeS 发生氧化还原反应，而使镍硫化进入熔锍中。

$$FeS + 3Fe_3O_4 = 10FeO + SO_2$$

$$10FeS + 9NiO \cdot Fe_2O_3 \longrightarrow 28FeO + 3Ni_3S_2 + 4SO_2$$

3.1.1.4 产物形成

A 硫化物与氧化物的交互反应

悬浮物料经强烈氧化后落入沉淀池中，从反应塔落下的 MS-MO 液滴仅仅是初生低镍锍和初始渣的混合熔融物，其与沉淀池内熔体混合接触后，还会发生一系列的反应。

a 硫化反应

炉渣中的氧化物（Cu_2O、NiO 、CoO 等）与熔锍发生的硫化反应，可用通式表示为：

$$FeS_{(锍)} + MO_{(渣)} = MS_{(锍)} + FeO_{(渣)}$$

其进行的程度取决于熔炼的温度和熔体的组成，其中包括的主要反应有：

$$FeS_{(锍)} + Cu_2O_{(渣)} = Cu_2S_{(锍)} + FeO_{(渣)}$$

$$7FeS_{(锍)} + 9NiO_{(渣)} = 3Ni_3S_{2(锍)} + 7FeO_{(渣)} + SO_{2(气)}$$

$$FeS_{(锍)} + CoO_{(渣)} = CoS_{(锍)} + FeO_{(渣)}$$

上述反应生成的 Ni_3S_2、Cu_2S 、CoS 等与 FeS 组成的液态混合物称为低镍锍，其中还熔有少量的 Fe_3O_4 及贵金属。

b 造渣反应

氧化反应生成的 Fe_3O_4 与熔锍中的 FeS 以及碱性氧化物等与 SiO_2 进行造渣反应：

$$10Fe_2O_3 + FeS = 7Fe_3O_4 + SO_2$$

$$3Fe_3O_4 + FeS + 5SiO_2 = 5(2FeO \cdot SiO_2) + SO_2$$

$$2FeO + SiO_2 = 2FeO \cdot SiO_2$$

$$CaO + SiO_2 = CaO \cdot SiO_2$$

$$MgO + SiO_2 = MgO \cdot SiO_2$$

上述反应生成的 $2FeO \cdot SiO_2$、$CaO \cdot SiO_2$、$MgO \cdot SiO_2$ 以及 Fe_3O_4 的熔融混合物构成炉渣的主要成分，其中还熔有 Cu_2O 、NiO 、CoO 等有价金属的氧化物。

c 贫化区的还原与硫化反应

$$Fe_3O_4 + C = 3FeO + CO$$

$$3Fe_3O_4 + FeS = 10FeO + SO_2$$

$$2FeO + C(CO) = 2Fe + CO(CO_2)$$

$$2NiO + C(CO) = 2Ni + CO(CO_2)$$

$$2CoO + C(CO) = 2Co + CO(CO_2)$$

$$NiO + Fe = Ni + FeO$$

$$CoO + Fe = Co + FeO$$

$$Cu_2O + Fe = 2Cu + FeO$$
$$2NiO \cdot SiO_2 + 2Fe = 2Ni + 2FeO \cdot SiO_2$$
$$3(2NiO \cdot SiO_2) + 6FeS = 2Ni_3S_2 + S_2 + 3(2FeO \cdot SiO_2)$$
$$2NiO \cdot Fe_2O_3 + FeS = 3FeO + SO_2 + 2Ni$$
$$2Cu_2O \cdot SiO_2 + 2Fe = 4Cu + 2FeO \cdot SiO_2$$
$$2Cu_2O \cdot SiO_2 + 2FeS = 2Cu_2S + 2FeO \cdot SiO_2$$
$$2Cu_2O \cdot Fe_2O_3 + FeS = 3FeO + SO_2 + 4Cu$$
$$2CoO \cdot SiO_2 + 2Fe = 2Co + 2FeO \cdot SiO_2$$
$$2CoO \cdot SiO_2 + 2FeS = 2CoS + 2FeO \cdot SiO_2$$
$$2CoO \cdot Fe_2O_3 + FeS = 3FeO + SO_2 + 2Co$$

B　Fe_3O_4 的影响与消除

上述反应的进行，都直接或间接与 Fe_3O_4 的生成和还原有关，无论生产高品位还是低品位镍锍，Fe_3O_4 都要产生，只是数量不同。

磁性氧化铁是稳定的化合物，加热时其离解压很小，根据计算，1000℃时，$\lg p_{O_2}$ 为 -19.5，1327℃时为 -7.4。磁性氧化铁突出的特点是熔点高（1597℃）、密度大（5.1g/cm^3），所以它会增加炉渣的黏度和密度，使铜镍锍与炉渣不易澄清分离，增加铜镍在渣中的损失；而在镍锍中的 Fe_3O_4 会因炉底温度降低而析出，在炉底形成磁性炉结。因此，还原分解和造渣反应外过剩的磁性氧化铁是有害的。

消除磁性氧化铁有害影响的主要方法是促进其还原和造渣。影响还原反应的因素主要包括温度、锍品位、气氛条件和熔剂 SiO_2 的存在条件等。热力学计算分析如下：

$$3Fe_3O_4 + FeS = 10FeO + SO_2$$
$$\Delta G^{-} = 181875 - 108.7T$$

$T \geq 1673$K（1400℃）时，$\Delta G^{-} \leq 0$，反应才能进行，但在 FeS 和 SiO_2 的同时作用下，Fe_3O_4 被激烈而完全地分解，反应如下：

$$3Fe_3O_4 + FeS + 5SiO_2 = 5(2FeO \cdot SiO_2) + SO_2$$

温度低于1205℃时，$\Delta G^{-} = 60875 - 45.75T$。

温度高于1205℃时，$\Delta G^{-} = 149375 - 105.75T$。

$T \geq 1100$℃，反应就能顺利进行，根据这一原理，增加炉渣中二氧化硅的含量，可以促进 Fe_3O_4 的分解还原，在正常情况下，金川闪速炉控制渣的 $w(Fe)/w(SiO_2)$ 在 1.10～1.25 之间。

3.1.1.5　熔锍和炉渣的组成

A　镍锍的组成

铁的硫化物 FeS 在高温下能与许多金属硫化物形成共熔体——锍。镍锍与铜锍不完全相同，其金属化程度及熔点较铜锍高，因此熔炼时的温度要求也高，否则，便可能析出 Ni-Fe 合金，形成炉结。

镍锍中铁、镍、铜和硫含量之和在95%以上，可以通过 Fe-Ni-S 系相图来说明。图3-1 为该体系与火法冶金有关的部分，由图可知：

（1）在液相面以上四组分（$Fe-FeS-Ni_3S_2-Ni$）完全互溶。

（2）体系的最高熔点区靠近 Fe－Ni 边，而最低熔点区则靠近 E_2 附近，表明镍锍的金属化程度越高，其熔点也越高；反之，镍锍中 Ni_3S_2 含量越高，其熔点则越低。

（3）图中的三个初晶面分别是Ⅰ－Ni＋Fe，Ⅱ－FeS，Ⅲ－$(FeS)_2\cdot Ni_3S_2-Ni_3S_2-Ni_3S_2\cdot Ni$ 的固熔体，即实际上是$(FeS)_2\cdot Ni_3S_2-Ni_3S_2$ 与 $Ni_3S_2\cdot Ni$ 组成的固熔体。Ⅰ区占据此相图的绝大部分。

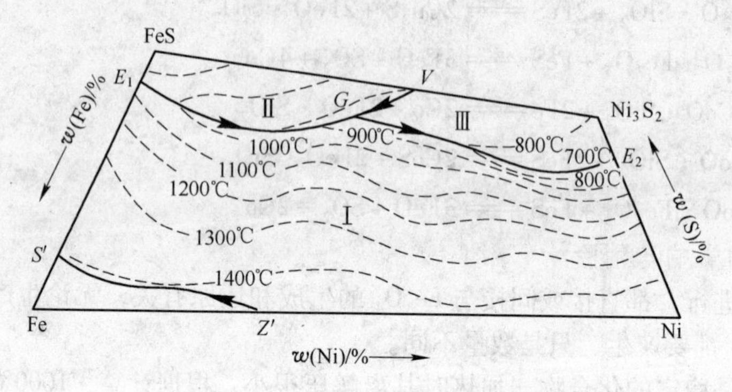

图 3-1 $Ni-Ni_3S_2-FeS-Fe$ 相图

B 炉渣的组成

金川闪速炉处理的铜镍精矿属于高铁、高镁型，它产出的渣中 FeO、MgO、SiO_2 三相之和均在 97% 以上。因此，可通过 $FeO-MgO-SiO_2$ 系相图进行研究，来了解炉渣的性质。现将 $FeO-MgO-SiO_2$ 系相图展示于图 3-2。

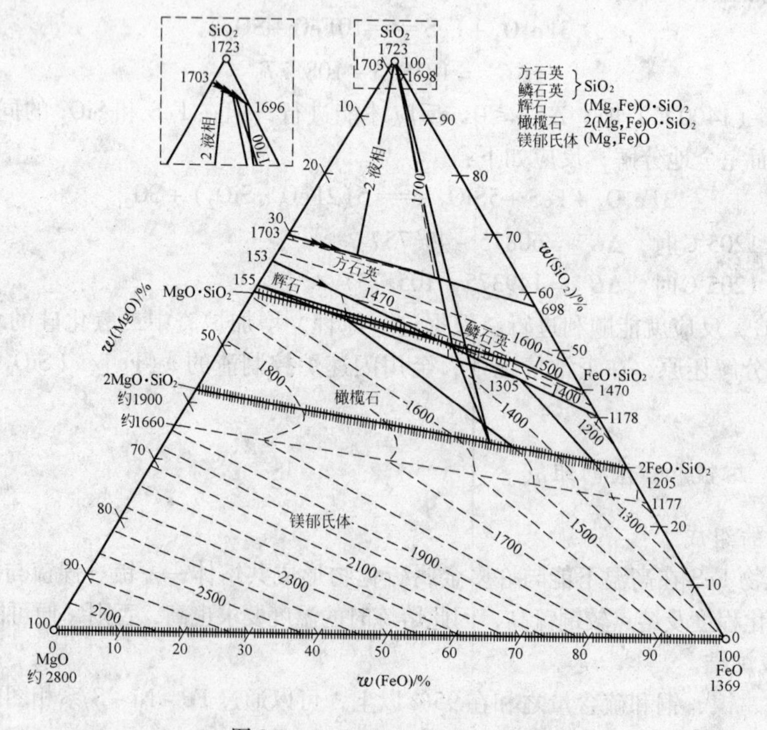

图 3-2 $FeO-MgO-SiO_2$ 系相图

从图3-2中可以看出，渣中MgO升高则渣的熔点升高，当渣中FeO与SiO_2含量适当时可使渣的熔点降低。

3.1.1.6 微量元素的行为

A 杂质元素

杂质元素主要指铅、锌、砷、锑和铋，其金属硫化物在1200℃下有较高的饱和蒸气压，在熔炼和吹炼过程中挥发进入烟气，在收尘装置中被回收。烟尘返回到闪速炉中间料仓后又加入炉内，应当指出的是，挥发不是去除杂质的途径，除非烟尘另行处理。

B 贵金属

贵金属，即金银和铂族金属主要分布在锍中，因为：

(1) 贵金属性质稳定，难以氧化进入渣中，其元素本身及其化合物更难挥发进入气相。

(2) 熔锍及铜镍等金属熔体是这些元素良好的捕集剂。

3.1.2 炉渣贫化

3.1.2.1 贫化原理

所谓炉渣贫化，其实质是渣中Fe_3O_4被还原，以减少NiO的溶解，并且以低镍锍洗涤还原炉渣的过程。同时Fe_3O_4的还原还能改善炉渣黏度、密度等澄清分离条件，从而使夹杂在渣中的熔锍颗粒顺利沉降。

闪速熔炼是强氧化熔炼，反应塔的氧势很高，必然要产生大量Fe_3O_4及NiO 、Cu_2O等进入渣中，故渣中金属含量比反射炉熔炼和电炉熔炼高，炉渣流经贫化区时必须进一步处理才能废弃。贫化区在工作原理、操作方法等方面与渣贫化电炉基本相同。其过程是利用电炉高温进行过热澄清，并加入少量还原剂，使炉渣中的Fe_3O_4还原为FeO，其中Cu 、NiO 、Cu_2O等被硫化，产生低品位锍。所用还原剂为块煤，硫化剂则是反应塔产出的低镍锍。具体反应见3.1.1.4节中的贫化区的还原与硫化反应，其中Fe_3O_4的还原反应，无论在贫化速度还是贫化程度上，都是关键环节。

电能是在渣层内转变为热能的，由此提供了贫化过程的主要能量来源。插入渣中的电极在其附近熔融炉渣的过渡接触处放出的功率为40%～80%，在这里发生呈局部分散的微弧放电，当电极插入不深时，以这种形式释放的功率可达到80%，现场观察到的是电极在渣面上打明弧，但这时大部分热量被烟气带走。当增加电极插入渣中深度时，电极周围功率可降到40%～50%，大部分功率由于炉渣本身电阻的作用转变为热能。利用这部分热能，在电极周围形成高温区，使得炉渣过热并膨胀上浮，形成炉渣对流。上浮炉渣与熔池表面的碳质还原剂产生滑动接触，与碳质还原剂接触的有价金属氧化物被还原为金属，同时上浮的炉渣与渣中仍在分离沉降的熔锍颗粒产生逆流运动，形成很好的反应界面条件，在锍渣界面上又有部分有价金属氧化物被硫化进入熔锍中。在渣型适宜的情况下，熔锍小颗粒聚集成大颗粒，依靠与炉渣间密度的不同，下沉进入低镍锍，完成炉渣的贫化过程。

3.1.2.2 影响渣含金属的因素

金属在渣中的损失有两种形式：化学溶解和机械夹杂。金属的化学溶解主要是以氧化物、金属和硫化物的形态溶解于渣中而造成的，对于闪速熔炼来说，化学溶解形态主要是氧化物（MO），与体系的硫势、氧势以及锍品位有很大的关系。机械夹杂主要是金属在渣中的夹带损失状态，呈小球细粒分散，由锍的沉降特性决定，与渣的物理化学性质、温度及操作实践关系较大。归纳起来，影响金属在渣中含量的主要因素如下。

A 渣成分的影响

炉渣的成分直接影响渣的性质，包括渣的氧势、密度、黏度以及熔点等，其中三个主要成分是 Fe_3O_4、SiO_2 和碱性氧化物（CaO、MgO）。

a 渣中的 Fe_3O_4

前已述及，当渣中 Fe_3O_4 含量增加时，表明渣的氧势增大。这将使有价金属更多地被氧化进入渣中。因此，减少 Fe_3O_4 的含量，有助于从渣中回收镍等有价金属。

渣中存在 Fe_3O_4 对金属在渣中损失的另一影响是，Fe_3O_4溶解在熔锍和渣中，将减少两者之间的界面张力，使得熔锍粒子广泛分散，甚至长时间沉淀后仍然无法沉降下去。所以，减少 Fe_3O_4 的量，可以加快熔锍颗粒在渣中的沉降。

b 渣中的 SiO_2

增加 SiO_2 含量，对金属在渣中的损失有两个方面的影响：

（1）增加渣的黏度，会增加夹带损失。

（2）降低渣的密度、增大渣-锍之间的界面张力，又可降低锍和金属的夹带损失。

正常情况下，金川闪速炉控制渣的 Fe/SiO_2 比在 1.10～1.25 之间。

c 渣中的碱性氧化物

（1）CaO 升高，渣的黏度降低，并增加渣-锍界面张力。有研究表明，渣的碱性越强，渣中金属含量越低。

（2）MgO 含量不小于 6% 时将显著升高渣的熔点，增加渣黏度，这也是镍熔炼与铜熔炼相比操作温度高的原因之一，因此应尽量控制其含量。金川闪速炉要求干精矿 MgO 含量不大于 6.5%。

B 熔锍成分的影响

在烟气-炉渣-锍平衡体系中，锍品位越高，与之平衡的烟气氧势也越大，氧化态金属的损失也增大。实践表明，生产高品位锍时将增大金属的损失。同时考虑生产平衡和金属损失，目前金川闪速炉控制低镍锍品位在 40%～46% 之间。

C 温度的影响

温度升高，可以使交互反应平衡常数增大，因而能使渣中 NiO 溶解度降低。但这种影响不是主要的，更重要的作用在于改善渣锍分离条件、降低渣和锍的黏度，以减少金属夹带损失。

3.2 闪速炉工艺流程

3.2.1 概述

在地球上发现的铜镍硫化矿有价金属的品位绝大多数在4%以下，这样低的品位直接冶炼，能耗高、产量低、回收率也低。因此，人们就发展了选矿工业，用物理的方法先把矿石中的脉石大部分除去，从而使冶炼的生产能力大大提高、能耗降低、渣量减少、回收率提高。由于选矿要把矿石细磨到－280目以下的粒度才能使有价矿物与脉石分离，因而产出了品位较高、粒度很细的精矿。为了处理粉状精矿，人们又发明了烧结机、焙烧炉、反射炉、矿热电炉。这些冶炼工艺对推动冶炼技术的发展曾起到很大作用，至今仍在沿用。

但这些处理粉状物料的冶炼技术都有不足之处：矿石细磨要耗费能量，这部分能量转化为精矿的表面能；精矿中FeS含量很高，燃烧后可以释放很多热能。这些精矿所具有的潜在能量在原有的冶炼工艺中都没有得到充分利用，致使冶炼能耗高、硫回收率低、环境污染严重。在地球能源日趋紧缺的情况下，20世纪40年代，闪速熔炼技术应运而生。

闪速熔炼也可称为悬浮熔炼，其中心是“空间反应”。硫化铜镍精矿熔炼的速度取决于炉料与烟气间的传热和传质速度，而传热和传质速度又随两相接触表面积的增大而提高。闪速熔炼便是基于这种原理，将预热富氧空气和干燥的精矿以一定的比例加入反应塔顶部的喷嘴中，气体与精矿强烈混合后以很大的速度呈悬浮状态喷入反应塔内，布满整个反应塔截面，并发生强烈的氧化放热反应。闪速熔炼把强化扩散和强化热交换紧密结合起来，使精矿的焙烧、熔炼和部分吹炼在一个设备中进行，从而大大强化了熔炼过程，显著提高了冶金炉窑的生产能力，降低了燃料消耗。随后，在反应塔熔化和过热的熔体落入沉淀池澄清分离，低镍锍和炉渣分别由低镍锍放出口和炉渣放出口排放。含SO_2较高的高温烟气通过上升烟道进入换热器和收尘系统后被送往制酸。

3.2.2 工艺流程

闪速熔炼入炉物料在反应塔内以极短的时间（2～3s）完成熔炼反应全过程，因此必须预先干燥，使其水分小于0.3%，否则颗粒表面会形成一层水膜，妨碍反应的进行，干燥时还应不使硫化物氧化和颗粒黏结。冶金炉料的干燥方法有回转窑干燥、喷雾干燥、气流干燥、蒸汽干燥等方法，金川闪速炉采用气流干燥法进行物料制备。将含水8%～10%的湿精矿由回转窑的窑头加入，经过回转窑、鼠笼打散机、气流管三段干燥，在沉降室、旋涡收尘器和电收尘器收集，并落在闪速炉的中间料仓中，然后送至精矿喷嘴喷入反应塔。其流程如图3-3所示。

3.3 闪速炉工艺配置

用于闪速熔炼的基本炉型有两类，即奥托昆普型闪速炉和因科型闪速炉，其基本结构如图3-4、图3-5所示。

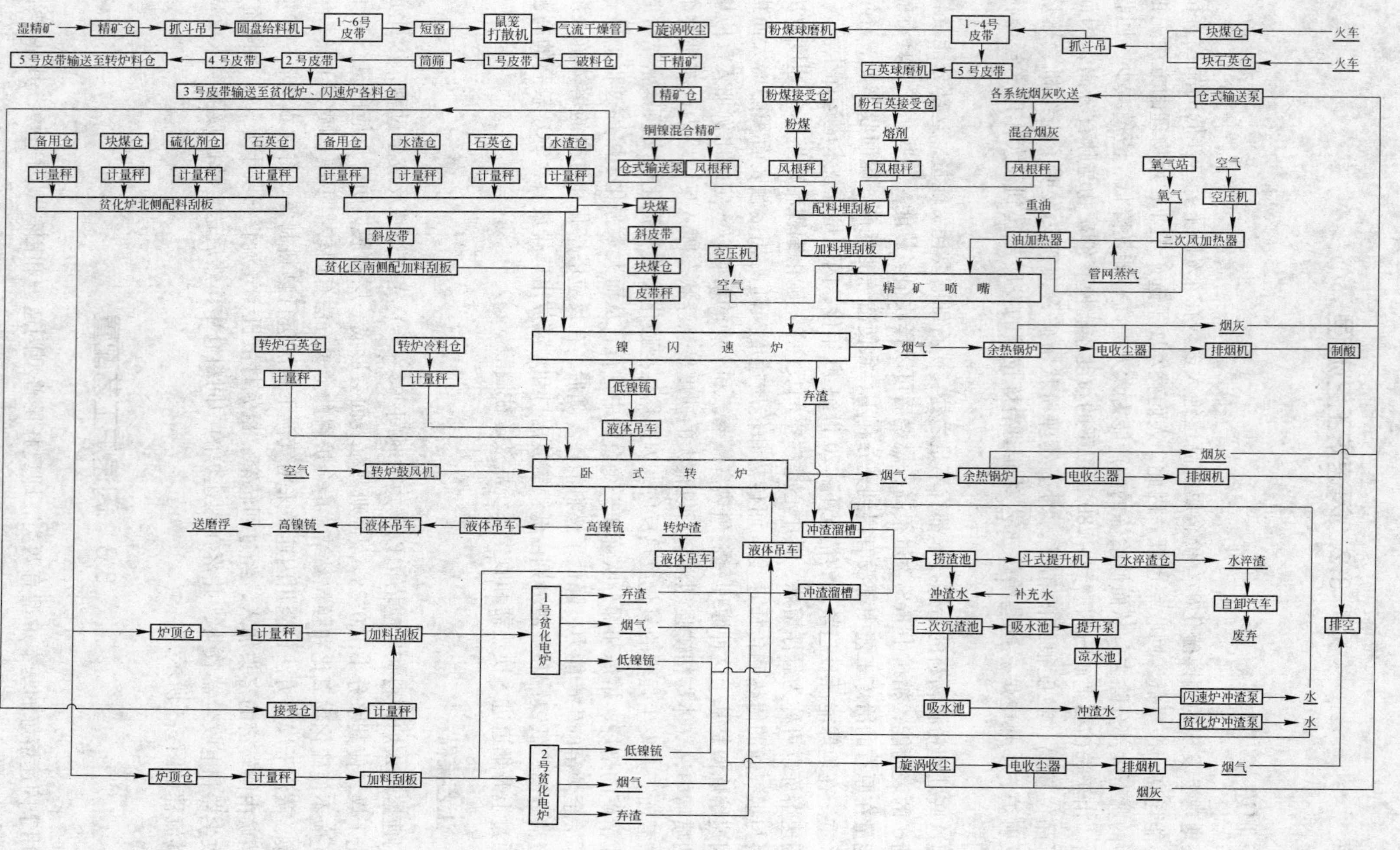

图 3-3 闪速炉车间工艺流程

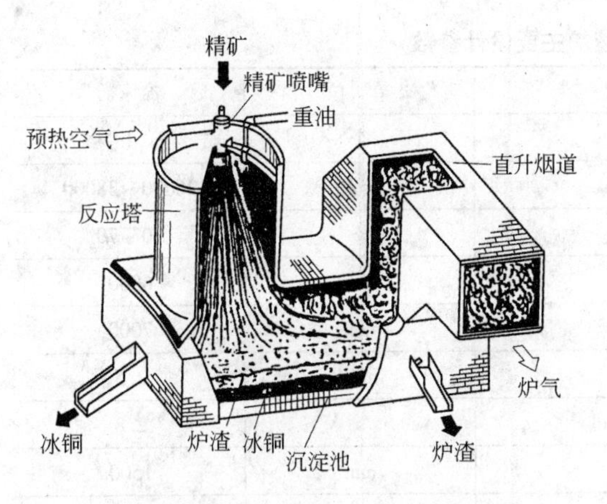

图 3-4 芬兰奥托昆普闪速炉

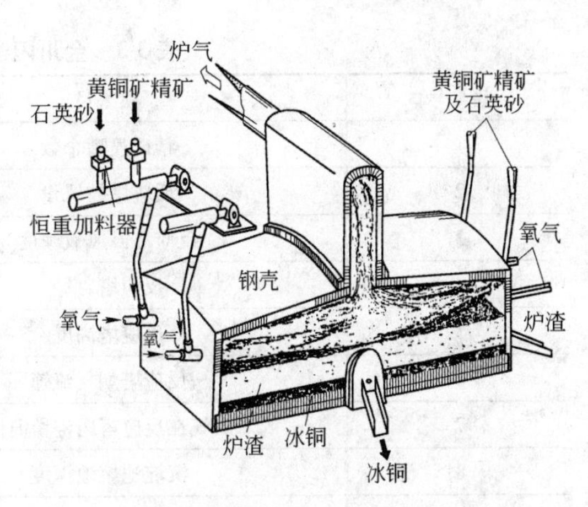

图 3-5 加拿大因科氧气闪速炉

为了更好地适用于铜镍精矿的冶炼要求，澳大利亚卡尔古利冶炼厂和金川冶炼厂对奥托昆普炉型作了较大改进：将沉淀池延伸到上升烟道之后，在延伸部分插入两组六根电极，即形成所谓贫化区。实际上使渣贫化电炉与沉淀池共同在一个空间内，这样合并的目的在于：

（1）利用反应塔产出的镍锍作为炉渣贫化的硫化剂，不需要从外部加入，也因此使炉渣贫化电耗降低。

（2）克服了贫化电炉低硫镍锍放出时给操作带来的困难。

（3）设备安装紧凑。

金川镍闪速炉基本上采用了澳大利亚卡尔古利冶炼厂的炉型，但是在贫化区和沉淀池炉顶结构、耐火材料冷却方式、沉淀池和上升烟道连接部结构等方面作了一系列改进；贫化区电极系统的导电、压放、密封等机构则完全采用了金川矿热电炉的技术，与卡尔古利冶炼厂同类设备相比，更加完善。

3.3.1 闪速炉炉体结构

闪速炉由反应塔、沉淀池、上升烟道和贫化区四部分组成。上升烟道出口安装有余热锅炉。

闪速炉炉底为架空式，即整个炉子置于设有通风道的钢筋混凝土立柱基础上，金川镍闪速炉炉体结构如图 3-6 所示，主要设计参数如表 3-3 所示。

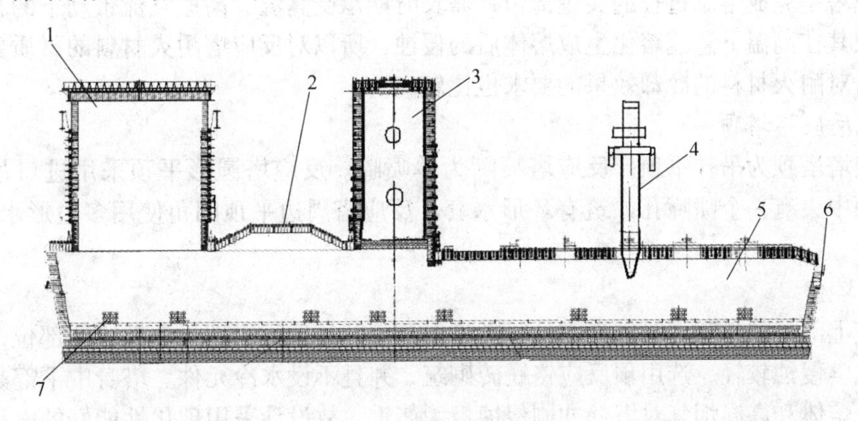

图 3-6 闪速炉炉体结构

1—反应塔；2—沉淀池；3—上升烟道；4—电极；5—贫化区；6—渣口；7—低镍锍

表 3-3 金川闪速炉主要设计参数

序 号	项 目	单 位	参 数
1	精矿喷嘴个数	个	1
2	反应塔鼓风量	m^3/h	26000 ~ 38000
3	反应塔鼓风氧浓度	%	40 ~ 70
4	反应塔直径	mm	6000
5	反应塔高度	mm	7000
6	反应塔烟气流速	m/s	2.5
7	烟气在反应塔内停留时间	s	2.8
8	沉淀池熔池深度	mm	1500
9	沉淀池烟气流速	m/s	4.2
10	贫化区变压器	kV · A	5000/6300
11	电极排布		三角 + 直线
12	上升烟道出口截面积	m^2	14
13	炉体总重	t	3681
14	冷却水用量	m^3/h	3000
15	精矿处理量	t/h	60 ~ 120
16	烟尘率	%	8
17	低镍锍品位（Ni + Cu）	%	35 ~ 50
18	炉渣镍含量	%	0.25
19	低镍锍温度	℃	1220
20	炉渣温度	℃	1370
21	渣 Fe/SiO_2 比		1.15
22	出炉烟气成分：SO_2 含量	%	20.95

3.3.1.1 反应塔

反应塔是完成熔炼过程的关键部位，需长时期承受高温、高速气流带动下的粉状物料的冲刷及其在高温下急速熔化生成熔体后的侵蚀，所以对反应塔耐火材料的材质要求比较高，同时对耐火材料的冷却效果的要求也比较高。

A 反应塔塔顶

反应塔塔顶为吊挂平顶。反应塔喷嘴为单喷嘴。反应塔圆形平顶采用进口吊挂砖砌筑，平顶中央有一个喷嘴孔并筑有环形水套。反应塔周边平顶四角使用多边形水套冷却，共计 8 块。

B 塔壁

塔壁上部是炉料和高温气流刚从喷嘴喷出并且开始进行物理化学反应的部位，受机械冲刷和化学侵蚀较轻，选用预反应铬镁砖砌筑，并且不设水冷元件。塔身中下部是反应塔高温区，熔体和高温烟气对塔壁冲刷侵蚀极为严重，故设计采用理化性能好的电铸铬镁砖砌筑，并设有 14 层共 280 块平水套进行冷却，以利于塔壁挂渣，保护砖体，延长其寿命。

C 反应塔连接部

反应塔与沉淀池之间的连接部，受烟气冲刷侵蚀最为严重，不易挂渣保护，因而设计了一圈共40块齿形水套，内衬耐火砖砌筑，便于检修更换。

3.3.1.2 沉淀池

沉淀池一般是指从反应塔至上升烟道下部的熔池，这里是闪速熔炼完成锍与渣初步沉积分离的区域。

A 炉底

炉底为 $R=18950$mm 的反拱形，厚1550mm，炉底的结构下部为LZ-65高铝砖砌筑的基础层，然后是镁质捣打料，永久层炉底为一层150mm厚的半再结合镁铬砖，上面铺设一层0.75mm厚的钢板，再砌筑一层380mm的半再结合镁铬砖安全层炉底，最后砌筑450mm工作层炉底。

B 炉墙

沉淀池炉墙由砖体、铜水套和钢板外壳（围板）等构成，炉墙向外倾斜10°，目的是增加炉墙的稳定性。渣线以上烟气冲刷和熔体侵蚀严重，为了提高耐火材料冷却强度，设有三层平水套，渣线以下整个炉墙的砖体外周设置了立水套。

沉淀池靠反应塔下部端墙设有2个油枪孔、1个观察孔；靠余热锅炉侧墙设有3个油枪孔，1个观察孔，另外一侧墙设有2个油枪孔、1个观察孔和8个低镍锍放出口。

C 沉淀池炉顶

沉淀池炉顶由吊挂铸铜水套和吊挂砖组成。反应塔和上升烟道之间的沉淀池炉顶采用两端平直、中间拱形。这种炉顶有利于高温气流对熔池的向下俯冲传热和减少进入烟道中的烟尘量，使炉子烟尘率降低，同时大大减轻了上升烟道的黏结。

沉淀池顶2个块煤孔配置2个管座水套；2个检尺孔配置2个管座水套，1个测压孔。

3.3.1.3 贫化区

贫化区是金川闪速炉熔炼反应的最后区段，使渣中的有价金属进一步还原沉积进入低镍锍中。

A 炉墙、炉底

贫化区炉墙、炉底与沉淀池连为一体，结构完全一样，不同之处是贫化区渣线以上部位侧墙只设一层平水套。低镍锍放出口侧墙设有5个油枪孔，余热锅炉侧墙设有5个油枪孔和1个检修人孔门，贫化区端墙设有1个观察孔、2个放渣口。

B 贫化区炉顶

贫化区因为加入固体块状物料，烟气量少，炉膛温度比较低，因此炉顶高度较沉淀池炉顶低，目的是为了减少贫化区排烟面积，增加贫化区的排烟阻力，保持沉淀池和上升烟道负压分布达到平衡。贫化区炉顶采用了17组铜水套组合梁和铬镁质耐火浇注料加45号角钢的网状结构。炉顶设有两组6根电极孔，10个加料孔和1个检测孔，配管座水套11个。

3.3.1.4 上升烟道

上升烟道是闪速炉内高温烟气的通道，由砖体、铜水套、钢板外壳及钢骨架组成，断面积为4500mm×3000mm（高×宽）。烟道顶部设有ϕ1500mm 事故烟道孔，便于排烟系统检修。两侧墙各设有5个人孔门，用来清理烟道黏结；共有2个油枪孔，用来处理烟道黏结；上升烟道炉顶采用不定型耐火材料浇筑、吊挂砖吊挂和水套梁冷却的组合结构炉顶。

上升烟道炉前侧墙设5层平水套共5块冷却，沿着沉淀池烟道侧墙设6层平水套，沿着贫化区烟道侧墙设10层平水套，沿着余热锅炉侧设2层平水套，总计66块平水套。烟道出口设有2块水冷闸板，便于切换烟气线路。沉淀池、贫化区与烟道侧墙的连接采用齿形水套，总计16块。喉口部水套总计14块，其中3块平顶水套，东西两侧各4块立水套，八字形水套3块。

3.3.1.5 炉体骨架

金川闪速炉因炉型结构特殊，钢结构比较复杂。钢骨架是冶金炉窑的骨干，主要作用是：

(1) 夹持耐火材料，并承受其重量；

(2) 在其上部设置炉子的部分附属设施，如炉门、观察孔、油枪孔等；

(3) 抵抗、减小或吸收耐火材料高温膨胀所产生的作用力。

A 反应塔钢结构

反应塔钢结构是反应塔与闪速炉本体脱开，由四根主梁和四根副梁所组成的八边形梁将反应塔钢壳完全吊挂起来而形成的独立结构，顶部喷嘴装置与塔顶砌体之间也完全脱开，底部与沉淀池由齿形水套相连接。

B 沉淀池钢结构

沉淀池与贫化区钢结构是闪速炉的主体骨架，整个炉壳坐落在炉底纵向和横向交叉相叠的炉底钢梁上。炉子周围共有66根立柱，在立柱外侧、炉底和炉顶四周都设有钢梁，其中南、北立柱各25个；东、西立柱各8个。在钢梁上用弹簧均匀施力，构成闪速炉炉体弹性结构。炉壳为$\delta=20$mm 钢板，在立柱与炉壳之间加有18号工字钢。

C 上升烟道骨架

上升烟道为吊挂结构，由工字钢、槽钢及拉杆组成箱式骨架结构，整体由拉杆吊挂在基建主梁上。

D 炉体弹簧

为了保证炉子与砖体能够自由膨胀和收缩，并且保证炉体的整体性，闪速炉采用了“捆绑”式弹性结构，主结构由66根H形立柱、2根炉底纵向压梁、2根炉底横向压梁、2根炉顶纵向压梁及5根横向拉杆梁，2根沉淀池横拉梁及7根横向拉杆组合梁组成主体框架结构。主框架结构之间采用338根弹簧来保证骨架、砖体、炉壳之间紧密结合，形成一个整体。

3.3.1.6 闪速炉其他附属工艺设施

A 精矿喷嘴

a 精矿喷嘴结构

反应塔采用精矿单喷嘴，其配置包括四部分：风动溜槽、精矿喷嘴、精矿喷嘴阀站和中央油枪阀站。其结构见图3-7。

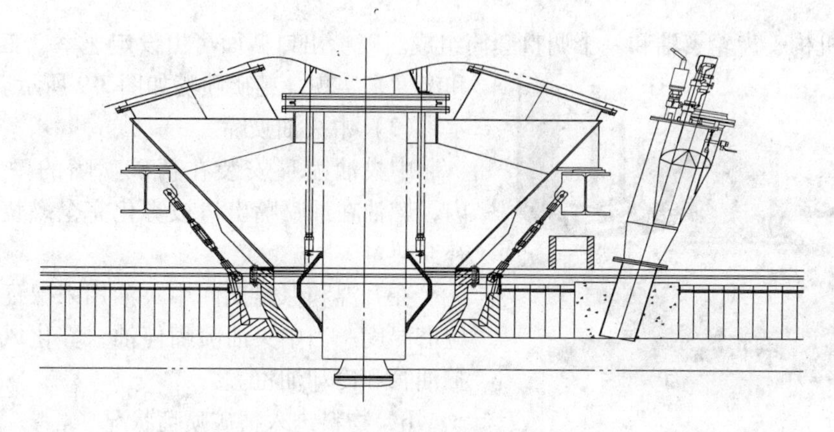

图 3-7 反应塔精矿单喷嘴示意图

（1）风动溜槽。

风动溜槽系统包括风动溜槽运输机以及附属的一个插板。风动溜槽把混合物料引入下料口，风动溜槽运输机把混合物料送入精矿喷嘴入口。风动溜槽运输方式的优点是排除小流量的波动并且使物料的薄厚均匀。物料的流态化、平稳及物料进入精矿喷嘴的给料截面对操作过程非常重要。风动溜槽如图 3-8 所示。

图 3-8 风动溜槽

风动溜槽的进口装有一个自动的滑动闸门以防止给料器堵塞时熔池的热气升到精矿和灰尘给料器。因为存在堵料的可能性，风动溜槽的上半部分设有一个震动的叉形料位开关用于指示和限位。

（2）精矿喷嘴。

精矿喷嘴由风箱、中央喷射分散器（CJD）、工艺风流速调节控制设备、分料器、中央油枪、鸟巢水套、环绕水套组成。冷却水套位于反应塔顶部的精矿喷嘴入口。中央喷射分散器（CJD）位于风箱的中部。

精矿喷嘴用来混合、驱散固体物料和富氧工艺风进入反应塔。当物料通过精矿喷嘴进入反应塔时，迅速发生反应。富氧工艺风通过工艺风管鼓入精矿喷嘴，混合干物料通过风动溜槽进入精矿喷嘴。当停料时工艺风用来冷却精矿喷嘴，冷却风通过中央氧管、分散风管进入反应塔。

精矿喷嘴为单喷嘴，工艺风流速在喷嘴出口通过中央喷射分散器（CJD）控制，控制器由执行机构、齿轮、轴和一个调整套筒组成。喷嘴出口截面可由设定速率、工艺风流量和温度来实现。精矿喷嘴如图3-9所示。

图3-9 精矿喷嘴

(3) 中央油喷嘴。

中央油喷嘴安装在精矿喷嘴的中央氧管之内，燃油在油喷嘴出口被雾化完全燃烧，为反应补充热量。

在升温和保温期间中央油用来保证闪速炉反应塔温度。当中央油喷嘴停油，雾化风将用来吹扫油管和冷却油枪。

b 物料进入精矿喷嘴状况

精矿单喷嘴涉及的物料有反应塔的一次风、二次风、富氧工艺风、氧气、混合干物料、重油、冷却水。

(1) 根据不同的生产情况，喷嘴控制系统将根据其自身的连锁和控制方案，对进入喷嘴的富氧风、一次风、二次风、重油、氧气进行调解。

富氧风：反应塔燃烧用风（垂直方向）；

一次风：用于喷嘴的分散风（加料时水平方向）、冷却风（停料时氧枪用）、雾化风（伴随重油）；

二次风：为反应塔提供风源；

重油：给反应塔提供热量；

氧气：燃料和精矿燃烧时的助燃气体；

冷却水：一部分用于锥形分料器喷头及喷嘴壳体的冷却，一部分用于鸟巢水套及环形水套的冷却；

重油、雾化风以及油枪阀站的控制由单喷嘴PLC完成。

(2) 物料进入精矿喷嘴的方式：粉状物料（精矿、石英、烟灰等）经过风动溜槽；富氧风或二次风通过两个入口进入精矿喷嘴风箱；中央氧或冷却风到精矿喷嘴中间氧管；中央油、雾化风到精矿喷嘴中央油枪；分散风到分散器。

c 风速控制

富氧风速度在精矿喷嘴中是一个重要的操作参数，它是用富氧风流量除以截面积来计算的。当富氧风量恒定时，通过执行机构调节精矿喷嘴套筒来改变截面积。

B 事故烟道

闪速炉事故烟道系统由2块水冷闸板、2台5t电葫芦、副烟道、喷雾室、环形水套等组成。主排烟系统检修时用2台5t电葫芦将水冷闸板放下，切断通往余热锅炉的烟气，吊出环形水套，用电葫芦将副烟道与喷雾室对接。喷雾室是由三层钢水套外壳及中段8个喷枪喷出雾状水来降低烟气温度的，烟气通过该途径进入闪速炉环保排烟系统。

C 炉后热渣流槽

炉后热渣流槽由U形水套和V形水套组成，上面安装隔热盖板，用来排放闪速炉炉渣。

3.3.1.7 闪速炉炉体维护

闪速炉炉体耐火材料由于有立体水冷系统的保障，以及有炉体的检查维护，其寿命一般在5~7年。金川闪速炉结构复杂，对炉体检查维护十分重要。

炉体维护主要包括：温度检测、炉内点检、炉体检测、点检及保护措施等。

A 温度检测

冶炼温度是闪速炉工艺控制的关键参数，也是确保闪速炉长周期安全运行的主要因素。合理的温度控制可延长耐火材料的寿命，并且能够节约能源。

闪速炉冶炼温度的控制主要是通过对低镍锍、烟气、炉渣以及炉体温度的测量，依据温度的变化进行合理控制的。

(1) 闪速炉炉体温度的变化，可通过设置在炉体72个测温点的热电偶检测后传输到中控室的计算机显示，通过对温度变化的监测，为闪速炉控制提供依据。

(2) 通过用快速热电偶直接测量闪速熔炼产物炉渣和低镍锍放出时的熔体温度，为作业参数调整提供依据。

(3) 通过测量炉体表面温度，可判断炉内蓄热程度。

B 炉内点检

炉内点检是通过观察孔、油枪孔等部位对闪速炉反应状况、炉壁挂渣、黏结、耐火材料是否损伤、水冷元件是否泄漏、电极工作状况等情况的综合检查，对异常情况及时分析、处理。

C 炉体检测

a 炉体膨胀

通过设置在炉底和炉顶各12根膨胀指示器的伸缩变化，掌握炉体的膨胀情况，发现异常情况必须及时分析原因，定期检测一次。炉体膨胀指示器位置如图3-10所示。

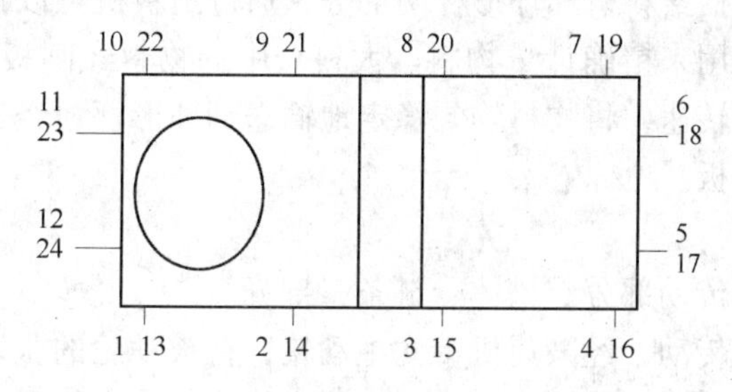

图3-10 炉体膨胀指示器位置示意图

1~12—炉底膨胀指示器；13~24—炉顶膨胀指示器

b 受力检测

通过对炉体弹簧长度的测量，与其对应的弹性曲线相结合，计算每根弹簧受力，进而可以计算出炉体线受力、面受力及区域受力，结合炉体膨胀测试结果、炉内热量分布、炉内黏结等因素，进行综合分析，从而可以较为准确地把握炉体当前的运行状况，并且在检测和分析过程中，可及时发现在工艺控制、生产操作以及炉体运行等方面的问题，对不合理的控制方式及弹簧受力作出调整。因此，必须保证定期的检测频度。

D 保护措施

(1) 闪速炉炉前、炉后溜槽经常渗漏，为了防止高温熔体烧坏下部骨架，在放出口周围安装簸箕，上面铺设黏土砖，以保护下部拉杆、压梁和弹簧不受损害。

(2) 保持炉顶干净，以保证耐火材料的通风冷却。

(3) 保持炉体立柱基础干净，以保证炉体膨胀时立柱自由移动。

(4) 保持炉底巷道畅通，并且增设风机通风冷却。

(5) 保持炉体周围没有妨碍炉体膨胀的障碍物。

(6) 若炉体水套法兰与围板间隙较小，要及时处理。

E 炉体点检

为了确保炉体安全运行，岗位人员和车间工艺人员都要对炉体各部位进行日常的点检。点检的主要内容包括：炉子钢骨架、耐火材料、水系统、炉体卫生等。

3.3.2 配加料系统

闪速炉配加料系统，包括反应塔配加料系统、沉淀池配加料系统和贫化区配加料系统。反应塔配加料系统的作用是准确地按规定配料比，将干精矿、粉石英、粉煤、混合烟灰进行配料，配好料后均匀地加入精矿喷嘴。沉淀池配加料系统的作用是物料通过计量后从块煤孔加入沉淀池。贫化区配加料系统的作用是将返料、石英石、块煤按一定的配料比，准确计量后，根据炉内情况加入贫化区。

3.3.2.1 反应塔配加料系统

反应塔配加料系统的主要设备有：风根秤、配料刮板及加料刮板。

A 风根秤

反应塔配加料系统有2台精矿风根秤、1台熔剂风根秤、1台烟灰风根秤和1台粉煤风根秤。风根秤主要包括给料机和环形秤两部分，通过给料机可以控制下料量并使下料均匀稳定，而环形秤主要用来精确计量物料。大料仓中的物料经闸板阀进入风根秤给料机，通过计算机控制给料机转速，将物料均匀稳定地输送到环形秤，经过环形秤计量的物料通过下料管输送到配料刮板。

B 配料刮板

配料刮板主要包括传动部分、槽体、链条三部分。

配料刮板利用电机传动，经减速机带动主动轮，在被动轮的张紧作用下，使刮板链条在刮板槽体内做循环运动，利用链板之间的间隙，将物料带入加料刮板，在刮板运送物料的过程中将熔剂、烟灰与干精矿混合均匀，以达到配料目的。

C 加料刮板

加料刮板跟配料刮板一样也包括传动部分、槽体、链条三部分。其工作原理与配料刮板完全相同。

物料经风根秤、配料刮板、加料刮板均匀地输送给风动溜槽，再输送至精矿单喷嘴，进入反应塔，完成反应塔配加料的全过程。

3.3.2.2 贫化区配加料系统

贫化区配加料系统设备主要包括配料料仓、定量给料机皮带秤、配加料刮板、斜皮带、南侧加料刮板、炉顶料管等。贫化区配加料与反应塔配加料作业是同步进行，其作业为间断作业。配加料分为自动控制和手动控制。

3.3.2.3 沉淀池配加料系统

沉淀池配加料系统设备主要包括块煤料仓、申克秤，与反应塔配加料作业同步进行，配料过程为间断作业，加料过程为连续作业。

3.3.3 热风系统

闪速炉热风系统设计包括三个子系统，即一次风、反应塔富氧风和沉淀池二次风。各系统热风均采用闪速炉余热锅炉4.6MPa的高压蒸汽加热。热风温度根据换热原理，只能到220℃的极限温度。一次风的作用主要是用来对油枪燃油的雾化和通入料堆来吹散物料。反应塔富氧风为物料在反应塔反应及燃料燃烧提供氧气。沉淀池二次风是为沉淀池、贫化区燃油供氧，并在反应塔风机故障时作临时供风之用。

3.3.3.1 一次风系统

一次风采用6台150m³/min空压机供风，雾化重油时压力为0.35～0.55MPa。闪速炉采用专线用风。一次风系统供风流程如图3-11所示。

3.3.3.2 反应塔二次风系统

将反应塔所用的富氧空气利用蒸汽加热器预热至200℃，供给反应塔内的燃料和精矿等物料反应所用。反应塔通风机最大能力为40000 m³/h(标态)，氧气来自两套6500 m³/h(标态)制氧机（低压氧）和14000 m³/h(标态)制氧机（中压氧）。

两台通风机（一台使用，一台备用）入口阀为气动蝶阀，在中控室计算机上控制此阀门，即可控制风量大小。在氧气混入接口处有一个气动蝶阀，还有一个氧气放空的气动蝶阀，在计算机上调此两阀即可控制所混入的氧气量。工艺流程见图3-12。

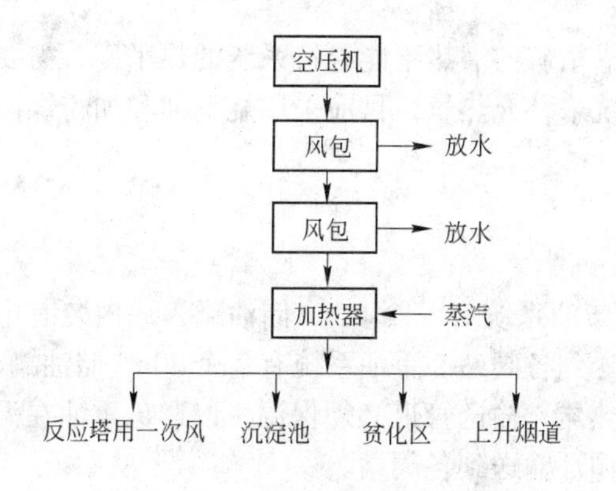

图3-11 一次风系统供风流程

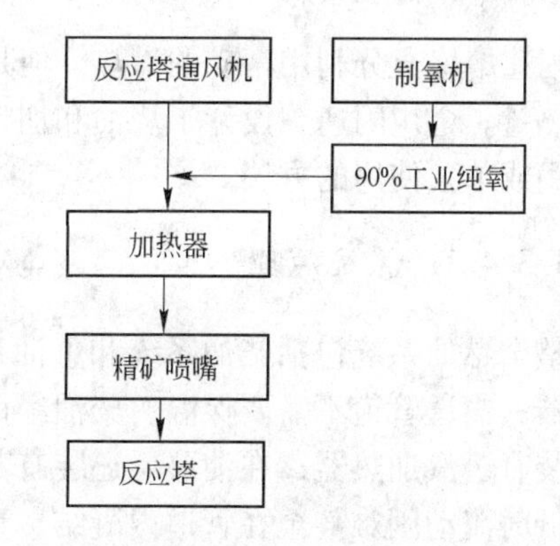

图3-12 反应塔二次风系统工艺流程

3.3.3.3 沉淀池二次风系统

A 工艺流程

沉淀池风机（2台）所产生的二次风用于闪速炉炉底冷却及反应塔二次风机故障切换保温。沉淀池二次风入口阀为气动蝶阀，开风机前必须关闭入口阀，开启风机后调节气动蝶阀控制总风量。

B 供风原理

供风原理见图 3-13。

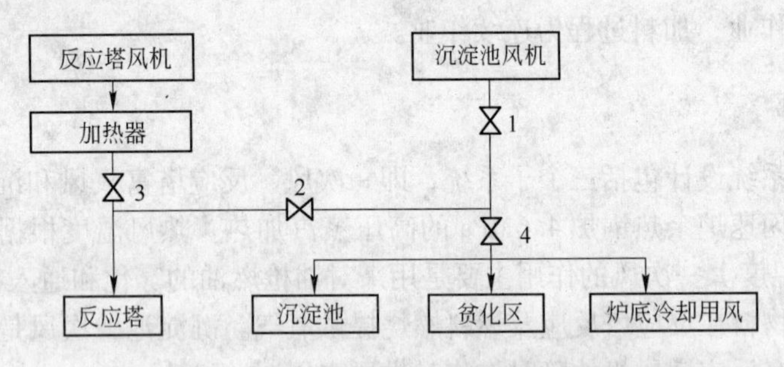

图 3-13 沉淀池二次风互换供风原理

1—截止阀；2～4—蝶阀

C 反应塔二次风系统与沉淀池二次风系统的切换操作

反应塔二次风系统与沉淀池二次风系统的互换供风操作举例说明如下。

假如需要检查、检修反应塔二次风系统，则进行如下操作：关闭沉淀池二次风机入口阀后开启风机，打开截止阀 1（风机出口）及蝶阀 2（二楼调度室门口），中控室将反应塔二次风量调至最小，沉淀池二次风量调至所需值，通知动氧停通风机，此时来自沉淀池的二次风会倒灌进反应塔二次风加热器中，若加热器泄漏，在二次风加热器前管道上的观察孔中会喷出蒸汽。此时再关闭蝶阀 3（二次风加热器正上方）、蝶阀 4（6 号重油阀站旁），则可进行反应塔二次风系统的检修。在此例中沉淀池二次风为反应塔供风，但只能保证保温用风，不能进行投料。

3.3.4 燃油系统

闪速熔炼充分利用精矿的潜热，但是仅依靠精矿的潜热不能维持系统的热平衡，需要补充热量。金川闪速炉设计了烧油和加粉煤系统来补充热量，目前采用烧重油和加粉煤同时使用或单独使用的方法。

3.3.4.1 系统原理

整个燃油系统包括柴油系统和重油系统，柴油系统有一个 6 m^3 储油罐，罐内装有电加热器，输送管道不需要保温，柴油经循环输送到各阀站。重油系统有 2 个 20m^3 储油罐，罐内装有蒸汽加热器，在油泵后还装有蒸汽加热器，输送管道必须保温，以避免重油在温度较低时流动困难甚至在管道内凝结，重油经循环输送到各阀站。

A 柴油系统

柴油系统比较简单，其原理如图 3-14 所示。

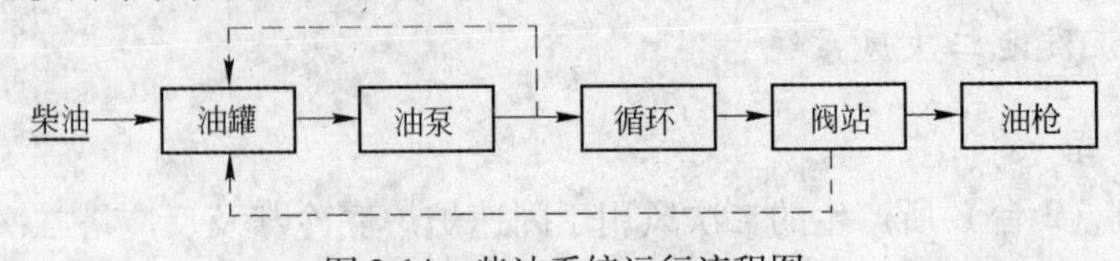

图 3-14 柴油系统运行流程图

柴油主要是在闪速炉生产初期以及重油系统发生故障的时候用于系统补充热量，在正常生产期间，系统以燃烧重油和粉煤来补充热量。

B 重油系统

重油黏度大，其黏度随温度的升高而降低。当温度升高时，其流动性也就越好，所以，用重油做燃料时，必须具有加热设备和良好的保温设备，因此，重油系统比柴油系统要复杂得多。重油除了具有黏度大、着火点高的特点外，其价格比柴油低，对降低生产成本是有益的。

重油系统运行流程如图3-15所示。

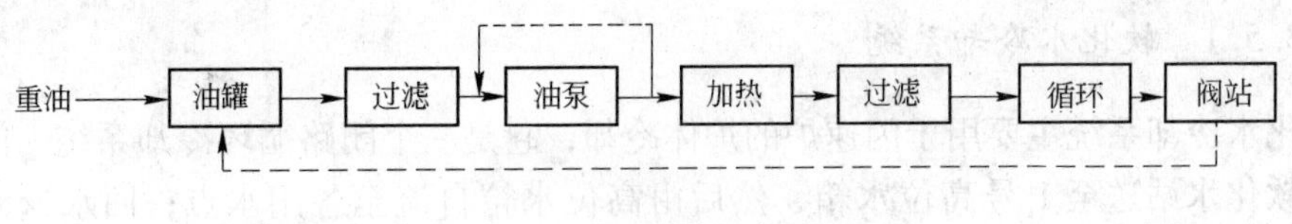

图3-15 重油系统运行流程

C 阀站

闪速炉周围共有14个阀站，这些阀站的作用是进行用油的控制、计量以及柴油与重油的相互切换。图3-16所示为阀站的工作原理。

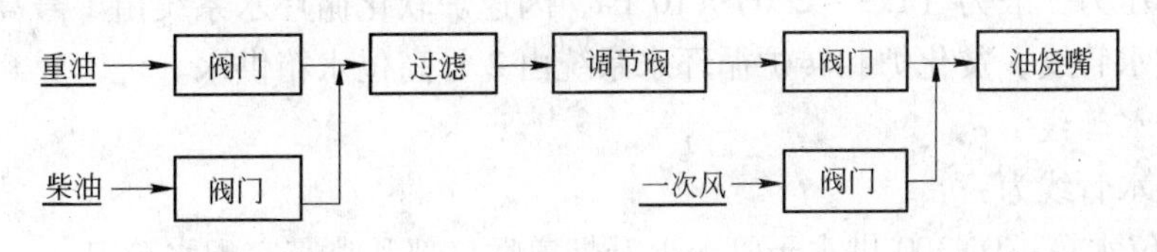

图3-16 阀站工作原理

3.3.4.2 系统的控制与操作

无论是柴油系统，还是重油系统，除了相互切换，油泵的开停操作必须在现场进行，其他操作均可以在中央控制室统一控制。

A 系统的检查

燃油系统在运行过程中，需要经常检查运行情况，主要检查的内容包括：系统油量、油压、油温是否合乎要求，以及烧油嘴的燃烧状况等。当发现问题时，必须及时调整和处理。

B 系统油压、油量及油温的检查与调整

系统油压的高低是以燃油量和回油量作为衡量标准的。当燃油量和回油量较大时，系统的油压就必须相对较高；反之，系统油压就较低。系统回油量的控制是确保系统能否正常运行和控制罐内合适贮油温度的重要参数，因此，必须保证系统回油量在较合适的范围内。系统的油温控制一般为110~130℃（柴油不需加热），主要通过中控室监控，当油温较高或较低时均需通过加热器调整。

重油系统出现一般问题的判断及处理：

(1) 如果发现燃油量无法保证时，首先检查或更换油枪，查看控制阀。

(2) 把回油量和泵前回油量适当关小。若关小后还是达不到要求，必须立即切换油泵，待备用油泵运行正常后，将原油泵内的气体排出。

(3) 泵内产生气体的主要原因是重油含水量过大或罐内储油的温度过高。

(4) 假如切换油泵后仍然达不到燃油量，则要检查罐内贮油的温度是否过低造成重油流动性较差，或者罐内贮油量过少，或者双联过滤器有堵塞现象。

3.3.5 水冷系统

为了延长闪速炉耐火材料的寿命和稳定闪速炉的生产，闪速炉采用了强制冷却系统，由冷却水系统管网和水冷元件组成。

3.3.5.1 软化水冷却系统

软化水冷却系统主要用于闪速炉的炉体冷却，它是一个闭路循环冷却系统。闪速炉软化水由软化水站送至1号高位水箱，然后由高位水箱自流至各用水点；回水返回软化水站，经冷却塔冷却后再送至高位水箱，在软化水站补充少量新软化水以弥补冷却过程中水的损失。贫化炉由软化水站送至2号高位水箱，然后由高位水箱自流至各用水点；回水返回软化水站，经冷却塔冷却后再送至高位水箱，在软化水站补充少量新软化水以弥补冷却过程中水的损失。

软化水压力一般为 $(1.5 \sim 2.0) \times 10^5$Pa，闪速炉软化循环水系统由1号高位水箱并列铺设三路供水管线。贫化炉和转炉循环水系统由2号高位水箱供水。

A 供水管线

三路供水管线为：

1号高位水箱→DN300供水干管→上升烟道喉口部和喷雾室配水箱组。

1号高位水箱→DN400供水干管→反应塔、上升烟道齿形水套和反应塔平顶多边形水套配水箱组。

1号高位水箱→DN800供水干管→闪速炉炉墙水套配水箱组，上升烟道平水套配水箱组，反应塔平水套配水箱，水冷梁水套，环形水套配水箱，热渣溜槽配水箱。

以上三路管线，在高位水箱平台都由各自蝶阀控制给水。

B 闪速炉各配水区、配水点相应编号

闪速炉各配水区、配水点相应编号如表3-4所示。

表3-4 各配水区、配水点相应编号

区 号	供水区名称	配水点数
Ⅰ	炉墙水套（Q）	135
Ⅱ	水套梁（L）	102
Ⅲ	反应塔 上升烟道连接部（J）	117
Ⅳ	反应塔水套（F）	140
Ⅴ	上升烟道水套（S）	93
Ⅵ	闪速炉电极（D）	18
Ⅶ	短 网	12
合 计		617

软化水进水平均温度不高于35℃，出水平均温度不高于45℃，进出水温差为10℃。

C 管理与操作

a 水温、水量的管理

每班认真检查各配水点水温、水量是否正常，若水温过高，则应调节给水量使其水温达到正常值。连接部水套的部分配水点回水温度，高位水箱水位，软化水用量，进、回水温度均在中控室显示，中控室人员一旦发现异常应立即汇报处理。

b 水套、管路、阀门操作

认真检查配水管 、管接头、阀门是否漏水，排水槽是否堵塞及排水是否飞溅或外溢，炉体四周铜水套是否出现潮湿及蒸汽现象。每次炉内点检时，观察是否有挂渣变黑及异常结瘤现象。若发现有漏水迹象可采用水压试验来确认是否漏水。

3.3.5.2 喷雾室冷却系统

闪速炉喷雾室冷却系统使用新水进行冷却，其新水供水量为8m^3/h左右。使用此系统时必须将水量认真调节好，因贫化区电极收尘烟罩使用环保排烟机，若水量过大则水不能完全汽化，多余的水就会从渣口吸烟罩中流出；若水量过小，烟气温度过高，会烧红喷雾室且影响环保排烟机的正常运行。

3.3.5.3 设备冷却水

使用设备冷却水的装置有闪速炉，1号、2号贫化炉变压器油冷室。

3.3.6 电极系统

闪速炉贫化区有A、B组共2台变压器。A组变压器容量为5000kV·A、B组变压器容量为6300 kV·A 。A、B组电极，每组3根。A组电极直径为820mm，为正三角形排列；B组电极直径为1200mm，为一字形排列。两组电极均为连续自焙式电极，电极的升降由液压系统完成，控制方式有手动和自动两种。

3.3.6.1 贫化区电极系统主要工艺参数

A 电极专用变压器主要参数

电极专用变压器主要参数如表3-5所示。

表3-5 电极专用变压器主要参数

项 目	A组变压器	B组变压器
型 号	HTSSPZ－5000/6	HKSSPZ－6300/6
容量/kV·A	5000	6300
一次侧电压/V	6000	6000
一次侧电流/A	481.1	606
低压侧最大电流/A	26333	36373
低压侧电压/V	196－110－60（共十五级）	70－100－210（共十五级）

B 电极系统主要参数

电极系统主要参数如表3-6所示。

表 3-6 电极系统主要参数

参数		A 组电极	B 组电极
升降缸	电极直径/mm	820	1200
	工作油压/MPa	6.3	4.9
	柱塞直径/mm	220	200
	柱塞最大行程/mm	1600	1400
	升降速度/$m \cdot min^{-1}$	0.5 ~ 1.0	0.5 ~ 1.0
	升降载荷/t	23	18
	活塞直径/mm	265	250
	活塞行程/mm	10	10
抱 闸	工作油压/MPa	6.3	6.3

C 液压系统主要参数

工作介质：46 号液压油

介质清洁度等级：NAS1638 9 级

油箱容积：$6m^3$

工作压力：6.3MPa

工作油温：10 ~ 55℃

蓄能器容积：$6m^3$

所用气体：氮气

油泵 2 台：一台使用一台备用

单泵最大流量：140L/min

3.3.6.2 电极系统的控制原理

电极系统的自动控制在中控室计算机上进行（如电极功率自动调节和电极按程序自动压放、倒拔）。

A 电极正常工作时控制原理

正常工作时，电极下闸环抱紧、上闸环松开，此时升降缸运动，则下闸环抱紧电极随升降缸运动，这样通过控制升降缸的上升与下降，以控制电极插入渣层的厚度，从而达到控制使用功率的目的。

B 电极压放（或倒拔）时的控制原理

电极工作一段时间后，因消耗、事故等原因造成升降缸下限（或上限）时，电极功率仍不够（或过大），此时必须对电极进行压放（或倒拔）。

电极需要压放（或倒拔）时，上闸环抱紧、下闸环松开，升降缸上升（或下降）至需要值。在此过程中电极不动，然后将下闸环抱紧、上闸环松开，就可以调节其电流大小。

3.3.6.3 运行中的管理

A 变压器运行中的管理

（1）变压器在运行中，其油温应小于 45℃，最高不超过 60℃。油位必须足够，不能漏油。

(2) 检查油水冷却器油泵是否运转正常，检查水中含油情况。油水压差调至0.1MPa(油压必须大于水压)。

(3) 发生重瓦斯跳闸，必须找电工检查。

(4) 检查短网水是否泄漏、通水是否正常。

B 液压系统的管理

a 蓄能器

蓄能器依靠油泵将液压油注入后，蓄满势能，在电极正常工作时，给电极工作油缸提供压力油。蓄能器有超高、高、中、低、超低五个液位点，它与油泵连锁。当蓄能器处于低液位时，油泵打压，打到中液位时油泵停止。正常工作时蓄能器液位在低液位与中液位之间。

运行中应经常检查蓄能器氮气压力，若达不到规定压力应立即充氮补充压力。还应检查其连锁情况，若在低液位泵没有打压则会造成氮气泄漏。

b 液压油

运行中液压油油温应保证在10~55℃之间，若温度太低则需启动加热器加热。另外，还应检查油位是否正常，油质是否符合要求。检查油泵是否运转正常、各阀动作是否灵活、有无漏油现象。

C 其他

电极系统在运行中还应检查以下内容：

(1) 电极糊面是否合适，有无悬糊、流糊现象；

(2) 铜瓦是否有打弧现象；

(3) 炉内是否打弧严重。

若电压级过低，电极插入浅，易造成炉内打弧。电极负荷和渣型固定时，电压级越低，电极插入渣层越浅；电压级越高，电极插入渣层越深，炉内熔体下层温度越高。电压级的控制应保证正常的低镍锍温度，且使电极不打弧。

3.3.7 排烟系统

排烟系统的作用是及时排放炉内烟气，并维持炉内一定负压。闪速炉内负压是闪速炉的关键作业参数，它对炉况、生产热平衡、烟尘产出率等有显著的影响。同时它对闪速炉的耐火材料的寿命也有一定的影响。

3.3.7.1 闪速炉负压控制

A 炉膛负压控制

闪速炉炉内负压控制主要是通过从沉淀池顶部测压孔测出的炉膛压力，综合考虑排烟系统负压和炉内排烟等情况来进行控制，通过计算机调节闪速炉排烟机转速或联系调整化工制酸风机转速来完成控制过程。在通常情况下，调整排烟机转速到一定值，使沉淀池负压基本处于控制范围，再联系化工调节制酸阀入口开度，使负压控制在目标范围内。生产过程中，要定时清理负压孔，保证检测准确。

制酸故障时要全开放空阀，靠调节排烟机转速来进行负压控制。

贫化区，上升烟道，余热锅炉入口、出口和电收尘器入口、出口负压可用来对比分析排烟系统是否正常。

B 影响负压的主要因素

影响闪速炉炉内负压的主要因素有：

(1) 炉体的密封状况；

(2) 炉内鼓风量及燃油量；

(3) 处理量；

(4) 贫化区加入物料量和物料配比；

(5) 上升烟道黏结；

(6) 余热锅炉黏结；

(7) 烟道黏结；

(8) 系统漏风等。

3.3.7.2 闪速炉烟气线路

A 闪速炉排烟路线

闪速炉排烟线路有三条：

A 线：闪速炉→闪速炉余热锅炉→烟道→电收尘器→闪速炉排烟机→三硫酸制酸→三硫酸烟囱排空

B 线：闪速炉→闪速炉余热锅炉→烟道→电收尘器→闪速炉排烟机 →干燥烟囱

C 线：闪速炉→闪速炉副烟道→喷雾室→环保烟道→环保排烟机→环保烟囱

B 闪速炉烟气切换

由于环保的要求，闪速炉正常生产时烟气走 A 线，在制酸系统故障时，切换到 B 线生产。C 线为副排烟系统，A、B 线检修时，闪速炉保温排烟，C 线与 A、B 线的切换是在闪速炉上升烟道处完成的。切换过程为：

提起副烟道环形水套→将副烟道与喷雾室对准（并打开阀门）→开喷雾室循环水和喷枪水→拆除水冷盖板水管→吊出水冷盖板→将水冷闸板落到位→密封水冷闸板周围→关闭其他不用风的环保点阀门。

3.3.8 冲渣循环水系统

金川闪速炉渣水淬系统原设计为闪速炉和贫化电炉共用一套渣水淬系统（包括四台水泵、两台捞渣机、二次沉渣池和吸水池），经 1994 年改造增加了提升泵和凉水池，1995 年增加了凉水池喷头。由于闪速炉和贫化电炉同时放渣时存在相互制约的问题，于 1998 年闪速炉冷修时增加了贫化电炉冲渣水系统，从而将闪速炉和贫化电炉冲渣水系统分开。

3.3.8.1 闪速炉冲渣水系统配置

A 系统主要设备、设施配置

闪速炉冲渣水系统主要设备、设施配置见表 3-7。

表 3-7 冲渣水系统主要设备、设施配置

设备、设施	型号或规格	数量	能力	
			单位	容量/t
闪速炉冲渣泵	12/10ST - AH 渣浆泵	2	m^3/h	936 ~ 1980
贫化电炉冲渣泵	12/10ST - AH 渣浆泵	1	m^3/h	936 ~ 1980
闪速炉冲渣备用泵	12/10ST - AH 渣浆泵	1	m^3/h	936 ~ 1980
提升泵	10/8ST - AH	4	m^3/h	612 ~ 1368
冲渣吸水池	15.8 × 7.8 × 4.0	1	m	
提升泵吸水池	10.8 × 5.95 × 6.0	1	m	
二次沉渣池	48 × 20 × 2.0	1	m	
凉水池	80 × 30 × 3.5	2	m	

B 系统配置

冲渣水系统由炉后水淬溜槽、一次沉渣池、捞渣机、冲渣地沟、二次沉渣池、冲渣泵系统、提升泵系统、凉水池系统等部分组成。系统配置见图 3-17。渣水淬系统设 4 台冲渣泵由变频调速器调节水量。闪速炉正常放渣时开两台泵运行，闪速炉与贫化炉同时放渣时开三台泵运行。在沉渣池设有一台抓斗吊用于清理沉渣池中积渣。

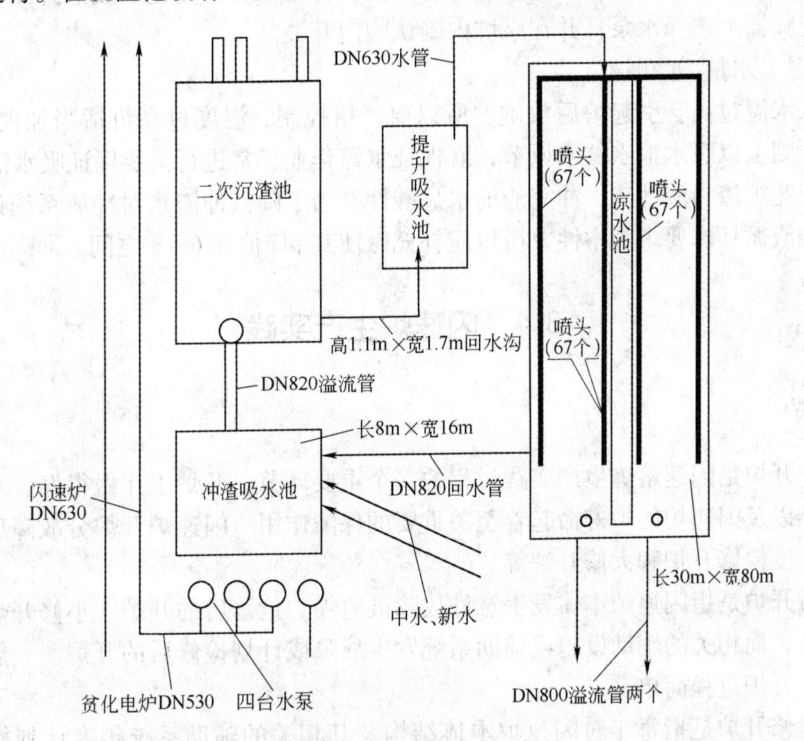

图 3-17 冲渣水系统配置图

冲渣水的损失量约为总循环水量的 10%，一般用中水补充水量，若中水没有或无法平衡时可用新水补充。冲渣水呈酸性，故将液碱（或生石灰）加入冲渣水中进行中和，使 pH 值维持在 6 ~ 8 的范围内。

3.3.8.2 渣水淬系统的管理与操作

A 渣水淬作业

在进行渣水淬作业前需确认：

（1）热渣溜槽是否通水正常；

（2）冲渣溜槽是否畅通；

（3）水量、水温是否正常；

（4）捞渣机是否运转正常。

在渣水淬的过程中，应注意捞渣机与炉后的电铃状况。捞渣机有故障，电铃响，炉后人员应迅速堵口，以防压死捞渣机。

B 系统运转管理

a 捞渣机

确认水淬渣溜槽挡板方向，并确定所运转的捞渣机。注意不能有金属等杂物进入捞渣池，若有杂物则须停机取出。每班对一次沉渣池内的大块渣和杂物进行清理，以防止卡坏捞渣机。

b 水淬渣泵

系统有四台水淬渣泵。闪速炉放渣时开 2 台，备用 1 台；贫化炉放渣开 1 台。开泵前需在 3 台变频器上选择水泵，并在泵坑内确认阀门开关。

c 水温、水量、酸碱度

冲渣水水温过高会引起炉后放炮，所以要严格控制，温度过高可适当加大补充水量。补充水量原则上以吸水池水位来调节，既保证水淬作业正常进行又要保证吸水池不溢流。

由于闪速炉渣为酸性渣，冲完渣的水显酸性，为了降低冲渣水对冲渣系统设备、设施的腐蚀，冲渣循环水要求为中性，所以应补充碱使其 pH 值在 6～8 之间。

3.4 闪速炉生产实践

3.4.1 开炉

闪速炉开炉是闪速熔炼生产实践过程的一个重要环节。开炉工作做得好，对于闪速炉的正常生产以及闪速炉的炉寿命起着至关重要的保障作用。闪速炉开炉分故障后开炉、小修开炉、年度检修开炉和大修开炉等。

故障后开炉是指闪速炉本体发生意外故障被迫停炉抢修后的开炉。小修开炉是指闪速炉本体完好，而相关的辅助设施或辅助系统发生故障或计划检修后的开炉。一般小修停炉时间较短，开炉过程简单。

年度检修开炉是指每年对闪速炉本体结构及其相关的辅助系统年度计划检修后的开炉，年度检修时间较长，约为 15 天左右。

大修开炉一般指闪速炉本体需要大面积的修补或更换而进行的检修。大修时间一般在 30 天以上，若检修面积过大，需停炉降温后冷修。

由于检修性质和范围不同，开炉的周期和方式也不同，但不管哪种性质的检修后开炉，都分以下几个阶段进行：

(1) 开炉前的准备工作；

(2) 升温；

(3) 投料；

(4) 熔体排放并转入正常生产。

3.4.1.1 开炉前的准备工作

开炉前的准备工作大致可分为外围系统的准备工作、内部系统的准备工作两部分。

A 外围系统的准备工作

在闪速炉开始升温前，外围系统必须经过细致的检查；存在问题的设备、设施要进行检修；按开炉计划的要求，在规定的时间内闪速炉要具备正常运行生产的条件。具体要求如下：

(1) 物料系统应具备正常供料、排烟、收尘条件。

(2) 动氧系统应具备正常供氧、供风、供水条件。

(3) 自动化系统应具备所有仪表、称量设备及系统正常工作的条件。

(4) 余热锅炉系统应具备正常生产的条件。

B 内部系统的准备工作

在闪速炉开始升温前，内部系统经过检查、检修，在开炉计划所规定的时间内应具备升温投料条件，具体要求如下。

a 反应塔配、加料系统

风根秤、配加料刮板空负荷连续运行无异常；各调节阀开关位置准确，开关灵活。

b 精矿喷嘴系统

(1) 检查确认精矿喷嘴系统设施正常，无烧损、磨损，料管位置合适，具备正常生产条件。

(2) 检查确认油枪完好，金属软管无泄漏，油枪位置合适。

c 热风系统

(1) 一次风系统。

检查确认一次风系统压力正常，各用风点压力、流量正常，无泄漏；检查确认加热器检修完毕，调试正常。

(2) 二次风系统。

1) 检查反应塔二次风系统旁通切换阀关闭。

2) 检查确认反应塔二次风控制系统和计量系统正常，手动、自动均可自如控制。

3) 检查确认沉淀池鼓风系统正常。

(3) 排污膨胀器。

检查确认各调节阀、安全阀工作正常，位置合适。

d 燃油系统

检查确认燃油系统油泵、阀站、调节阀和油枪工作正常，具备正常生产条件。

e 冷却水系统

检查确认各配水点工作正常、无泄漏，各调节阀工作正常，活动自如。

f 电极系统

检查确认电极升降缸、上下闸环、集电环、铜瓦工作正常，油管、水管无泄漏，电极运行灵活可靠。

g 液压系统

检查确认液压站油泵、调节阀、控制阀工作正常可靠，要求检修后液压油必须经过过滤，蓄力器氮气无明显泄漏，压力在4.0MPa以上。

h 变压器系统

检查确认电炉变压器系统工作正常，短网应进行打压、紧固、清理、检查等维护工作。

i 炉体系统

修补炉体烧损、腐蚀严重的砖体；检查或修补炉体观察孔、油枪孔、渣口、低镍锍口；检查或更换放渣、放锍流槽或衬套；检查、调整炉体的紧固弹簧、拉杆；检查、完善沉淀池和贫化区的检尺设施；密封升温过程中暂不使用的观察孔、油枪孔及贫化区加料管。

j 贫化区配加料系统及其环保系统

检查、检修各配加料设备、设施并进行空负荷连续运行；检查、维护或检修环保收尘系统的风机、风包压力、卸灰器及脉冲布袋收尘器，并进行空负荷连续运行。

k 渣水淬系统

检查或检修系统，确认热渣溜槽节与节之间对接严密，冷却水进出水畅通无渗漏现象；冲渣溜槽及冲渣喷嘴倾角合适，防爆掩体牢固可靠；捞渣机运转平稳无异常；二次沉渣池杂物经过彻底清理；吸水池筛网完好，杂物经过清理；冲渣水泵运行平稳，变频调节系统灵活、可靠，水泵压力、流量稳定、充足。

l 贫化电炉系统

检查、检修电极系统、液压系统、变压器系统、配加料系统、冷却水系统、炉体系统，确认其具备正常生产的条件。

m 转炉系统

检查、检修炉体系统、加料系统、水冷系统、控制系统及吊车等，确认其具备正常生产的条件。

n 缓冷系统

检查缓冷浇注坑、平板车、缓冷吊车，确认其具备浇注条件。

3.4.1.2 升温

A 升温的目的

在闪速炉投料生产以前，必须经过升温过程，将炉温升到接近于所要求的操作温度。闪速炉的升温是通过反应塔顶及沉淀池的油枪燃烧重油或柴油、贫化区电极送电来实现的，升温过程要求缓慢而均匀地按照预先制订的升温曲线进行。按照升温曲线升温的目的是：

（1）均匀地将耐火材料（特别是新砌砖）中的物理和化学水分脱去；

（2）避免耐火材料受热后不均匀膨胀而剥落或爆裂；

（3）满足耐火材料中的各种物质完成晶型转变所需的温度和时间条件；

（4）使耐火材料具有足够的抗侵蚀和抗冲刷性能；

(5) 使闪速炉达到生产所需要的炉温要求。

B 升温原则

在升温过程中，通常按照以下原则进行控制：

(1) 以上升烟道临时热电偶温度为主要控制依据，综合考虑炉体其他区域（反应塔、沉淀池、贫化区）炉膛及耐火砌体的温度变化，以保证炉体耐火材料和钢骨架等各个部位的均匀膨胀。

(2) 按升温曲线控制温升，实际控制过程中最大温度波幅与理论曲线相差不超过±20℃，严禁温度大起大落。

(3) 遵循多油枪、小油量的原则，即固定使用反应塔4支油枪后，逐渐增加沉淀池和贫化区的油枪数量，然后再逐渐增多各油枪的油量。

(4) 遵循均衡升温的原则，即根据炉内各区域的温度分布，决定需要点燃的油枪位置和油枪的燃油量，尽量使炉内各区域温度同步。

(5) 遵循稳定炉内负压的原则，使炉内始终保持微负压状态。

(6) 燃烧要求：

1) 燃油雾化完全，燃烧充分，即燃烧不冒黑烟，炉内没有积油；

2) 油枪的火焰略下倾6°～8°喷射，绝对不允许火焰向上；

3) 火焰离枪头200mm左右开始燃烧，火焰长度约3～4m，绝对不允许烧到对面的炉墙。

(7) 油枪选择原则，如图3-18所示。

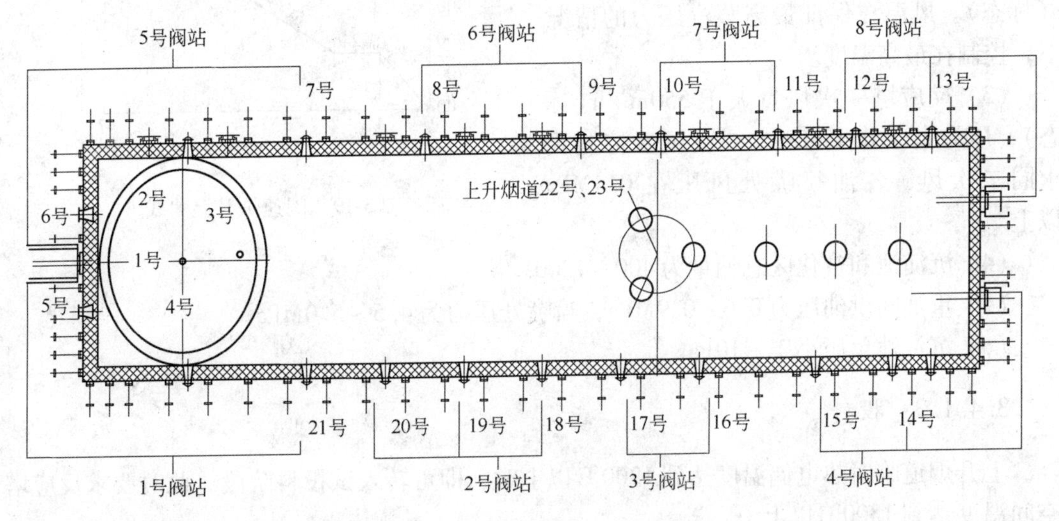

图3-18 升温时油枪选择顺序
1～23号—油枪孔

(8) 闪速炉重油阀站配置。闪速炉炉体周围阀站承担着闪速炉各油枪的油量调节和控制，现场共有12个阀站，阀站配置由手动截止阀、气动调节阀、流量计、蒸汽吹扫阀、蒸汽伴管、油管等组成，作用分别是：1～4号阀站控制反应塔的4个油枪；5～12号阀站控制沉淀池和上升烟道的油枪。

闪速炉共设计23个油枪孔，分别为反应塔4个、沉淀池8个、贫化区9个、上升烟道2个。

根据闪速炉升温和实际生产要求，油枪孔编号分别为：反应塔1~4号、反应塔侧端墙5号、6号、炉前侧墙7~13号、锅炉侧墙14~21号、上升烟道22号、23号。

C 升温技术条件

检修性质不同，所选用的升温曲线和升温技术条件也不同。故障和小修后开炉，炉体没有挖补和更换耐火材料，升温要求比较低，一般不制订升温曲线，根据检修停炉时间升温3~5h即可，若炉内状况较好，不需要在沉淀池增设油枪。年度检修和大修后开炉，要求比较高，升温曲线根据挖补的部位、面积和新更换耐火材料的性质而定。

a 升温曲线

年度检修一般指对闪速炉放出口等关键部位进行小面积挖补，闪速炉上升烟道到反应塔段不熄火，实际上是热态检修。闪速炉升温过程约为7~8天，控制升温速度为3~6℃/h，以及800℃、1250℃两个恒温点。大修则一般指闪速炉熄火停炉检修。为冷态检修，对反应塔、沉淀池炉墙、炉顶甚至炉底等关键部位都进行挖补或完全更换，升温过程比较缓慢，需要约15~30天的升温时间，有200℃、400℃、600℃、800℃和1250℃五个恒温点。需要指出的是，不论年检还是大修，只要条件具备，贫化区一般都采用电极送电升温的方式。升温曲线如图3-19所示。

b 主要技术条件

（1）反应塔总油量为600~1200kg/h。

（2）反应塔二次风量为8000~12000m^3/h(标态)。风温在保证最高蒸汽压力的情况下，控制在最高温度。

（3）反应塔一次风量大于550m^3/h(标态)，压力大于0.45MPa。一次风温控制要求同二次风，各油喷嘴处风压在0.4MPa以上。

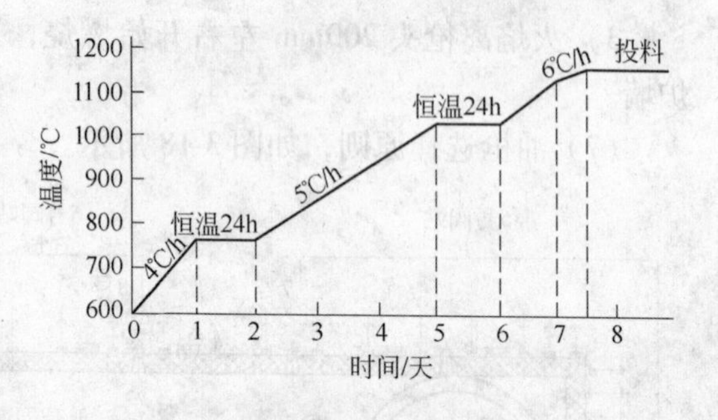

图3-19 闪速炉升温曲线

（4）沉淀池和贫化区总油量为400~1200L/h。

（5）重油间供油压力0.6~0.9MPa，喷嘴处压力为4.5~5.0MPa。

（6）沉淀池负压小于-10Pa。

3.4.1.3 投料

上升烟道临时热电偶温度达到1200℃以上时，即可转入试投料阶段，此时要求反应塔空间温度达到1300℃以上。

通常，闪速炉的投料量是根据系统的运行状况分阶段逐渐增加的，整个过程大致分为两个阶段：

（1）调整阶段，通常为3~7天，投料量为60~70t/h，这一阶段主要是调整镍锍品位、炉墙挂渣以及使各系统调整适应；

（2）正常生产阶段，以大于80t/h的投料量投料。

投料后重点关注：低镍锍品位、低镍锍温度、渣Fe/SiO_2比、炉渣温度、炉体各部位温度和炉内状况。

3.4.1.4 熔体排放

在投料进行到一定时间，需要试烧镍锍放出口，使其能够放出熔体。当炉内渣面达到1200mm以上时，此时炉后人员应立即放渣；当低镍锍面达到450mm左右，此时炉前人员应组织排放。

如果开炉前炉底冻结层或沉渣层较厚，达到低镍锍口的高度，则当低镍锍面涨起来时，在镍锍层下面可能仍存在冻结层或沉渣“隔层”，直接阻碍镍锍的排放。出现这种情况，一方面应适当调整熔体温度；另一方面应强制烧口直到镍锍排出为止，否则熔锍得不到及时排放，就可能从渣口流出，引发安全事故。

通常情况下，在炉温、镍锍品位及渣型控制良好的情况下，熔体排放过程比较顺利。

当渣和镍锍能顺利排放时，闪速炉逐步转入正常生产阶段。在此过程中，通常控制渣面1300~1400mm，交班渣面1200mm；低镍锍面500~700mm，必要时根据情况进行参数调节以确保系统均衡稳定生产。

3.4.2 生产

闪速熔炼的生产过程是一个复杂的系统控制过程，对全系统每一道工序，每一个岗位的操作和控制都有严格的要求。

闪速熔炼生产正常进行的目标是：

（1）按合适的镍锍品位生产出镍锍；

（2）按合适的 Fe/SiO_2 比产出炉渣；

（3）产出温度合适的镍锍和炉渣。

通常闪速熔炼生产的正常进行，是以生产技术控制和生产操作控制两方面的工作为基础，二者相互依存、相互促进、缺一不可。技术控制是生产操作控制的基础和依据；生产操作控制为生产技术控制提供保障。

3.4.2.1 生产技术控制

闪速炉生产技术控制是指各系统运行、操作的技术条件的设定和调整过程。

针对闪速炉生产正常进行的目标，在保证其他系统按正常的技术条件进行控制和操作的情况下，闪速炉生产技术控制工作主要围绕着镍锍温度、镍锍品位、渣 Fe/SiO_2 比、贫化区电单耗和还原剂率的控制来展开、进行的。

A 低镍锍温度的控制

闪速炉对操作温度要求十分严格，操作温度不但影响经济技术指标和熔体的排放，还直接关系到炉体的安全运行。

操作温度过低，熔炼产物黏度高，流动性差，炉渣与低镍锍的分离不好，进入渣中的有价金属量增大，最终造成熔体排放困难，有价金属损失增大；温度过高，将加剧低镍锍对炉体耐火材料的侵蚀，长期高温操作可能会导致漏炉等重大工艺事故。因此，温度控制是闪速炉技术控制的关键部分。

在实际生产过程中，严格将闪速炉低镍锍温度控制在1150~1250℃之间，主要通过调整反应塔反应温度、调整热量在熔体和烟气中的分配、调整热量在炉渣和低镍锍中的分配来控制低镍锍温度。

a 调整反应塔热负荷控制低镍锍温度

闪速炉反应塔反应温度高低是影响低镍锍温度的最关键因素，只有控制合适的反应塔反应温度，才能稳定控制低镍锍温度。影响反应温度的主要因素是：反应塔喷嘴的工况条件、反应塔燃料量、反应塔总风量、干精矿的理化性能和加入的烟灰量等。

(1) 改善反应塔喷嘴的工况条件。反应塔喷嘴的工况条件也就是平时所说的喷嘴工作状况。若喷嘴工作状况良好，则风矿混合均匀，反应塔反应区高低合适，氧气利用率高，炉内反应均匀，需要额外补充的热量少，反应塔油耗（煤耗）低，这种状况的低镍锍温度比较容易控制；若喷嘴工作状况不好，则相反，低镍锍温度不易控制，此时，为了保证炉况，必须使参与反应的部分精矿过热，则容易导致低镍锍过热，温度过高。因此保持反应塔喷嘴工作状况良好，对闪速炉生产控制至关重要。

(2) 合理控制反应塔燃油（粉煤）量。闪速炉处理的精矿理化性能不同，精矿自身反应放出的热量是不同的，维持反应热平衡所需要的重油加入量也不同。在实际生产过程中需综合考虑各种因素来确定反应燃油（粉煤）量。精矿理化性能好，在反应塔喷嘴工况条件好、总风量小、低镍锍目标控制品位高、炉况比较好的情况下，则需要补充的燃油量（粉煤）少；反之需要补充的燃油量（粉煤）多。燃油（粉煤）量的大小是以反应塔油（粉煤）单耗指标来衡量的。反应塔油（粉煤）单耗即每吨精矿的耗油（粉煤）量。油（粉煤）单耗按下式计算：

反应塔油（粉煤）单耗 = 反应塔重油（粉煤）加入量 ÷ 精矿处理量

1 kg 重油相当于约 1.68 kg 粉煤的发热值。

(3) 给定合适的反应塔总风量。当精矿氧单耗一定时，闪速炉反应塔总风量越大，富氧浓度就越低，反应产生的烟气量也就越大，相应烟气带走的热量也就越多，因此在一定的范围内反应塔总风量越大，油耗就越高。但总风量过小会影响风矿均匀混合，影响喷嘴工况，甚至影响生产能力。

(4) 干精矿的理化性能。干精矿理化性能主要包括精矿成分、粒级、物相组成等。精矿中 Fe、S、MgO、Fe_3O_4 等成分的含量和精矿粒级对油单耗影响最大。一般 Fe、S 含量高则油单耗低；MgO、Fe_3O_4 含量高、粒度大则油单耗高。要求精矿粒级合格率为：-200 目（-0.074mm）大于 80%，Fe 含量大于 37%，S 含量大于 27%，MgO 含量小于 6.5%，Fe_3O_4 含量小于 5%。

(5) 烟灰加入量。一般烟灰加入量越大，反应塔油（粉煤）单耗越高。

b 调整熔体和烟气中的热量分配来控制低镍锍温度

合理调整热量在烟气和熔体中的分配量对稳定控制低镍锍温度非常关键。反应产生的烟气带走的热量约占总热量收入的 60% ~65%，因此烟气带走的热量多，熔体温度就相对比较低。一般通过调整反应塔总风量来控制。若低镍锍温度持续偏高，适当提高总风量可有效降低低镍锍温度。

c 调整炉渣和低镍锍中的热量分配来控制低镍锍温度

这是专门针对贫化区操作的，选择合适的贫化区电极电气制度，控制电极插入熔体的深度，可有效控制热量在炉渣和低镍锍中的分配量。一般电极插入熔体越浅，进入低镍锍的热量就越少，电极产生的热量对低镍锍温度的影响也就越小。

B 低镍锍品位的控制

闪速炉的突出特点之一是可以调整产出的低镍锍的品位。

低镍锍品位是闪速炉技术控制的一个重要的控制参数，对保障闪速炉安全，维持闪速炉、转炉、贫化电炉三个系统连续、稳定、均衡生产及经济技术指标控制起着决定作用，因此控制合适的低镍锍品位对闪速炉生产也是至关重要的。

a 高品位低镍锍的特点

要生产高品位低镍锍，则需要氧化精矿中大量的 Fe 和 S 反应，产生的反应热多，可相应减少闪速炉反应塔燃油量，有利于节能。高品位低镍锍还有以下特点：

(1) 低镍锍品位越高，炉渣和低镍锍的熔点就越高，需要更高的温度来保持熔体应有的流动性，提高了闪速炉对耐火材料的性能及质量要求；但是，高品位低镍锍对炉体耐火砖侵蚀小，有利于闪速炉安全运行。

(2) 低镍锍品位越高，对入炉物料的氧化程度就越大，炉渣中 Fe_3O_4 的含量升高，炉渣黏度增大，氧化进入渣中的有价金属量也增多，有价金属回收率降低。

(3) 低镍锍品位越高，精矿在闪速熔炼过程中脱硫率越高，转炉吹炼时间相应缩短，有利于提高转炉生产能力。

闪速炉生产组织主要根据来料情况、系统配套能力并结合指标控制、工艺设施状况等，决定低镍锍目标控制品位。

b 低镍锍品位的控制

在实际生产中，镍锍品位的控制是通过调整精矿氧单耗进行控制的，同时精矿理化性能、闪速炉炉况、烟灰加入量等对闪速炉低镍锍品位有明显的影响。一般精矿品位高、理化性能好，反应塔精矿喷嘴工况条件比较好，烟灰产率低时，需要控制的精矿氧单耗比较低，所产出的低镍锍品位也相对较高。

氧气量和二次风量是依据以下公式计算并设定的。

氧气量 =（精矿量 × 氧单耗 + 反应塔油量 ×2.1 + 反应塔粉煤量 ×1.65 − 总风量 ×0.21）÷0.9

二次风量 = 总风量 − 氧气量

其中，0.9 为纯氧浓度（实际氧浓度值略有变化）；0.21 为空气氧含量；2.1 为重油耗氧系数；1.65 为粉煤耗氧系数。

C 渣 Fe/SiO_2 比的控制

在闪速熔炼过程中，精矿中的 FeS 被氧化为 FeO 后和熔剂中的 SiO_2 形成炉渣，借助于炉渣和低镍锍密度的差异和相互溶解度低的特点，将有价金属富集在锍相，而杂质则富集在渣相中。因此炉渣是熔炼过程中的必需和必然产物。实际生产中对炉渣特性即渣型有以下要求。

a 炉渣性能要求

(1) 有价金属在渣中溶解度低，即进入渣中的有价金属量少；

(2) 低镍锍与炉渣的分离情况良好，流动性好，易于排放和堵口。

通常所说的渣型可以通过渣 Fe/SiO_2 比反映出来，生产过程通过调整反应塔加入的熔剂量（即熔剂率）来控制渣 Fe/SiO_2 比。一般控制渣 Fe/SiO_2 比在 1.15 ~ 1.25 之间，反应塔熔剂率在 12% ~20%。精矿中的 SiO_2 含量、低镍锍品位调整等对闪速炉渣 Fe/SiO_2 比影响较大。

b Fe/SiO_2 比与炉渣性能的相互关系

渣 Fe/SiO_2 比高低对闪速炉生产过程影响很大，主要表现为：

（1）Fe/SiO_2 比高，炉渣导电性好，渣热容低，提高渣温相对比较容易，炉渣温度对低镍锍温度影响小；但有存在渣中 Fe_3O_4 含量高，黏度大，流动性较差，渣含有价金属量较大的缺点。

（2）Fe/SiO_2 比低，炉渣导电性相对降低，热容大，炉渣温度对低镍锍温度影响大；但是渣含 Fe_3O_4 相对低，流动性较差，渣含有价金属量较少。

（3）闪速炉渣 Fe/SiO_2 比需根据来料成分变化不断调整。一般若精矿 MgO 含量大于 6.5%，渣中 MgO 含量大于 9%，则炉渣 Fe/SiO_2 比控制在低值。

3.4.2.2 生产操作控制

生产操作控制是指各系统为保证闪速熔炼过程顺利进行，需按照一定的技术条件进行操作和控制，以确保闪速炉正常生产。主要控制参数为：重油压力、温度、流量，一次风压力、流量，氧单耗，总风量，精矿量，炉膛负压以及贫化区电极负荷等。

3.4.3 检修

闪速炉检修根据其配置可分为炉体检修和其他辅助系统检修，主要是对制约和影响闪速炉正常生产的故障和问题进行检修。

炉体检修主要是对长时间在高温、高氧化强度的条件下运行使用的炉体耐火材料、水冷元件、出现异常的围板及骨架等进行检修。炉体的检修按检修周期可分为小修、中修和大修。

小修不需要将炉内熔体排空，中修和大修必须将炉内熔体排空，并且对洗炉要求比较高。

3.4.3.1 小修

A 主要内容

小修主要是对正常生产中出现的可更换的水冷元件、贫化区炉顶小面积塌陷、骨架及附属设施等出现的小问题进行检修。小修不需要将熔体全部排放，一般安排在月修进行，同时对辅助系统出现的小问题进行检修。

B 停炉要求

闪速炉小修时间只有几小时至几天，停炉前只需提高反应塔温度，将塔壁挂渣减薄，炉膛挂渣适当减薄，炉后将渣排放到1200mm 以下，即可达到停炉要求，停炉后即转入保温作业。

3.4.3.2 中修

A 主要内容

对炉体侵蚀严重的侧墙、端墙、放出口和炉顶耐火材料局部更换、对变形较为严重的骨架以及不能在平时处理的对影响生产较大的工艺附属设施、辅助系统进行检修。中修一般为一年一次。

B 洗、停炉要求

中修必须要通过较长时间的洗炉，将炉壁挂渣尽量减少，适当降低冻结层，将熔体面涨高后，先排渣、再排低镍锍，尽量将炉内熔体排放到不流为止。

a 洗炉

通过调整低镍锍品位、温度、炉渣温度、炉渣铁硅比及炉膛温度、烟气量、涨低镍锍面及渣面来减小炉墙黏结，使停炉后不会由于黏结物脱落而导致耐火材料剥落，引起耐火材料及水冷元件损伤。

通常控制低镍锍品位为38%～43%，渣 Fe/SiO_2 比为1.00～1.20，渣温为1350～1400℃，低镍锍温度为1200～1250℃。

b 停炉

贫化区提前16～32h停止加料，反应塔停料后保温1～2h炉后排渣，渣放到不流为止，接着几个炉前放出口交替排放低镍锍，尽量将熔体排放干净。之后，贫化区电极分闸，将电极抬起并固定，反应塔、沉淀池转入保温作业。贫化区在停炉2天后，通过10个料管向炉内各加入2～3t水渣，对炉底保温。

c 保温

中修保温要求在条件具备的情况下，控制炉膛温度越高越好，一般控制温度在800℃左右。以上升烟道热电偶为参考依据，综合考虑其他区域的温度和挂渣情况来进行控制。

保温的原则是稳定炉膛温度、负压、采用多油枪、小油量，并且沉淀池油枪要对称分布均匀。

3.4.3.3 大修

A 主要内容

大修主要是对炉内重要部位并易损伤的耐火材料进行修补，对损坏水冷件进行更换或修复，对部分骨架进行检修，以及其他一些对炉体的重大技术改造。

B 洗炉、停炉、降温

闪速炉大修洗炉要求比较高，需要长时间、分阶段、采取不同措施来进行，将炉墙黏结物，炉底冻结层尽量洗干净，熔体排放越彻底越好，为检修创造条件。大修洗炉分为以下几个阶段。

a 洗炉前期

洗炉前期主要是根据炉内反应塔、沉淀池冻结层的厚度，向炉内加入生铁、黄铁矿等，这些生铁、黄铁矿进入熔体后发生剧烈的反应，引起熔体的搅动，加速热量的传递，使炉内冻结层逐步化开。洗炉前期时间约15～30天。

b 洗炉中期

洗炉中期的主要作用一方面是通过调整降低 Fe/SiO_2 比、提高渣温、低镍锍温度和降低低镍锍品位，逐步提高炉体蓄热量，将熔池化开；另一方面进一步降低冻结层厚度。

c 洗炉后期

大修洗炉后期，一方面进一步强化深化中期工作；另一方面要从沉淀池点油枪，洗掉炉膛挂渣，逐步减少或停止贫化区加料量，涨渣面化融侧墙和端墙结壳。反应塔停料后，沉淀池多油枪保温，使炉壁挂渣烧熔后进入熔池，待炉内黏结物残留很少时，就可以排放熔体。

d 保温、降温

熔体排放过程须保持较高的炉膛温度和贫化区电极负荷，直到熔体排放结束后，进入降温阶段。降温时将电极抬起分闸固定，逐步打开油枪孔、观察孔、减少沉淀池油枪数量并降低油枪油量、提高负压来逐步降低温度，温度降低速度越缓慢，对炉体越有益，一般降温要求 3 ~4 天。

3.5 闪速炉常见故障的判断与处理

在闪速炉的生产实践中，出现过多种多样的故障，这些故障可以分为常规故障和突发故障。不管是哪种类型的故障，都影响闪速炉正常生产，甚至威胁闪速炉炉体安全。本节所介绍的内容除了闪速炉本身发生的故障外，还包括配套系统及外围系统可能发生的影响闪速炉正常生产的一些情况。

3.5.1 反应塔故障

3.5.1.1 反应塔下生料

所谓生料指的是反应塔下沉淀池表面形成的没有熔化的干精矿、混合烟灰和熔剂的料堆。当出现生料时会造成实际低镍锍品位降低，精矿潜热利用不充分等情况，尤其是大面积下生料时，会使沉淀池炉膛空间急剧减小、上升烟道处形成“大坝”，以致生产无法正常进行和炉体受损。因此，研究控制生料出现的方法相当重要。

引起反应塔下生料的因素比较多，常见的有以下几种情况。

A 局部出现生料

引起反应塔下部局部出现生料的原因有：

(1) 喷嘴二次风分配不均衡，物料与风量不匹配；

(2) 料量分配不均匀，可能是由于料管内局部堵塞，刮板头部下料管堵塞。

B 大面积下生料

有以下几种情况引起大面积下生料：

(1) 反应塔精矿喷嘴风速不合适；

(2) 物料粒级、含水不合格；

(3) 一次风、二次风、重油含水量过多；

(4) 反应塔热负荷过低。

出现上述情况后，通过提高反应塔温度或调整喷出口风速来缓解，并进行相应的检查确认，排除影响因素。

3.5.1.2 反应塔下部熔体面过高

引起反应塔下部熔体面过高有以下几种可能：

(1) 精矿 MgO 含量高；

(2) 精矿粒度不合格；

(3) 反应塔精矿喷嘴喷出风速过大;
(4) 反应塔温度比较低;
(5) 物料的化学成分或物相发生较大变化。

出现这种情况后，主要通过补充热量、调整喷出口风速及提高空气富氧浓度来解决。

3.5.2 精矿喷嘴喉口部结瘤

3.5.2.1 结瘤形成的因素

结瘤形成的因素有:
(1) 喷嘴喉口风速不合适;
(2) 喷嘴结构不合理;
(3) 入炉物料、风含水量超标;
(4) 二次风富氧浓度偏低;
(5) 喷嘴清理维护不及时;
(6) 喷出口漏风;
(7) 其他原因如精矿的成分、粒级、吹散风压力等。

3.5.2.2 预防措施

当喉口部结瘤十分严重，以致正常生产难以维持时，可采取如下办法进行较为彻底的处理:

(1) 保温时高温处理。当反应塔内壁和喉口部结瘤均十分严重时，可以采取增大反应塔热负荷的办法“空烧”一段时间，边烧边清理即可大部分清除。

一般选用以下参数：二次风量：$3000m^3/h$(标态)，氧气量 $3000m^3/h$(标态)：油量：1200～1600kg/h，沉淀池负压：小于 -10Pa，“空烧”时间约 1h。必须说明的是：此时反应塔内温度非常高，“空烧”过程中要加强塔壁挂渣的点检，防止反应塔平水套烧损；“空烧”时负压参数非常关键，越低越有效。

(2) 调整喉口部风速。喉口部合理风速是一个经验值，不可完全依赖。若风速在经验值范围内结瘤仍然比较严重，应当考虑大幅度提高风速，以提高喷出口周围温度，消除结瘤。

(3) 改变工艺技术参数。根据具体状况，对工艺技术参数进行合理调整。

3.5.3 沉淀池冻结层失控

沉淀池冻结层过厚，可适当提高熔炼温度，降低低镍锍品位来逐渐将其熔解消除。在消除炉结的过程中，保持闪速炉炉况稳定非常关键。沉淀池冻结层过薄，说明熔炼温度偏高，应适当降低熔炼温度，提高低镍锍品位，防止事故发生。

3.5.4 上升烟道料坝

所谓料坝就是堆积在熔体表面的生料或黏结物，将沉淀池和贫化区完全或局部隔开，影响熔体向贫化区移动。形成料坝的位置大多在上升烟道下部。

3.5.4.1 形成料坝的原因

形成料坝的原因有：

（1）大面积出现生料；

（2）长时间保温或爆破震动导致上升烟道黏结物大量脱落。

3.5.4.2 处理方法

炉内有料坝时，必须及时点检炉内反应状况，确认处理方法是否得当，以防止炉况的进一步恶化；必须及时检测沉淀池熔体面，以防止高温熔体从观察孔、油枪孔流出或者渗入炉膛上部空间，即气流通过区域的砖体内而损坏炉体。

处理料坝的主要方法是增加炉体热负荷，提高烟气和熔体温度。若料坝形成的时间已经比较长，长期处理没有效果时，有必要投入适量纯碱等物，将其尽快化掉。具体措施如下：

（1）增加反应塔油量，提高熔体和烟气温度；处理料坝期间，炉内绝对不能再次出现生料，同时高温的熔体可以加快消除料坝的速度。

（2）在料坝东西两侧点燃油枪，目的是将料坝从油枪可以烧着的位置豁开，以尽快消除料坝影响。

（3）当料坝在上升烟道西侧连接部下方时，当尽可能提高贫化区电极负荷，提高贫化区侧熔体温度，以利于消除料坝，同时减少或停止贫化区两侧0号料管加料，尽量降低贫化区渣铜面，以高温熔体和料坝两侧形成的熔体压差处理料坝。

3.5.5 贫化区表面结壳

在生产中，贫化区表面结壳的原因有：

（1）Fe/SiO_2 比过低；

（2）电极插入过深；

（3）反应塔出现生料；

（4）负压过大。

出现上述情况后，应查清原因，采取对应的措施处理。

3.5.6 上升烟道结瘤

判断上升烟道是否结瘤最直观的方法是根据烟气系统负压压差的变化来进行的，可以通过在这一区域点油枪或爆破的方法来处理，引起上升烟道结瘤的原因有：

（1）精矿喷嘴的风速过高；

（2）物料粒度不合格；

（3）物料矿物组成发生变化；

（4）精矿 MgO 含量过高；

（5）负压过低。

上述情况会引起物料在反应塔内反应不完全，在沉淀池和上升烟道与残余的氧发生二次燃烧，导致炉膛空间温度过高，使熔融的颗粒黏结并逐步累积。还有一种情况是烟气中烟灰在重力作用下自然堆积形成，这种结瘤温度低没有烧结，易于清理。

3.5.7 油枪雾化效果差

油枪雾化效果差，在点检炉况时可以观察得到，如某个油枪下部有油滴燃烧下落，则有可能是油枪头烧损、脱落或反应塔结瘤伸入油枪正下方引起的，需检查更换油枪或清理喷出口结瘤；若从油枪头看火焰喷出呈非圆锥状，为散条形状，则很有可能是发生了油枪头出口局部烧损或出口处有重油炭化堵塞现象，需及时更换油枪。

3.5.8 沉淀池熔体面过高

沉淀池熔体面过高的原因有两种情况：一是反应塔反应状况不好；二是上升烟道下部形成料坝。引起反应塔反应状况不好的原因有多种情形，前已分别述及，应根据具体状况对症施治；如上升烟道下部形成料坝，则须按前述方法尽快处理解决。

3.5.9 重油压力突然下降

3.5.9.1 引起的原因

引起重油压力突然下降的原因一般有以下几种：

(1) 小循环开得太大；

(2) 重油含水量过高；

(3) 重油温度高；

(4) 重油泵前堵塞；

(5) 重油加热器泄漏。

3.5.9.2 处理方法

重油含水量和重油温度高时，需要停泵将泵内气体排出后重新启动，再进行压力调节；泵入口堵塞引起重油压力突然降低时，需要清洗重油罐出口过滤器。由于重油加热器一般不会泄漏，且容易被发现，所以出现压力突然下降的现象首先应确认其是否泄漏。

3.5.10 水冷元件漏水

水冷元件漏水比较严重时，可以从炉内观察到漏水点，但是，一般漏水表现为炉内挂渣发黑，余热锅炉烟灰潮湿，炉体导水管、围板出现渗水。反应塔平水套则表现为水套接缝冒蒸汽。

出现炉内漏水迹象，必须严格进行确认排除工作，避免由于漏水引起爆炸或耐火材料粉化事故。对漏水比较大的漏点通过逐个关闭阀门、吹扫干净管道和水套内存水的方法进行排查确认；漏水比较轻微的，需要进行打压确认或继续投料观察，直到原因查明为止。

3.5.11 电极故障

3.5.11.1 铜瓦打弧

A 铜瓦打弧的原因

铜瓦打弧的原因有：

(1) 在一段铜瓦内无电极糊;

(2) 铜瓦太松;

(3) 电极壳变形造成电极与铜瓦接触不好。

B 处理方法

若电极悬糊，则应处理悬糊；若铜瓦太松或电极壳局部变形，则需要调整上下闸环及压放电极。

3.5.11.2 电极流糊

A 电极流糊的原因

电极流糊是由于铜瓦打弧击穿电极壳或电极壳焊接不好出现孔洞。

B 处理方法

电极流糊轻微时，可以适当降低负荷继续焙烧；流糊严重时，则需要将流糊的部位堵塞并补焊电极壳。

3.5.11.3 电极硬断

A 电极硬断的原因

电极硬断是指电极在已经焙烧好的部位断裂。造成电极硬断的主要原因有：

(1) 电极氧化严重，电极直径变小；

(2) 电极焙烧好后糊面低，新加入电极糊与已焙烧好的电极烧结结合不好；

(3) 停炉后进入灰尘，电极分层。

B 处理方法

电极硬断后，视情况不同区别对待：若硬断在400mm以内，可以压放后继续送电；若硬断比较长则需要逐步压放，另外两根电极送电；待电极焙烧足够长时间后，再行送电。

3.5.11.4 电极软断

A 电极软断的原因

电极软断是指电极在尚未焙烧好的部位断裂。电极软断的原因主要有：

(1) 电极壳焊接不好，使焊缝的导电面积减小，电流密度增大；

(2) 电极流糊未及时处理形成空隙；

(3) 电极下滑未及时抬起；

(4) 电极不圆，铜瓦电流分布不均。

B 处理方法

电极软断后需要重新焊接电极壳底，将电极糊加至1.7m焙烧，焙烧后正常送电。

3.5.12 风根秤下料量不稳定

如果发现风根秤下料量不稳定，可按以下步骤逐项检查：

(1) 检查料仓闸板阀开度是否合适，料仓物料是否板结，环形秤上是否有异物。

(2) 检查风根秤给料机负荷是否过大。如果负荷过大，则说明给料机内进入异物或因物料原因给料机被压死，这时系统需要停车，手动盘车检查，若手动盘车困难，则需关闭闸板阀，打开给料机人孔门，仔细清除杂物。

(3) 检查料仓料位是否在下限。

3.5.13 配、加料刮板故障

3.5.13.1 浮链条

A 故障原因

由于槽体中物料过多，下部物料被压实，熔剂量过大，湿度大，局部成堆，物料中有大块，底部料粉结死等造成。

B 处理方法

在一般情况下，关闭料仓闸板阀，空载开车，刮板运行一段时间即可。如果不行，可调紧尾部被动轮空载运行，若情况特别严重，则可在链板外侧焊上一些直立钢筋，在链条运行时靠直立钢筋将结块物料划开、拉碎。

3.5.13.2 卡链条、断链条

A 故障原因

由于链条变形或物料中有杂物造成链条被卡住。发现卡链条要及时停车处理。

B 处理方法

岗位工申请停车，将杂物清理后可继续投用。如果是链条变形引起，应及时汇报调度室组织处理，以免故障扩大或增加检修难度。

3.5.14 系统停电

闪速熔炼系统除了要进行大修或彻底改造外，不管是故障检查还是计划检修，闪速炉都处于保温状态。在保温期间，必须保证风系统、油系统、软化水系统、排烟系统的正常运转，才能确保闪速炉炉体的正常维护使用。

然而，在保温期间往往难以避免这些系统发生故障。故障通常是因为系统突然停电引起的。将故障停电时所要采取的应急措施分系统叙述如下。

3.5.14.1 二次风系统停电

如果反应塔供风系统发生故障停电，应立即切换为沉淀池二次风，以使反应塔能够连续供风。若沉淀池二次风系统也存在问题，则应立即关闭反应塔供油，并将炉膛负压调至 0~10Pa，待反应塔供风正常后逐渐恢复正常保温。

3.5.14.2 一次风系统停电

一次风压力过低或一次风系统故障跳车，可能导致重油窜入一次风管及一次风加热器引起爆炸。因此，当发现一次风压过低或风机跳车时，应立即关闭反应塔操作平台上一次风管阀门，待风机正常后，恢复供风，或采取蒸汽代替。

3.5.14.3 油系统停电

油系统故障停电后，应立即将反应塔保温用风降为零，并将炉膛负压调至 0 ~ 10Pa，待供油正常后，恢复保温。

3.5.14.4 排烟系统停电

在保温期间，突然发生排烟系统故障停电，应立即将保温油量和风量降为零，待排烟机运转正常后，再逐渐恢复。

3.5.14.5 软化水系统停电

如果突然发生软化水系统故障停电，一方面要立即启动柴油机供水；另一方面要做好调节水套水量的准备工作，确保若柴油机在短时间内启动困难，关键部位的水套也不至于断水。

3.5.14.6 多个系统停电

在闪速炉正常生产过程中，也可能出现个别或整个系统停电的故障。出现这种情况时，首先要停止投料，然后按上述方法进行应急处理。与保温期间故障停电所不同的是，当送电正常后要进行恢复投料的程序，下面就短时间停电和较长时间停电的恢复生产进行简述。

A 短时间停电

如果停电时间小于半小时，那么，只要在供电正常，各系统恢复工作后，即可按停电前参数进行投料生产。

B 较长时间停电

若停电时间超过半小时，那么在投料前要进行升温作业。当反应塔内温度在 1250 ~ 1300℃时，即可恢复投料生产。

4 转炉吹炼

4.1 基本原理

4.1.1 吹炼反应

4.1.1.1 铁、钴、镍、铜的氧化顺序

低镍锍的主要成分是 FeS 、Fe_2O_3、Ni_3S_2、Cu_2S、CoS 、PbS、ZnS 等，如果以 Me 代表金属、MeS 代表金属硫化物、MeO 代表金属氧化物，则硫化物的氧化一般可以下列几个反应进行：

$$MeS + 2O_2 = MeSO_4 \tag{4-1}$$

$$MeS + 1\frac{1}{2}O_2 = MeO + SO_2 \tag{4-2}$$

$$MeS + O_2 = Me + SO_2 \tag{4-3}$$

吹炼温度在 1230～1280℃时，金属硫化物皆呈熔融状态，此时一切金属硫酸盐的分解压都很大，且远超过一个大气压，在这样的条件下，硫酸盐是不能稳定存在的，也即熔融硫化物根本不会按式（4-1）进行氧化反应。

前已述及，吹炼金属镍需要 1650℃以上的温度，所以在卧式转炉中按式（4-3）的反应不能完全进行，只有式（4-2）为低镍锍吹炼的主要反应。

一种硫化物究竟按何种方式进行氧化反应呢？最精确的方法，就是用热力学自由能的变化来计算。但在叙述中为简便易懂，常常根据在一定温度下，金属对氧的亲和力以及硫对氧的亲和力大小来判断。

吹炼过程中铁最易与氧结合，其次为钴，再次为镍，铜最难与氧结合，因此，转炉吹炼自始至终应是一个选择性氧化的过程。

4.1.1.2 铁、钴、镍、铜的硫化顺序

吹炼过程按式（4-2）、式（4-3）所示的氧化反应进行，这种反应交替进行，当有金属生成时，在有不稳定金属硫化物存在的情况下，新生成的金属还能被重新硫化为金属硫化物，那么金属的硫化顺序是怎样的呢？与金属的氧化顺序正好相反，首先被硫化的是铜，其次是镍，再次是钴，最后是铁。

由上述金属氧化和硫化的顺序，可以轻松地判断出在吹炼过程中各种金属的表现。铁与氧的亲和力最大，而与硫的亲和力最小，所以最先被氧化造渣除去；在铁氧化造渣除去以后，接着被氧化造渣的就是钴，因为钴的含量非常少，在钴被氧化时，镍也开始氧化造渣，正因为如此，在铁没有被完全除去之前，就结束吹炼，目的就是避免钴、镍有过多的

氧化损失，即使有少量的钴、镍进入转炉渣中，也要通过电炉贫化过程将其回收回来。

4.1.1.3 铁的氧化造渣

转炉鼓入空气时，首先要满足铁的氧化需要，低镍锍中的铁以 FeS 形态存在，与氧发生放热反应生成 FeO。

$$2FeS + 3O_2 \xlongequal{\quad} 2FeO + 2SO_2 \tag{4-4}$$

$$Q = 940kJ/mol$$

由于吹炼过程熔体的剧烈搅动，使得生成的 FeO 和石英石不断接触生成炉渣。

$$2FeO + SiO_2 \xlongequal{\quad} 2FeO \cdot SiO_2 \tag{4-5}$$

$$Q = 92kJ/mol$$

将上两式合并可得：

$$2FeS + 3O_2 + SiO_2 \xlongequal{\quad} 2FeO \cdot SiO_2 + 2SO_2$$

$$Q = 1032kJ/mol$$

由此看出，低镍锍的转炉吹炼过程是一个放热过程，其放出的热量除维持自身反应平衡需要外，仍有富余，需要适时补充冷料以调节温度。

4.1.1.4 Fe_3O_4 的生成与控制

转炉吹炼过程中，氧化反应生成的 FeO 有一部分未及造渣、而是被氧气继续氧化生成磁性氧化铁，即 Fe_3O_4，反应如下：

$$6FeO + O_2 \xlongequal{\quad} 2Fe_3O_4$$

在转炉生产中，Fe_3O_4 的产生是不可避免的，原因在于反应（4-4）是气－液反应，而反应（4-5）是固-液反应，前者的界面反应条件远比后者优越，反应速度也比后者快，生成的 FeO 与 SiO_2 的接触反应如果发生障碍，相对于 SiO_2 过量的 FeO 必然被继续氧化，直到生成在高温条件下比较稳定的 Fe_3O_4，因此，在转炉渣中总含有一定数量的 Fe_3O_4。

在吹炼温度下，当 Fe_3O_4 的含量低于其在转炉渣中的饱和值之前，Fe_3O_4 呈液态存在，对转炉渣黏度的影响并不明显；当 Fe_3O_4 的含量高于其在转炉渣中的饱和值时，固态 Fe_3O_4 将析出，转炉渣的黏度急剧升高，炉气难于排出，炉渣发泡，严重时风眼受阻，转炉渣中铜、镍夹带增加，所以转炉吹炼应尽力控制并减少 Fe_3O_4 的生成。

磁性氧化铁的生成与以下因素有关：

（1）炉内石英的加入量。当转炉渣中 SiO_2 含量低时，磁性氧化铁（Fe_3O_4）的含量高。渣含 Fe_3O_4 与渣含 SiO_2 之间存在一个近似的关系，经国外专家研究，上述关系如图 4-1 所示。由于 Fe_3O_4 就是 $FeO \cdot Fe_2O_3$，所以渣中 Fe_2O_3 越高就意味着 Fe_3O_4 的含量也愈高，从图中可清楚看到，随着 SiO_2 含量降低，Fe_2O_3 含量升高。因此，提高渣中 SiO_2 含量可减少 Fe_3O_4 的生成，但实际生产中，渣中 SiO_2 含量不能过高，过多的二氧化硅会增加转炉渣的酸度，对炉衬侵蚀严重，同时渣量增大，金属损失增加。渣中 SiO_2 含量应控制在 25%～28%。

（2）吹炼温度。转炉吹炼过程中，炉温过低时，转炉渣含 Fe_3O_4 容易达到饱和并析出，因此，转炉吹炼前期、中期应执行中低温操作；吹炼后期应适当提高炉温。

综上所述，转炉吹炼优化操作程序，控制吹炼温度和石英石加入量，尤其在吹炼后期

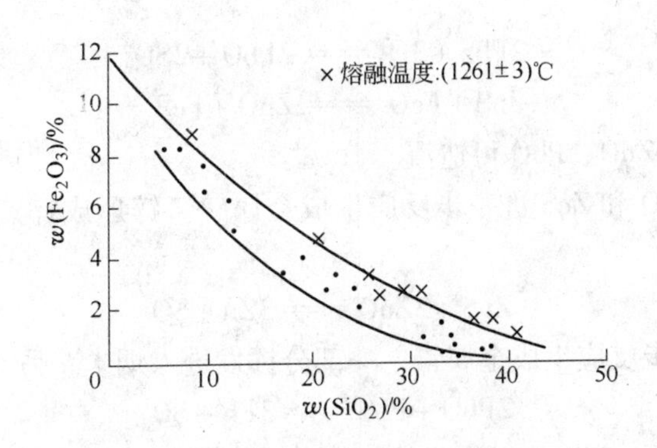

图 4-1 渣中 Fe_3O_4 与 SiO_2 的关系

控制较高炉温，加入足量石英石，有利于遏制 Fe_3O_4 的生成，提高转炉生产技术指标。

4.1.1.5 各种元素在吹炼过程中的表现

A 钴

在低镍锍中，FeS 大量氧化造渣以后，CoS 开始氧化，所以要求在最初几次造渣时，只把镍锍中的铁含量吹炼到15%，并进料、以低镍锍作为硫化剂对转炉渣进行预贫化，然后才将其放出，以保证镍锍中的钴最大限度不被氧化造渣，直到出炉前两遍渣才把铁的含量逐渐降低至2%~4%。

如果每遍渣把铁都除得很干净，势必有较多的钴被氧化造渣返回到贫化电炉中，这样，一来转炉钴直收率降低，大量的钴在转炉和贫化炉之间反复循环，增加有价金属的过程损失及运行成本；二来贫化电炉压力增大，弃渣含钴将难以控制，直接造成金属的永久损失。

B 镍

镍在低镍锍中以 Ni_3S_2 形态存在。Ni_3S_2 在高温下稳定，在 FeS 氧化反应之后、Cu_2S 氧化反应之前，在很有限的程度内发生如下放热反应：

$$2Ni_3S_2 + 7O_2 = 6NiO + 4SO_2$$

只有很少部分 NiO、CuO 与 FeS 反应形成铜镍合金进入镍锍，这个反应要在1700℃时才能进行完全，因镍锍吹炼没有第二周期，还因为仍有2%~4%的铁没有被氧化，所以铜镍合金的含量很少，大部分仍以 Ni_3S_2 形态存在于高镍锍中。

C 铜

铜以 Cu_2S 的形态存在于低镍锍中。铜只有在铁、钴、镍都氧化得差不多时才能被氧化：

$$CuS + O_2 = Cu + SO_2$$

所以实际生产中形成的铜很少，大部分铜以硫化铜的形式存在于镍锍中。

D 铅、锌

铅、锌在低镍锍中主要以硫化物形态存在，其氧化先于 FeS，但因含量很少，故同 FeS 的氧化同时进行：

$$2ZnS + 3O_2 = 2ZnO + 2SO_2$$

$$2PbS + 3O_2 = 2PbO + 2SO_2$$
$$ZnS + FeO = ZnO + FeS$$

当有 SiO_2 存在时 ZnO、PbO 可造渣。

没有 SiO_2 时，ZnO 和 ZnS 进一步反应生成金属锌。锌形成锌蒸气并燃烧成 ZnO 后进入烟尘：

$$ZnS + 2ZnO = 3Zn + SO_2$$

PbO 和 PbS 进一步反应生成金属铅，一部分挥发进入烟尘，另一部分进入合金相中。

$$2PbO + PbS = 3Pb + SO_2$$

在正常吹炼温度下，PbS 也可以直接挥发。

正常生产过程中，铅、锌的含量在转炉处理就能满足电解镍的要求，因转炉高温反应激烈，可以很容易除去。但处理含铅锌高的物料时，要采取特殊办法，即少量、分批加入转炉，入炉后不加熔剂空吹 10min 左右使它们得以充分挥发，转炉烟尘另行处理。

E 金、银、铂族元素

在低镍锍中，一部分金银以金属形态存在，一部分金以 AuS 或 AuSe 、AuTe 存在。铂族以 Pt_2S 形态存在。吹炼过程中绝大多数进入高镍锍。

4.1.2 吹炼过程的热化学及热制度

4.1.2.1 转炉吹炼的热收入

在低镍锍吹炼过程中，热量主要来源于 FeS 氧化反应生成 FeO 的造渣反应生成热：

$$2FeS + 3O_2 + SiO_2 = 2FeO \cdot SiO_2 + 2SO_2$$
$$Q = 1032\ \text{kJ/mol}$$

即每公斤 FeS 氧化造渣后放出的热量为 5863kJ，占热量总收入的 80% ~85%，其余热量主要为液体镍锍及鼓入压缩空气带入的物理热，约占热量总收入的 15% ~20%。

4.1.2.2 转炉吹炼的热支出

转炉热支出主要包括：烟气、炉口喷溅物带走的热量，炉口辐射散热，炉体传导散热，高镍锍和转炉渣带走的热量。

转炉吹炼过程为自热过程，通常不需外加热能，并且由于转炉吹炼强烈的氧化造渣放热，会造成转炉吹炼过程炉温升高，因此需外加冷料控制炉温。

4.1.3 高镍锍缓冷

高镍锍是闪速熔炼系统最终产物，主要是镍、铜和硫的化合物，还会有少量的铁、钴、氧、微量贵金属及其他杂质。

冷却时铜以硫化亚铜（CuS），镍以硫化高镍（Ni_3S_2）的形态存在于高镍锍中。

人们从自然界岩石有很多分相结晶的例子中得到启示，若要将高镍锍中硫化亚铜和硫化高镍分离，必须将出炉后熔融状的高镍锍进行缓慢冷却，使各种组分分异成具有不同化学相的可分离的晶粒。

最终的晶粒结构取决于凝固过程的冷却速度，不同成分组成的高镍锍，其缓冷曲线也不同。假设一主要成分为 Ni：50%、Cu：30%、S：20% 的高镍锍，其缓冷过程大致要经历以下几个阶段才能完成铜镍选分结晶全过程。

高镍锍出炉温度在1250℃左右，铸坑缓冷后，温度降到927℃以前，熔体中各组分完全混溶。

当温度降至约927℃时，Cu_2S 固体晶粒首先开始从液相熔体中析出，并且随着温度的继续降低，析出量增加，生成粗粒晶体。

当温度降至约700℃时，金属相的铜镍合金开始析出。

继续冷却至575℃，第三固相即硫化镍相也开始结晶析出，并且在这一点保持恒温，直到所有的液相完全转化为硫化亚铜、铜镍合金和硫化镍。在此恒定温度下，随着结晶过程进行，液相组分始终保持不变，称为三元共晶液相，它的凝固点为575℃，是镍、铜和硫三元系的最低凝固点，称为三元共晶点。575℃以上结晶的部分硫化亚铜和金属相称为前共晶质，其他硫化亚铜、金属相以及所有硫化镍固体都成为共晶质。

在共晶点，镍在固体硫化亚铜中的溶解度小于0.5%，铜在固体硫化镍（称β型）中的溶解度约为6%。已成为固体状态的高镍锍继续冷却，当温度达到520℃时，高镍锍再一次出现恒温，硫化镍发生结构转化，由β型转变成β′型（低温型），直至所有β硫化镍转化完成。β′型的硫化镍，其特点是对铜溶解度小，因此在转变过程中，不断有硫化亚铜和金属相（称为类共晶体）析出，相应地，溶解在硫化镍基体中的铜也不断下降到2.5%左右，520℃称为三元类共晶点。

当高镍锍冷却至类共晶点以下后，硫化亚铜和金属相仍然不断析出，直至温度降到317℃，此时β′硫化镍含铜少于0.5%，在此温度以下即不再有明显的析出现象发生。

因此，高镍锍的缓慢冷却，使相分离并促进晶体长大，特别是它能使类共晶体和后类共晶体从固体硫化镍基体中扩散出来，分别与已存在的硫化铜及金属相晶粒相结合，从而使铜镍互含指标降低到很低的水平，因此，控制从927℃到371℃之间的冷却过程十分重要，特别是在共晶点575℃和类共晶点520℃之间，若此阶段冷却速度过快，硫化镍基体中会产生硫化亚铜和金属相的极细颗粒，妨碍细磨及浮选的分离效果。

金属相的量为硫量所控制，从共晶点到类共晶点区间分离出来的大部分金属相，吸收了镍锍中含有的几乎全部的金和铂族金属，银由于和硫的亲和力很强，以及硫化银和硫化铜的类质同象现象，往往富集在硫化亚铜的晶粒中。

经过充分缓冷的高镍锍，其另一个特点是有沿着晶粒界面破裂而不是中间破裂的显著倾向，这对于不同物相的分离非常有价值，使高镍锍可以用物理选矿的方法实现分离。总之，控制高镍锍的缓慢冷却过程，可以产出一种类似天然矿物的人造原料，从而使现代选矿技术得以应用。

高镍锍出炉后，缓冷过程是在一定模具中完成的。闪速炉车间铸模材质为铸铁，使用前将其埋入坑中，上沿与地表平齐，四周用沙土夯实，浇注前均匀预热，以防炸裂，浇注后，立即盖上保温盖，以保证充分缓冷，48h 后揭开保温盖，继续缓慢冷却至72h 时，将高镍锍起出。

在实际生产过程中，要防止过缓冷或欠缓冷。所谓过缓冷是指保温盖超过48h 后延时打开，高镍锍正常按时起出后，温度仍然较高，其后的温降过程实质是在空冷环境中快速进行的，其危害就是高镍锍铜镍分离不完全，互含指标高。欠缓冷是指高镍锍未到时间而提前起出，其情形和所造成的危害同过缓冷是一样的。因此，在日常工作中要注意铸模和保温盖的使用和维护，确保正常周转，并严格贯彻工艺纪律，以防止和杜绝误操作发生。

4.2 工艺流程

4.2.1 概述

火法炼镍流程中，闪速炉产出的低镍锍，对其进一步的除铁脱硫处理，是在卧式转炉中实现的。其基本操作方法是：向转炉内熔融状态的低镍锍中鼓入压缩空气，加入适量的石英石作为熔剂，低镍锍中的铁、硫与空气中的氧发生化学反应，铁被氧化后与加入的石英造渣，硫被氧化为二氧化硫后随烟气排出，最终得到含铁 2% ~4%，并且富含镍、铜、钴等有价金属的熔锍，叫高镍锍。高镍锍经过充分缓冷后实现镍与铜在晶界的分离，送由高锍磨浮工序处理，产出二次铜精矿和镍精矿。转炉吹炼过程中产出的炉渣，因含有较多有价金属，返回贫化电炉作进一步回收；烟气中二氧化硫浓度在5%左右，可用于制酸。

转炉吹炼是一个强烈的自热过程，维持反应所需的热量依靠低镍锍吹炼过程中铁、硫的氧化及造渣反应来供给。

铜与镍的冶炼在转炉吹炼工序上有所不同，低冰铜的转炉吹炼不仅有造渣期，还有造铜期，即可产出金属化粗铜；低镍锍的转炉吹炼则只有造渣期，当吹炼到铁含量2% ~4%时就作为最终产物放出，此时镍仍主要以金属硫化物存在。转炉不能直接产出金属镍，是因为金属镍的熔点较高，而氧化镍的熔点更高，在一般的转炉内不能完成，只有在立式卡尔多转炉进行富氧吹炼并充分搅拌混合的条件下，才能生成液态金属镍。

4.2.2 工艺流程

转炉工艺流程如图 4-2 所示。

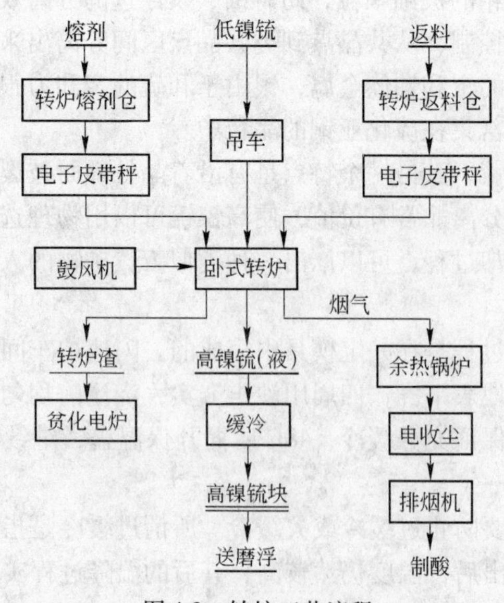

图 4-2 转炉工艺流程

4.3 转炉的工艺配置

转炉可分为立式和卧式两种，常用于处理低镍锍的是卧式侧吹转炉。

卧式侧吹转炉由炉基、炉体、加料系统、送风系统、排烟系统、传动系统、控制系统等组成。

4.3.1 炉基

炉基由钢筋水泥浇注而成，上表面有地脚螺丝固定托轮底盘，在托轮底盘的上面每侧有两对托轮支撑炉子的重量，并使炉子在其上旋转。

4.3.2 炉体

炉体由炉壳、炉口、护板、滚圈、大齿轮、风眼以及炉衬等组成。除小型炉子用焦炭烤炉外，较大炉子安有煤气或重油烧嘴，闪速炉配套的转炉是用重油烧嘴。安装在炉子端墙上。

4.3.2.1 炉壳

炉体的主体是炉壳，炉壳由40mm锅炉钢板焊接成圆筒，圆筒两端为端盖，亦用同样规格的钢板制成。

在炉壳两端各有一个大圈，被支撑在托轮上，而托轮通过底盘固定在炉子基座上。

4.3.2.2 炉口

在炉壳的中央开有一个向后倾斜27.5°的炉口，以供装料、放渣、排烟、出炉和维修人员入炉修补炉衬之用。炉口一般呈长方形，也有少数呈圆形，炉口面积可占熔池最大水平面的20%左右，在正常吹炼时，烟气通过炉口的速度保持在8～11m/s，这样才能保证炉子的正常使用。

由于炉口经常受到熔体腐蚀和烟气冲刷，以及清理炉口时的机械作用，较易损坏，为此，在炉口孔上安装一个可以拆装的合金炉口，合金炉口通过螺栓与炉壳连为一体。为保护合金炉口，在其内侧焊接上、下两块合金衬板。

4.3.2.3 护板

护板是焊接在炉口周围的保护板，其目的是为了保护炉口附近的炉壳，也可以保护环形风管等进风装置，使它们免受喷溅熔体的侵蚀。炉口护板应有足够的长度、宽度和厚度。

4.3.2.4 滚圈

滚圈由托轮支撑，起到旋转炉体并传递、承载炉体重量的作用。转炉的滚圈有矩形、箱形、工字形断面，闪速炉车间为工字形断面。

4.3.2.5 大齿轮

转炉一侧炉壳上装有一个大齿轮，是转炉转动的从动轮。当主动电极转动时通过减速机带动小齿轮，小齿轮带动大齿轮可使转炉做360°正、反方向旋转。

4.3.2.6 风眼

在转炉炉壳的后侧下方，依据需要开有40个圆孔，风管穿过圆孔并通过螺纹联结安装在风箱上，在伸入转炉内的风管部分砌筑耐火砖后，即形成风眼。正常吹炼生产时，压缩空气经过风眼送入炉内与高温熔体发生反应。

风眼角度设计有仰角、俯角和零角。风眼角度对吹炼作业影响很大，仰角过大不仅加剧物料喷溅，而且降低空气利用率；俯角过大则对炉衬冲刷严重，尤其对炉腹冲刷严重，影响炉寿命，同时还提高了入炉风压，加重了风机的负荷，故通常选择转炉吹炼时风眼角度为水平0°角。

4.3.2.7 炉衬

在炉壳里所衬的耐火材料依其性质不同，可分为酸性和碱性两种，以前各国多采用酸性炉衬，后来由于酸性炉衬腐蚀快、寿命短、砖耗大而改用碱性炉衬，现在多使用镁质和铬镁质耐火材料作炉衬。

炉衬一般分为以下几个区域：风口区、上风口区、下风口区、炉肩和炉口、炉底和端墙。由于各区受热、受熔体冲刷的情况不同，腐蚀程度不一，所以各区使用的耐火材料和砌体厚度也不同。

4.3.3 加料系统

转炉加料系统由熔剂供给系统和冷料供给系统组成。

熔剂供给系统，应保证供给及时，给料均匀，操作方便，计量准确。该系统是由备料上料皮带将熔剂加入炉顶的大石英仓，再经皮带秤、活动溜槽从转炉炉口加入炉内。正常生产时，皮带秤的开、停是由计算机控制，也可以通过现场启动开关控制。

冷料供给系统的配置及操作同熔剂加料系统。

4.3.4 送风系统

转炉吹炼所需的空气，由D450或K、K&K高压鼓风机供给。鼓风机鼓出的风经总风管、分风管、风阀、球面接头、三角风箱、U形风管及风箱后通过水平风管进入炉内。

球面接头安装在靠近转炉的进风管路上，其作用是消除炉体和进风管路因安装误差、热膨胀等原因而引起的轴向位移，并通过球面接头向转炉供风。三角风箱、环形风管可增大送风管路的截面积，起到均匀供风的作用。

风箱用焊接的方法安装固定在转炉炉壳上，两侧与环形风管相连通。风箱由箱体、弹子阀、风管座以及配套的消声器和风管组成。

水平风管把压缩风送入炉内，由于压缩空气温度低，在风管出口处往往有熔体黏结，将风口局部堵塞，影响转炉送风，因此必须进行捅风眼作业。为了清理方便，在水平风箱上安装弹子阀，这种弹子阀有两个通道，一个接水平风箱，另一个是钢钎的进出口，阀的中间有一个突出的弹子仓，在清理风眼时作为钢球的停泊位。转炉吹炼时，钢球在重力和风压的作用下，恰好将钢钎的进出口堵住，不致泄风；在清理风口时，钢钎将钢球顶起，钢球在弹子阀内沿倾斜的弹道向上移动，进入到弹子仓内，抽出钢钎时，钢球自动回到原来的位置。

4.3.5 排烟系统

转炉吹炼产生的低浓度烟气（SO_2 浓度小于5%），经过水冷烟道流向废热锅炉进行余热利用、初步降尘，再经电收尘器收尘，最后由排烟机送至硫酸厂制酸，在烟气系统或化工厂出现故障时，也可经环保系统高空排放。

为保持厂房内良好的作业环境，在水冷烟道入口附近设有环保烟罩，用于收集少量的外溢烟气。环保烟罩又有固定烟罩和旋转烟罩之分，固定烟罩主要用于正常吹炼或进料作业时外泄烟气的捕集，而在放渣或出炉时，则由旋转烟罩发挥其更为有效的作用。环保烟气 SO_2 浓度很低，一般情况下，会同闪速炉、贫化炉环保烟气，经150m 烟囱排空。

4.3.6 传动系统

转炉内为高温熔体，因此要求传动机构必须灵活可靠，运行平稳。金川公司车间转炉传动系统配备一台交流电机作为主用电机，另有一台相同功率的直流电机作为备用电机，以保证发生故障时炉子能够正常倾转。两台电动机是通过一个变速器来工作的，变速后，小齿轮和大齿轮啮合使炉子转动，炉子的回转速度为0.6r/min。

在转炉传动系统中设有事故连锁装置，当转炉故障停风、停电或风压不足时，此装置立即启动，通过直流电机驱动炉子转动，使风口抬离液面、在进料位置（60°）停住，以防止风眼灌死。

4.3.7 控制系统

为了保证炉子的正常作业和安全生产，转炉采用了计算机控制系统，通过此系统，主要完成以下工作：

（1）对液力偶合器转速、排烟机负荷等进行手动设定，对重油油量进行自动跟踪控制。

（2）对运行参数如风压、流量、排烟系统负压、保温时炉膛温度等进行监控，发现异常情况及时汇报或采取措施。

（3）远程控制设备开停，如加料皮带、闸板等。通过控制室开关的切换，既可以在现场机旁手动操作，也可以在控制室计算机上控制实现。

4.4 生产实践

4.4.1 开炉

4.4.1.1 烘炉

烘炉是经过大、中、小修之后砌体的一个预热过程，是炉衬砌体的水分蒸发、耐火材料受热膨胀和耐火材料晶型转变的过程。

A 烘炉的要求

(1) 烘炉前必须认真检查炉内是否有掉砖、下沉、塌落等现象，并将风眼中的镁粉及杂物清理干净。缓慢升温，在晶型转变点（镁质砖衬一般在380℃、820℃附近）必须恒温20h以上。

(2) 炉衬砌体受热要均匀，为了防止局部过热应及时转动炉体。

(3) 升温过程温度要稳定上升，不要波动过大，避免停风停油故障发生，以免耐火砖衬因温度突变而爆裂。

(4) 严格按照转炉烘炉曲线升温。

目前，采用重油烘炉时间一般大修为72h以上，中、小修可适当缩短。其最终温度达到1000℃以上就可以联系供料，烘炉曲线如图4-3所示。

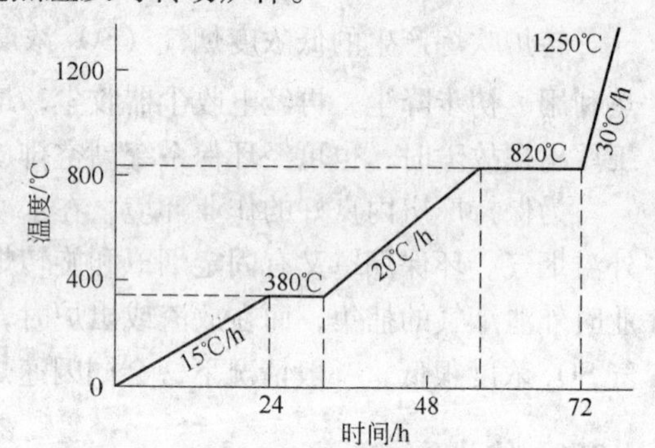

图4-3 大修后升温烘炉曲线

B 烘炉的燃料及使用

烘炉所使用的燃料主要是木柴和重油，其主要特征如表4-1所示。

表4-1 转炉用燃料的主要特征

燃料种类	成分（质量分数）/%							发热量 /MJ·kg⁻¹	空气量 /m³（标态）	废气量 /m³（标态）	废气热值 /MJ·m⁻³
	H_2	H_2S	CH_4	C	S	H_2O	O_2				
木柴	4.5	—	—	84.2	—	22	32	—	3.8	4.5	2.89
重油	11.5	—	—	84.2	2.5	1.0	0.7	40.49	10.54	11.27	3.59

在使用重油烘炉前，先用木柴烘烤2~3个班，炉内潮气基本挥发排除、炉膛温度达到重油闪点以上（约150℃），再利用重油继续升温。此举的主要作用在于：

(1) 木柴发热值较低且便于引燃，在升温初期，可达到均匀缓慢升温的目的，使砖体避免遭受急剧的热量冲击。

(2) 使重油易于点燃并稳定燃烧，提高重油利用率，减少因温度较低、重油燃烧不全而产生的大量烟气。

C 烘炉操作

以重油烤炉为例：首先检查油路是否完好，准备好油枪，确认重油间联系供油无问题后，用木柴或棉纱引火，用小油量、小风量进行烘烤，待温度缓慢上升、油枪燃烧稳定之后，根据升温曲线要求和热电偶所测温度，适时调整油量。冬天要注意重油的管路保温，防止重油凝结影响烤炉，更要注意防止重油着火发生火灾。

4.4.1.2 系统确认

(1) 确认控制仪表及计算机系统工作正常。

(2) 确认加料系统正常。

（3）鼓风机负荷试车，确认送风系统正常，风箱无漏风。

（4）排烟机负荷试车，确认排烟系统正常。

（5）转动炉体，确认传动及事故倾转系统正常。

（6）确认炉基、炉体无异常变形或损伤，用黄泥糊好油枪孔，用镁泥糊补炉口。

以上准备工作完毕，转炉即具备生产条件。炉体大修后前10～20炉，一定要控制操作料面和送风强度，以免引发恶性喷溅，损伤护板和炉壳。

4.4.2 生产

4.4.2.1 正常操作

正常操作是保证高镍锍质量，提高金属回收率，降低材料消耗和保证安全的前提。

正常操作方法通常包括如下内容：

（1）在一定低镍锍料量条件下，依情况所需加熔剂和冷料，吹炼直到形成液态渣为止。

（2）加入低冰镍还原后，除渣。

（3）重复步骤（1）的工序。

其中的具体操作有：糊补炉口、进料、开风、加熔剂、加冷料、停风、进料还原、澄清分离、排渣、出炉等。

下面简要叙述一个完整镍转炉吹炼周期的全部过程。

（1）首先将炉口四周的喷溅物清理干净，清理出一定的炉口面积以利于烟气排出，注意不要损伤合金炉口和砖衬。

（2）将炉口转到排渣位置，进行糊补炉口作业。具体作法是把镁砖粉和上卤水搅成糊状，均匀糊在下炉口衬砖上，注意要把熔体冲刷出的凹槽填平，保持炉口宽、浅、平。糊补炉口的目的在于：1）保护衬砖和炉口不受低镍锍的侵蚀。2）有利于闭渣作业，防止渣中带锍。

（3）进低镍锍3～4包（约60t）开风，缓慢将风眼区转入液面吹炼15～20min，待温度上升后，加入石英继续吹炼。

（4）因前期热源充足，升温较快，可用包子集中加入冷料（约10t）后，继续吹炼。炉口转入烟道后，熔剂要及时跟进。一般来说，在每一遍造渣期内，熔剂都应及时加入并数量适宜，这样在整个造渣周期，石英都处于饱和状态，可以减少四氧化三铁的产生，有利于反应正常进行。

（5）吹炼30～40min后进料，继续吹炼10min左右，停风静置澄清分离3～5min后放渣。进料的目的，就是利用低镍锍中丰富的FeS进行“洗渣”，把氧化后进入渣中的部分有价金属还原。

（6）进料、放渣等操作反复进行，直到将计划安排的低镍锍全部入炉，炉内低镍锍含铁约8%～10%时，就可以进入筛炉期。期间在操作中要注意：1）尽量保持炉内熔体处于低料面，不能长时间高料面操作。2）吹炼中、后期，冷料多从仓上加入，便于炉温控制。

（7）筛炉期时间越短越好，渣层厚度保留200mm左右，当火焰由浑变清、出现绿色时，就可以考虑出炉了，首先观察热样断面，判断后送荧光分析，确认铁含量为2%～4%后，加入少量石英将渣急剧冷却，然后算渣出炉，所产的高镍锍铸坑缓冷。

4.4.2.2 转炉保温作业

转炉炉体在非检修状态下停止吹炼4h以上，要求进行保温作业。停止或降低排烟机负荷，关闭密封小车，保温烟气走环保线路：烟气—环保烟罩—环保排烟总管—环保烟囱—排空。

A 较长时间保温（8h以上）

(1) 单台转炉保温重油消耗60~200kg/h。

(2) 吹散风压力为0.3~0.5MPa。

(3) 临时热电偶温度为300~800℃。

以上每2h记录一次。

B 较短时间保温（4~8h）

(1) 单台转炉保温重油消耗60~300kg/h。

(2) 吹散风压力为0.3~0.5MPa。

(3) 临时热电偶温度为400~1000℃。

以上每2h记录一次。

4.4.2.3 生产控制

A 转炉生产工艺控制参数

转炉生产工艺控制参数如表4-2所示。

表4-2 转炉生产工艺控制参数

序号	参数名称	单位	控制范围
1	高镍锍铁含量	%	2~4
2	高镍锍块重量	t/块	约20
3	高镍锍缓冷时间	h	≥72

B 转炉生产工艺作业参数

转炉生产工艺作业参数如表4-3所示。

表4-3 转炉生产工艺作业参数

序号	参数名称	单位	控制范围
1	单炉低镍锍处理量	t/炉	≤180
2	入炉平均风压	MPa	≤0.140
3	熔剂量	t/炉	≤40
4	冷料量	t/炉	≤70
5	管中瞬时风量	m^3/h	10000~36000
6	管中瞬时风压	MPa	0.04~0.145
7	排烟机负荷反馈值	%	≥50

C 熔剂量控制

转炉渣分批放出，在每批渣形成期间，以目标造渣量（15~20t）与目标渣中SiO_2含量（25%）的乘积作为基准熔剂需要量，并依据以下情况作细微调整（调整幅度不大于1t）后，决定实际熔剂加入量。

（1）观察上批转炉渣样，如表面有光泽和鱼尾纹、断面疏松有气孔，说明渣中 SiO_2 含量合适，本批渣按基准熔剂量配加；如表面有玻璃样镜面光泽，断面致密有白斑，说明渣中 SiO_2 含量过量，应减少熔剂配加量；当渣样表面发暗灰色，断面致密并有明显竖条纹交错排列，说明渣中 SiO_2 含量不足，应补加熔剂。

（2）放渣时观察炉内熔体表面，若有结壳的熔剂层，则表明炉内熔剂足量。

D 炉温控制

（1）火焰主色为红色，光色暗淡，若此时停风倾转炉体，从炉口看炉内砖体上有很厚挂渣，说明炉温较低，此时不加入冷料、继续吹炼。

（2）火焰主色为红色，边缘略带黄色，焰色明朗，若此时停风倾转炉体，从炉口能看清砖体，说明炉温正常，此时从仓上少量多次加入冷料，以维持炉温。

（3）火焰主色为黄色，略带白色，焰色白亮，若此时停风倾转炉体，炉膛空间呈炽白色，砖缝清晰可见，说明炉温偏高，此时应连续加入冷料，或由吊车用包子一次加入5～10t。

E 风压、风量控制

（1）综合考虑炉膛空间、吹炼进度和指标控制对供风的需要，决定风机工作负荷，既要按时出炉，又不致过度喷溅，影响指标。

（2）吹炼当中，炉后工要及时疏通风眼，以保证压缩风入炉顺畅，风量及压力正常。

F 高镍锍中铁含量控制

（1）高镍锍中铁含量为2%～4%时为合格品。当吹炼至炉口火焰呈绿色时，说明吹炼已接近终点。

（2）停风后，炉长用样勺取锍样判断，当热态试样表面呈油光色泽，断面为金黄色，冷态试样断面为银白色时，说明吹炼已到终点。

（3）出炉前高镍锍样品应立即送荧光化验，确认是否合格。

G 高镍锍缓冷控制

（1）要求满坑浇注，既有利于铸模正常使用周转，又有益于缓冷效果。如浇注到最后，所余的高镍锍不足以铸满坑时，每班允许有一个半坑，并在下个班补铸，以第二次浇注时间为准，执行缓冷工艺制度。

（2）高镍锍浇注后在10min内盖上保温盖，48h后揭开，继续缓冷至72h以上，才可起出。

4.4.2.4 经济技术指标

转炉生产经济技术指标主要有：炉寿命、单炉生产周期、镍的直收率、熔剂率、冷料率、高镍锍合格率等。

A 炉寿命

炉寿命是指转炉在两次大修之间吹炼的炉数。

a 炉衬损蚀的不同阶段

在吹炼过程中，转炉炉衬在机械力、热应力和化学腐蚀的作用下逐渐遭到损坏。生产实践证明，炉衬的损坏大致分为两个阶段：第一阶段，新炉子初次进行吹炼时，由于温度骤变，炉膛内砖体表面产生爆裂，掉片、掉块较多；第二阶段，炉子工作一段时间以后，炉衬受熔体冲刷和化学侵蚀作用较大，砖面变质，炉衬逐渐被冲刷掉而进入炉渣中，其中以风口区、炉底和端墙损蚀最为严重。

b 炉衬损蚀的原因

炉衬损坏主要是机械力、热应力和化学腐蚀综合作用的结果。

（1）机械力的作用。主要是指熔体对炉衬的冲刷和喷溅，以及风口区和转炉炉口清理不当所造成的损坏。其中，熔体对炉衬的剧烈冲刷是炉衬损坏的主要原因。转炉吹炼过程中，当空气鼓入熔体时，气体体积急剧膨胀并向水平和垂直两个方向运动，使高温熔体在炉内翻动，对炉衬产生巨大的冲刷作用。

（2）热应力的作用。由于转炉为间歇生产，停风、吹炼频繁交错，炉温变化非常剧烈，普通镁质耐火材料抗急冷急热性能不强，温度的频繁变化容易引起砖体表面剥皮甚至深度断裂。因此，严格控制吹炼温度，采取合理的保温措施，对于炉寿命的提高都是至关重要的。

（3）炉渣和金属氧化物对炉衬的化学侵蚀。这种侵蚀主要来自以下两个方面：

第一，在吹炼作业中产生的铁橄榄石（$2FeO \cdot SiO_2$）能熔解镁质耐火材料，它既有表面熔解，也可以渗透进耐火材料内部。在高温下硅含量大的炉渣对炉衬的影响结果如图 4-4 所示。

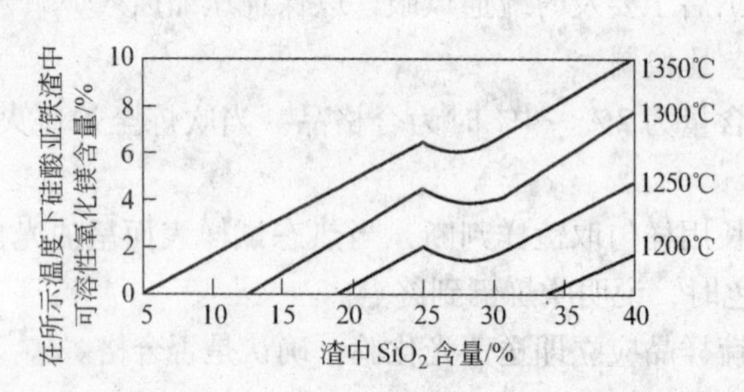

图 4-4 氧化镁在硅酸亚铁中的熔解度

从图可知，温度越高，氧化镁在铁橄榄石中的溶解度愈高。在同一温度下渣中 SiO_2 含量在 25% ~30% 之间时，氧化镁在铁橄榄石中的溶解度有一低凹处，也即在此成分下炉渣对砖衬的侵蚀作用最小，这就是控制转炉渣含二氧化硅在 25% ~28% 的原因之一。另一原因是在此含量下，炉渣的熔点最低，所需要的吹炼温度相应也较低。

第二，铁的氧化物能使方镁石和铬铁矿晶粒饱和析出，从而引起铬铁矿晶粒破裂造成铬镁砖的化学损失。

c 提高炉寿命的措施

根据生产实践，采取以下措施可提高炉寿命：

（1）提高耐火砖、砌炉和烤炉的质量。在风口区、炉底及容易损坏的部位砌铬镁砖效果较好。实践表明，在 1300 ~1350℃高温下，炉渣 SiO_2 含量达到 31% 时，铬镁砖也有较好的抗腐蚀能力。

（2）控制技术条件：

1）严格控制吹炼时的温度，保持炉温在1230～1280℃。

2）严格控制石英加入时间和加入速度，防止石英大量集中加入或欠石英操作。

3）适时加入冷料，保持炉温相对均衡，避免炉温大幅度波动。

4）适当提高高镍锍品位。一来可减少渣量产出；二来可缩短吹炼时间。

(3) 采用补炉衬的措施。主要作为炉子修补的临时措施，可以延长炉子寿命，便于计划生产，但不是提高炉寿命的基本手段。

(4) 改进转炉结构。适当增大风口直径，减少风口数，增大水平风管之间的距离，以减轻熔体冲刷；适当延长炉体，增加风口与端墙的距离，可减轻熔体对端墙的腐蚀，使炉寿命延长。

B 单炉生产周期及送风时率

单炉生产周期是指一炉吹炼时间的总和，其中包括转炉吹炼时间和各类停风时间，如进低镍锍、加冷料、放渣、出高镍锍、清理炉口等消耗的时间，不包括事故停风和停风等料时间，所以单炉生产周期与下列因素有关：

(1) 单炉处理量：转炉单炉次处理低镍锍的总量。

(2) 低镍锍品位：低镍锍中镍与铜百分含量之和。

(3) 送风强度：转炉吹炼单位时间、单位送风面积的送风量。

(4) 送风时率：转炉有效送风时间与单炉次总操作时间的百分比。

对任一规格的转炉，单炉生产周期随处理量的增加而延长，随镍锍品位、送风强度及送风时率的提高而缩短。

在镍锍品位、送风强度确定之后，关键的是送风时率。因此，为了缩短单炉生产周期，就必须合理组织生产、提高装备水平，以缩短停风时间，使送风时率保持在一个较高的水平上。

C 镍的直收率

转炉吹炼产出高镍锍镍含量与投入转炉物料含镍总量的百分比。

转炉吹炼过程中，入炉含镍物料有低镍锍和冷料。入炉总镍量是高镍锍、转炉渣、烟尘及喷溅物的镍含量之和。虽然转炉渣、烟尘还要进一步处理并回收其中的镍、铜等有价金属，但就转炉吹炼而言，没有进入高镍锍中，所以在计算镍的直收率时，作为损失部分考虑。

$$\text{镍的直收率}=\frac{\text{高镍锍中镍含量}}{\text{低镍锍中镍含量}+\text{冷料中镍含量}}\times100\%$$

镍的直收率与转炉吹炼操作制度及工艺技术水平直接相关。

D 冷料率

转炉吹炼过程中，加入的冷料量与入炉低镍锍量的百分比。

$$\text{冷料率}=\frac{\text{冷料量}}{\text{低镍锍量}}\times100\%$$

E 熔剂率

转炉吹炼过程中，加入的熔剂量与入炉低镍锍量的百分比。

$$\text{熔剂率}=\frac{\text{熔剂量}}{\text{低镍锍量}}\times100\%$$

4.4.3 检修

转炉检修分炉体检修和辅助系统检修。

4.4.3.1 炉体检修

转炉炉体检修有一定的周期性和较强的计划性，其间断生产的特点和气流、熔流的强烈冲刷作用决定了其有限的寿命周期，而在热交换强烈、反应及搅拌剧烈的风眼区、端墙小漩、炉腹部位的耐火砖更是率先损耗，所以转炉炉体依其损坏程度和检修内容的不同，分为大、中、小修。

A 洗炉、停炉

炉体检修前必须要经过洗炉和停炉过程，无论何种类型的检修，洗炉、停炉的要求和方法都大致相同，主要是提高炉温，将炉内黏结物洗净，然后自然、缓慢降温，以便于炉内鉴定和打砖、砌砖。

洗炉时炉内进三包低品位镍锍并按正常操作程序开风吹炼，只是吹炼期间不加入任何物料，依靠氧化反应所释放的热量，使熔体温度不断升高。

视炉内黏结情况，决定洗炉时间长短。正常情况下，洗炉延续至20~30min时，要转过炉口观察。如果炉内颜色发白、砖缝清晰可见，表明洗炉完成，否则继续吹炼5~10min。值得注意的是，炉体至洗炉阶段，某些部位已十分薄弱，炉长对炉内状况应了然于心，并做出准确判断，谨慎把握吹炼进程和温度控制，加强炉体监护工作，发现意外情况，立即组织出炉，以免增加检修难度。

出炉速度越快越好，一般准备两个包子交替接放，避免温度下降重又生成黏结，影响洗炉效果。出炉后，迅速将炉口朝下，将残余熔体流入安全坑。停炉后24h内通知修炉车间打开工作门，除非炉期紧张，正常情况下不允许强制通风速冷。4天后，将烟道清理干净，对炉内进行鉴定，决定检修内容。

B 检修内容

a 常规内容

(1) 将炉壳烧穿部位用40mm厚钢板焊补，检查风箱、U形风管及其他部位有无漏洞并及时修补处理。

(2) 检查所有传动设备并润滑加油。

(3) 按要求安装新风管，风管间距为152mm，偏差不大于2mm。

b 小修内容

(1) 风眼区挖补，打尽从三角砖到上炉口的所有残砖，重新砌筑。

(2) 端墙砖厚度如不小于300mm，则不用修补。

(3) 上下炉口用不定型材料捣打，经2~3天养生后用木柴烘烤。

(4) 残砖打尽后，必须用丝杠支撑，以确保入炉检修人员安全。

c 中修内容

(1) 除风眼区挖补外，两侧炉墙必须修补。

(2) 如下炉口烧损严重，可做衬板更换，然后用不定型材料捣打。

(3) 其他内容同小修。

d 大修内容

(1) 砌砖打净后，转动炉体，观察炉身有无跑偏，如有异常及时汇报处理。

(2) 合金炉口如损坏严重则需更换。

(3) 炉口上下衬板更换。

(4) 视前一周期吹炼情况，对炉口及风眼角度做适当调整。

(5) 炉体设施检修完毕后，砌炉。

4.4.3.2 辅助系统检修的主要内容

A 传动系统

(1) 紧固各部位螺栓。

(2) 检查小齿轮和大齿圈的磨损情况，调整啮合间隙。

(3) 检查托辊轴瓦及小齿轮轴瓦磨损和润滑情况，必要时进行更换。

(4) 对大齿圈，小齿轮，减速机大、小齿轮及蜗轮副、轴瓦、轴承进行修理或更换；检查减速机的润滑情况，处理漏油或添加、更换润滑油。

(5) 检查异缘托辊的轮缘磨损情况，必要时进行修补。

B 加料系统

(1) 检查前、尾轮有无跑偏现象，并及时调整。

(2) 检查减速机的润滑情况，处理漏油或更换润滑油。

(3) 检查皮带是否能正常工作，如有变质或开裂，须及时更换。

(4) 更换固定、活动溜槽。

C 烟道水系统

(1) 检查、更换锈蚀的管道及阀门。

(2) 检查确认水套运行状况，对水套锈蚀严重的部位进行局部挖补。

(3) 在条件允许的情况下，更换工作条件恶劣、损坏严重的水套，如前壁水套。

D 其他检修

其他检修主要包括送风系统的密封检查，电气系统、控制系统、环保系统的计划检修。

4.5 常见故障判断及处理

转炉常见故障可分为工艺故障和系统故障。

4.5.1 工艺故障

4.5.1.1 过冷

过冷是指炉温低于1000℃，炉内熔体的反应速度慢。

A 故障原因

(1) 炉体检修后温升不够。

(2) 风口黏结严重、送风困难、反应速度慢。

（3）石英石、冷料加得太多。

（4）大、中、小修炉子没有清理干净，有过多的不定型耐火材料留在炉内，造成熔体熔点升高。

B 故障表现

（1）风压增大。

（2）火焰发红，炉气摇摆无力。

（3）捅风眼难，在钢钎上的黏结物增多。

C 处理方法

（1）增加送风能力，强化送风，使反应速度加快。

（2）进低镍锍增加炉温，或倒出一部分冷的熔体后再加入热料。一般情况下，造成一包渣之后就可以恢复正常作业。

4.5.1.2 过热

过热即炉子温度超过1300℃以上。

A 故障原因

（1）冷料加入量不足。

（2）反应速度过于激烈。

B 故障表现

（1）火焰表现呈白炽状态。

（2）转过炉子，肉眼看炉衬明亮耀眼，砖缝明显，渣子流动性好。

（3）风压小，风量大，不需捅风眼。

C 处理方法

（1）适当加入冷料以降低炉温到正常温度，或直接放出部分热渣。

（2）减少送风，降低反应强度，也可转过炉子自然降温。

4.5.1.3 高镍锍过吹

A 故障原因

没有控制好出炉终点，使高镍锍铁含量降到2%以下。

B 故障表现

（1）钴、镍、铜在转炉渣中的损失增加。

（2）因铜和镍的氧化物熔点高，黏结在炉衬上使当班产量显著下降。

C 处理方法

在没有放渣以前可用少量低镍锍倒入炉内还原吹炼，挽回一些当班的金属损失。

4.5.1.4 转炉渣过吹

A 故障原因

渣造好后，没有及时放渣而造成渣子过吹。

B 故障表现

（1）转炉渣喷出频繁，而且呈散片状，正常时喷出的转炉渣呈圆颗粒状。

(2) 过吹炉渣冷却后呈灰白色，放渣时流动性不好，倒入渣包时易黏结，而且渣壳较厚。渣子过吹的主要危害是炉渣酸度大、侵蚀炉衬，渣中金属损失增加。

C 处理方法

向炉内加入低镍锍或木柴、废铁等还原性物质后，开风还原吹炼，依据过吹程度不同，还原吹炼时间控制在5~10min，之后将转炉渣放出。

4.5.1.5 石英石过少

A 故障原因

转炉吹炼欠石英操作，渣含二氧化硅少，炉内磁性氧化铁含量升高。

B 故障表现

(1) 钢钎表面有刺状黏结物。

(2) 增大转炉渣黏度和密度，导致操作困难。

(3) 转炉渣中铜、镍夹带增加。

C 处理方法

少加、勤加石英石，逐渐使磁性氧化铁还原为氧化亚铁。

4.5.1.6 石英石过多

A 故障原因

对吹炼反应程度把握不准，熔剂加入量超出正常需要。

B 故障表现

(1) 有大量渣子喷出，转炉渣酸度大，对炉衬侵蚀严重。

(2) 渣量增大，金属损失增加。

C 处理方法

放出少量转炉渣，再加入低镍锍，继续吹炼，并适当减少石英石的加入量。

4.5.1.7 炉体故障

转炉炉体发生故障，常见为耐火材料烧穿或掉砖，致使炉壳发红或烧漏。炉长应立即将风眼区转出熔体面，执行停风操作，回报班长。

A 炉壳局部发红

(1) 风眼区、端墙部位发红，应立即在表面喷水或通风散热，待出炉后做进一步处理。

(2) 炉口部位发红，应加大石英、冷料投入量，借助熔体喷溅，自行挂渣。

B 局部洞穿

(1) 洞在风眼区位置，可将炉子转出液面，用石棉绳和镁泥堵塞，继续吹炼，出炉后从炉内用镁泥填补或倒炉处理。

(2) 洞在炉身或端墙位置，应立即倾转将熔体倒入铜包或直接排放到安全坑中，必须停炉检修。

(3) 洞在炉口位置，应加大石英、冷料投入量，控制送风量，使烧漏部位自行挂渣。

C 大面积发黑、发红或洞穿

发生大面积发黑、发红或洞穿，应立即倾转炉体，将熔体倒入铜包或直接倒入安全坑中，进行停炉检修。

4.5.2 系统故障

4.5.2.1 控制系统

控制系统故障是指在转炉正常生产过程中计算机系统、控制操作台局部或全系统发生突发性故障。若局部出现故障，应立即联系处理；若全系统出现故障，应立即停止吹炼，并汇报处理。

4.5.2.2 送风系统

若供风线路全程或局部压力分布异常、空吹流量超出正常要求范围，都可能影响正常生产和安全运行，需要进行确认和查证，故障排除或问题落实后，方可转入正常生产作业。

A 风机故障

在转炉生产监控过程中能够发现的问题，一般都属于风机控制系统或调速机构工作失常，主要有以下几种类型：

(1) 风机转速负荷给定满量程后，风压和流量迟迟不能达到吹炼要求。

(2) 计算机上设定风机负荷后，有自动衰减现象，重新开启后，线性关系很差，不能回复到原来的转速。

(3) 放空阀在条件满足时不能正常打开或关闭。

转炉生产中野蛮操作或误操作，如严重憋风等，都有可能导致风机保护系统放风不及，引起风机本体喘振，这在操作当中是严格禁止的。

B 送风管网故障

送风管网故障是指送风管路以及检修阀、风闸、球面接头、三角风箱、环形风管、风箱等出现的故障。

常见故障有：风箱箱体、弹子房、风管以及球面接头发生损伤漏风。

(1) 风箱箱体漏风，可利用停炉间隙补焊钢板密封。

(2) 弹子房漏风，若为底角螺丝松动，可紧固螺丝密封；若为弹子房本体疲劳损伤、开裂，应更换处理。

(3) 水平风管脱节，将风口区转出液面，用镁泥、石棉绳塞住水平风管在炉内的部分，用专制的螺纹堵头密封风管座。

(4) 球面接头漏风，在转炉停炉、检修期间，更换密封胶圈，并调整球面接头与三角风箱的同心度。

4.5.2.3 传动系统

如果正在吹炼的转炉出现传动设备故障，应视情况不同区别对待。

(1) 机械故障，如声音异常、震动明显等，应立即转出炉口停止吹炼，由专业人员进行诊断；如问题严重或处理时间较长，应联系倒炉吹炼或提前出炉。

(2) 电气故障，应启动直流备用电机，将风眼区转出渣面。若直流电机同时出现故障，应立即组织抢修，并做好必要的应急准备。

4.5.2.4 排烟系统

排烟系统故障主要指转炉水冷烟道、余热锅炉、排烟机出现问题，或监控参数异常不能正常排烟等。

A 水冷烟道故障

(1) 若水冷烟道的管路、阀门、水套漏水，应及时关闭相应的进水阀门，并尽快组织处理。

(2) 若漏水部位直接威胁到转炉吹炼生产，应立即从烟道中转出炉口、关闭该部位进水，待漏水停止后继续吹炼或倒炉吹炼。

B 余热锅炉故障

余热锅炉发生漏气、漏水故障，依据情况严重程度不同，判断采取暂时维持吹炼还是立即停吹或倒炉操作。

C 排烟机故障或事故状态

排烟机出现设备故障或参数异常，导致排烟系统负压波动、烟气外泄时，应联系备料车间采取措施，直到排烟正常；情况严重时，应立即停止吹炼或提前出炉，等候处理。

4.5.2.5 系统停电

若发生转炉全系统停电，应立即启动直流电机，将风眼区转出渣面，并联系恢复。

系统恢复送电后，应按照控制系统—传动系统—送风系统—水系统—排烟系统的顺序，进行检查确认。

4.5.2.6 转炉系统故障状态对其他工序的影响

(1) 转炉停产不大于8h，闪速炉应根据低镍锍面情况降负荷或正常生产，贫化炉停产，执行保温作业。

(2) 转炉停产不小于8h，闪速炉、贫化炉停产，执行保温作业。

5 转炉渣贫化

5.1 转炉渣贫化基本原理

5.1.1 基本原理

转炉渣加入贫化电炉后，分别或同时加入还原剂、硫化剂，使渣中的有价金属被还原或硫化，富集于金属相或锍相中，因其密度不同，实现渣相与金属相或锍相的分离。在单独加入还原剂时，贫化产物为锍相，称为钴锍。同时加入还原剂和硫化剂时，一般控制产物为金属化钴锍，其中以钴锍为主，少量金属相以分散状态存在于钴锍中。这种方法能获得较高的钴回收率（90%），以及适宜的操作温度（1200～1300℃）。

贫化作业加入的还原剂一般为碎焦、碎煤或块煤，硫化剂为硫含量较高的富块矿、低锍包壳、低锍、干精矿等。为了调节渣型，还加入石英或石灰作熔剂。

5.1.1.1 贫化过程的化学反应

在同时加入还原剂和硫化剂的贫化电炉中，发生着相当复杂的化学反应。首先，漂浮在渣面上的焦炭与渣中铁发生氧化物反应，Fe_3O_4 被还原成 FeO，FeO 被还原成金属铁，反应式是：

$$Fe_3O_4 + C = 3FeO + CO \tag{5-1}$$

$$FeO + C = Fe + CO \tag{5-2}$$

渣中的 Cu_2O、NiO 和 CoO 由于含量低，只有少量被 C 还原成金属 Cu、Ni、Co 等，并与金属铁形成合金相，以金属微粒的形态弥散在渣中。金属微粒与渣有很大的界面，微粒中的铁与渣中的有价金属氧化物（M′O）反应，将有价金属 M′（即 Cu、Ni、Co 等）还原出来，即

$$M'O + Fe = M' + FeO \tag{5-3}$$

被还原出来的有价金属 M′仍进入金属微粒。

与此同时，加入炉内的硫化剂很快被熔化，并在渣层下面形成以 FeS 为主的锍相。在渣－锍界面上发生交互反应：

$$M'O + FeS = M'S + FeO \tag{5-4}$$

形成的有价金属硫化物进入锍相，而 FeO 则进入渣相。

渣层中形成的金属微粒，通过聚合和沉降进入锍相，它与锍相间有着很大的接触界面，并在此界面上发生金属相的硫化反应：

$$M' + FeS = M'S + Fe \tag{5-5}$$

这一反应使金属相中的有价金属进入锍相。

由此可以看出，贫化电炉中进行的化学反应有以下类型：(1) 氧化物被碳还原，其中主要是铁的氧化物的还原；(2) 有价金属氧化物被金属铁还原；(3) 有价金属氧化物与FeS的交互反应；(4) 有价金属的硫化反应。反应产物有Fe、Cu、Ni、Co金属相和钴锍两种形式，两种产物的数量比例则取决于还原剂和硫化剂加入量以及转炉渣的成分。还原剂加入量大，则产物以金属相为主；硫化剂加入量大，则产物以锍相为主。需要指出的是，太多的金属相会造成金属相沉积，将引起操作困难，因此，一般总是控制产物以锍相为主，只有少数金属相分布在锍相中。

A　金属氧化物的还原

由于转炉渣中铁的氧化物浓度最高（约占转炉渣成分的70%），所以渣与碳的反应主要是铁氧化物的还原，Fe_3O_4 的还原反应是：

$$Fe_3O_4 + C = 3FeO + CO \tag{5-6}$$

$$FeO + C = Fe + CO \tag{5-7}$$

从热力学角度看，渣中的 Cu_2O、NiO、CoO也可被渣中的碳还原，但由于这些氧化物的含量低，它们主要不是被碳还原，而是被金属铁还原，其反应是：

$$Cu_2O + Fe = 2Cu + FeO \tag{5-8}$$

$$NiO + Fe = Ni + FeO \tag{5-9}$$

$$CoO + Fe = Co + FeO \tag{5-10}$$

B　氧化物与硫化物间的交互反应

有价金属氧化物和锍相中的FeS发生交互反应，生成有价金属硫化物进入锍相，这是由低品位镍锍清洗法回收渣中有价金属的基本反应，其化学反应是：

$$Cu_2O + FeS = Cu_2S + FeO \tag{5-11}$$

$$NiO + FeS = NiS + FeO \tag{5-12}$$

$$CoO + FeS = CoS + FeO \tag{5-13}$$

通过理论计算可知，Cu、Ni、Co在渣-锍间的分配系数均较大，可以通过交互反应从渣中将它们回收进入锍相。

C　金属相的硫化

金属相中有价金属的硫化反应与钴锍中金属相的成分和数量有关，硫化反应是：

$$2Cu + FeS = Cu_2S + Fe \tag{5-14}$$

$$Ni + FeS = NiS + Fe \tag{5-15}$$

$$Co + FeS = CoS + Fe \tag{5-16}$$

经计算有价金属在金属相和锍相之间的分配系数可知，金属相中的Cu、Ni、Co硫化的趋势并不大，特别是钴能相当稳定地存在于金属相中。

5.1.1.2　贫化过程的影响因素

从热力学角度看，金属相中的Cu、Ni、Co硫化的趋势都不大。因而贫化过程的主要反应是渣中的氧化物的还原和锍-渣相的交互反应，它们分别为渣的还原贫化法和低品位锍清洗法的基本反应。

还原法的主要反应发生在漂浮于渣面上的焦炭碎屑与炉渣的界面，同时被碳还原出来的铁微粒又可与渣中的有价金属作用，最后形成以铁为主的合金相。

转炉渣中的有价金属以化学溶解和机械夹带两种形式存在，两种形态的数量都占有很大比例。因此，转炉渣的贫化过程既要考虑将化学溶解的有价金属回收到锍相和金属相，也要考虑有足够长的澄清时间以及较小的熔渣黏度，使炉渣中机械夹带的金属锍滴和金属液滴进入锍层。为了有效地回收有价金属，生产操作时应综合考虑各种因素的影响。

A 还原剂的影响

还原剂的加入是生产金属化钴锍的条件。随着焦炭加入量的增加，炉渣与焦炭接触界面增大，有利于铁氧化物还原速度的提高。随着体系内铁含量的增加或硫含量的降低，熔锍的熔点升高，将会引起操作困难，甚至在炉温波动时产生“积铁”现象，严重黏结溜槽和锍包。

B 硫化剂的影响

硫化剂（假定用低品位锍做硫化剂）是形成钴锍的基础，借助于（MO）与（FeS）的交互反应，低品位锍逐渐吸收来自渣中的有价金属，形成钴锍。随着硫化剂加入量的增加，渣中有价金属回收率增大，但有价金属进入钴锍的数量要小于锍中 FeS 的增加量，故钴锍品位相应要降低。钴锍品位降低，不利于下一步处理，所以不能单纯地追求高的回收率，过分地增加硫化剂的加入量。

C 贫化时间的影响

延长贫化时间，一方面可以使渣中机械夹带的锍滴和金属有足够的时间沉降而进入锍相；另一方面又增加了各相间的接触时间，使相间反应更接近于平衡，从而更大地回收化学溶解的有价金属。但与此同时，电能消耗也将增加一倍。合适的贫化时间，应该考虑综合的经济效果。

D 温度的影响

温度对贫化效果的影响，反应在热力学和动力学两方面。温度升高，反应式(5-11)～(5-13)的平衡常数均增大，提高了有价金属在锍-渣间的分配系数。温度升高，熔渣黏度降低，有利于提高渣侧边界层的扩散速度，从而在同样的条件下，加大有价金属在锍-渣间的分配比。但高的炉温将加大电能消耗，也会加快耐火材料的侵蚀，所以应综合考虑温度所起的作用。

E 转炉渣的影响

转炉渣型对贫化效果起着重要作用。转炉渣铁硅比高及转炉渣过吹时，渣中带有大量 Fe_3O_4，造成所需硫化剂及贫化时间大幅增加，导致贫化效果下降。

除上述几个影响因素外，熔池搅动、渣型等将对贫化过程起着不同的影响。

5.1.2 能量转化及传输

5.1.2.1 电能转化为热能

电炉贫化是利用电能转换为热能从而保证炉渣和镍锍在高温下过热澄清的方法。

电能转变为热能所产生的热量，用焦耳楞次公式计算：

$$Q = I^2Rt$$

式中 Q——热量，J；

I——通过电阻的电流，A；

R——电阻，Ω；

V——电压，V；

t——时间，s。

t 小时内电能消耗为：

$$Q_t = \frac{IV}{1000}t(\mathrm{kW \cdot h})$$

则 t 小时内产生的热量为：

$$Q_e = 0.86IVt(\mathrm{kcal})$$

转炉渣贫化所用的电炉属于电弧电阻炉。这种电炉，兼有电阻炉和电弧炉的特性。一部分电能在气体介质中通过电弧转变为热能，另一部分在固体或液体物料中通过电阻转变为热能。

一台额定功率为 PkV · A 的三相变压器电炉，当电炉负荷达到 $P_{额定}$时，其熔池中产生的热量为：

$$Q = \frac{860P_{额定}\cos\Phi t}{1000} = \frac{860\sqrt{3}V_{线}\ I_{线}\ \cos\Phi t}{1000}$$
$$= 1.49V_{线}\ I_{线}\ \cos\Phi t(\mathrm{kcal})$$

三台额定容量为 PkV · A 的单相变压器电炉，当炉用负荷达到 $P_{额定}$时，其熔池中的热量为：

$$Q = \frac{3 \times 860P_{额定}\cos\Phi t}{1000} = 2.58I_{相}\ V_{相}\ \cos\Phi t(\mathrm{kcal})$$

式中 Q——热量，kcal（1cal = 4.18J）；

$P_{额定}$——变压器额定容量，kV · A；

$V_{线}$——线电压，V；

$I_{线}$——线电流，A；

$V_{相}$——相电压，V；

$I_{相}$——相电流，A；

$\cos\Phi$——功率因数；

t——时间，h。

5.1.2.2 能量传输

贫化电炉中的物料热量来源，除物料显热和反应放热外，主要靠电能供热。由电极输入炉内的电流，经炉渣与电极的界面后，在熔体中形成两条回路：

（1）电极 A→炉渣→镍锍→电极 B，即星形负载。

（2）电极 A→炉渣→电极 B，即三角形负载。

电流在炉内流动途径见图 5-1。

在这两条回路中，电能以两种方式转变为热能：一种是在电极与炉渣的界面上产生微电弧热；另一种是电流通过炉渣时，由炉渣电阻产生焦耳热。电能在两种方式中的分配比例，是随着电极插入熔渣中的深度而改变的。在功率输入不变，给定的电极几何参数一定

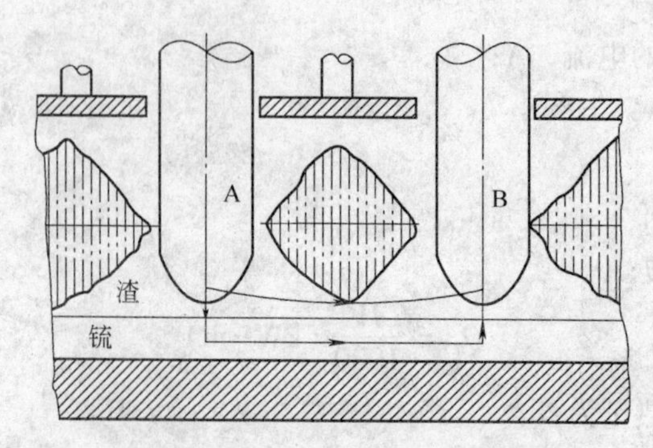

图 5-1 电炉中电流流动途径示意图

的条件下，微电弧热的比例随电极插入深度的增加而降低；渣电阻热的比例则随电极插入深度的增加而增加。

电极插入渣层 300 ~ 500mm 深，有 40% ~ 80% 的热量产生于电极-炉渣的接触面上。其余热量产生于电回路中的渣层里。

电回路不通过的区域，即远离电极中心线超过两个电极直径的区域不产生电转换热量。

当电极之间的距离确定后，星形负荷和三角形负荷的大小取决于电极插入渣层的深度、渣层厚度和料坡大小。当电极插入深度不大时，三角形负荷可达到总负荷的 70%；随着电极插入深度的增加，三角形负荷逐渐降低至 30% ~ 40%。

在产生热量的部位，过热渣中大量气泡膨胀使该处渣密度大大减小，因此在靠近电极附近表面的炉渣和远离电极的炉渣密度产生了差别。密度小的过热炉渣上浮至熔池表面并向周围扩散，将热量传递出去。运动着的炉渣与温度较低的炉料相遇混合后，向下沉至电极下端附近，一部分炉渣流向电极，过热后又上升至熔池表面，另一部分熔渣流向渣池下层，进行渣锍分离。除此之外，促使熔体运动，使热熔体与炉料进行热交换的推动力还有电磁场的电磁力和温度场的热压力。如此，热熔体与炉料不断地进行热量交换。

5.2 转炉渣贫化工艺流程

5.2.1 概述

闪速炉低镍锍经转炉吹炼成高镍锍，随着熔锍中铁含量的降低，镍、铜和钴等有价金属在渣中的损失会加大。

在低镍锍吹炼时，随着氧含量和锍品位的升高，特别是锍中的钴将逐渐被氧化而进入熔渣，接近吹炼终点时，大多数钴富集在渣中，加之转炉吹炼的剧烈搅拌过程使转炉渣中夹杂了相当数量的锍滴，转炉渣中含有了相当多的有价金属，必须加以回收。

回收渣中有价金属的方法很多，其中较好的方法是将转炉渣在单独的电炉中进行贫化处理，以回收其中的镍、铜、钴等有价金属。金川闪速熔炼系统采用的就是这种方法。

5.2.2 工艺流程

5.2.2.1 转炉渣处理工艺简介

转炉渣的处理方法主要有以下几种：

（1）按转炉渣在不同形态下的处理，可分为固体转炉渣处理和液体转炉渣处理两种方法。

（2）按所使用的设备不同，转炉渣的处理方法可分为转炉贫化法和电炉贫化法。电炉贫化法又可分为一段、二段或多段电炉贫化法。

下面将简要介绍处理转炉渣的各种工艺方法。

A 固体转炉渣的处理工艺方法

前苏联采用此法，即将固体转炉渣与石膏或黄铁矿一起在鼓风炉中进行还原硫化熔炼，最后得到含钴的镍锍，然后将含钴的镍锍在转炉中吹炼（把铁含量吹炼到10%左右），镍、钴等富集在含铁约10%的高镍锍中，此高镍锍再进行下步处理。

B 液体转炉渣的处理工艺方法

由于处理固体转炉渣存在未能充分利用液体转炉渣的物理形态和所含的大量热能，而且此法的镍、钴回收率低，因此，从20世纪50年代开始此法逐渐被放弃，改为处理液体转炉渣。液体转炉渣主要采用电炉平化法处理。

5.2.2.2 金川闪速熔炼系统电炉贫化生产工艺流程

闪速熔炼系统转炉渣的处理就是一段电炉贫化法，将自产液体转炉渣返回贫化电炉，通过配加料系统加入还原剂、硫化剂、熔剂，产出富钴低镍锍，富钴低镍锍再进入转炉，与闪速炉低镍锍一起经吹炼得到富含钴的高镍锍。其生产工艺流程如图5-2所示。

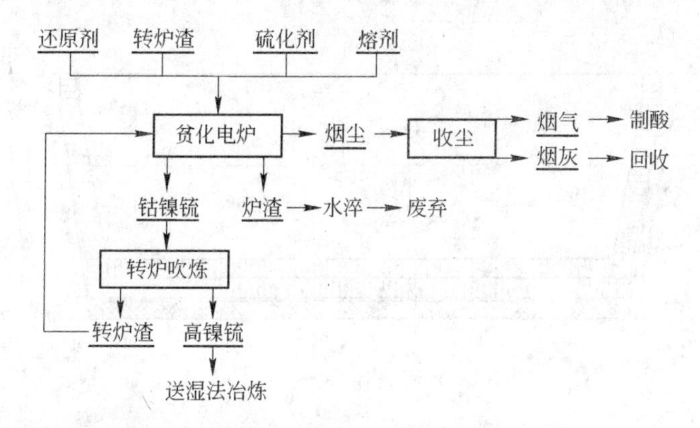

图5-2 金川闪速熔炼系统一段电炉贫化流程

5.3 工艺配置

5.3.1 贫化电炉炉体

贫化电炉在结构和工艺特性上与矿热电炉基本相同，但由于贫化工艺的要求，它具有如下特点：（1）渣的 Fe/SiO_2 比高，导电性好，因而使用的电压比矿热电炉低得多。（2）电极插入深度较浅。由于加入固体料量少，料堆很小，熔池上部渣层温度较高，渣对炉衬侵蚀严重，渣线耐火材料使用寿命较低。（3）由于炉衬侵蚀严重，因而单位面积功率控制较矿热电炉低。（4）采用周期性排渣操作。转炉渣加入贫化电炉后，在确保一定的贫化澄清时间后一次排渣。

金川镍闪速熔炼系统共有两台贫化电炉，以下着重介绍贫化电炉炉体结构及设计参数。

5.3.1.1 贫化电炉炉体结构

贫化电炉炉体为三根电极直线排列的长方形炉，炉体的纵向和横向、上部和下部均有拉杆拉紧；弹簧全部为截锥涡卷弹簧，构成整体的弹性结构。根据金川已建成的转炉渣贫化电炉及闪速炉贫化区的实践经验，普遍认为长方形贫化电炉贫化效果优越于圆形炉，而且由于长方形炉体便于增设拉杆弹簧，炉体为弹性炉体，克服了刚性炉体的弊端，炉子寿命长，修炉也方便。贫化电炉炉体结构见图 5-3。

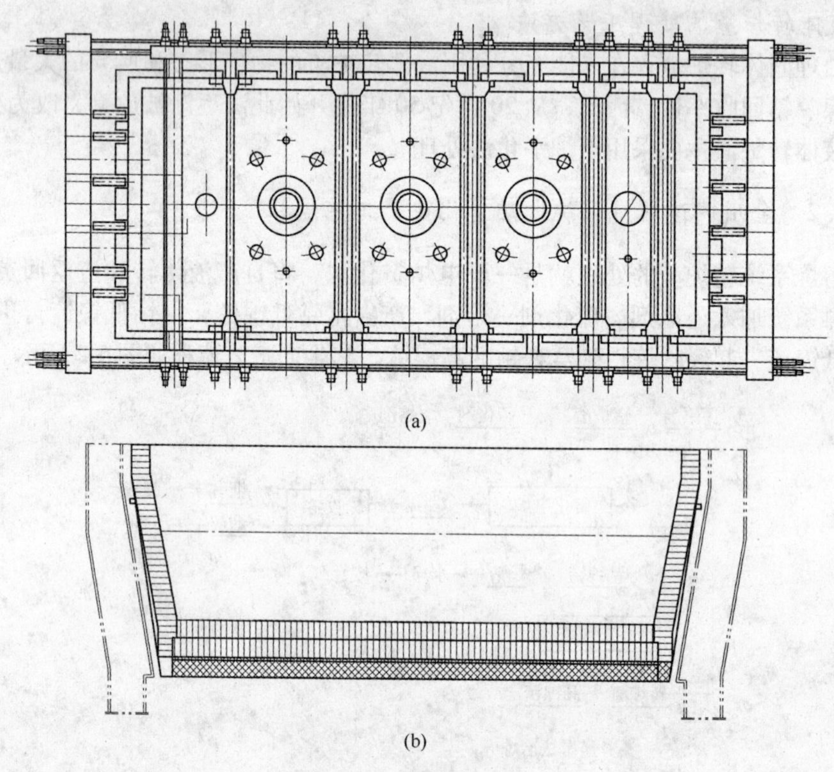

(a)

(b)

图 5-3 贫化电炉炉体结构

(a) 俯视图；(b) 正视图

A 基础及炉底

贫化电炉建在带状钢筋混凝土基础上。在混凝土基础上面安装工字梁，在梁上铺设钢板，钢板上面砌筑耐火砖炉底。

B 炉体骨架

贫化电炉炉体骨架设计充分考虑了强度、刚度和适用炉体膨胀的弹性。

a 立柱结构

立柱结构类似于闪速炉的立柱，由厚钢板焊接而成。

b 拉紧形式

炉体的纵向和横向、上部和下部均为拉杆拉紧，其弹簧全部为截锥涡卷弹簧。

c 底梁结构

底梁结构用450mm的工字钢组焊而成，其间有200mm的工字钢定位并保持其稳定性。2号贫化电炉底梁结构优于闪速炉底梁结构。

d 炉壳

炉壳全部为$\delta=20$mm厚的钢板，支撑炉壳钢板的小梁由两根槽钢对焊而成。这种小梁结构与闪速炉的单根工字钢小梁结构相比，具有更大的强度和稳定性。

C 炉顶结构

贫化电炉炉顶采用钢纤维浇注料整体浇注，加砖筋吊挂支撑，另设10根H形水冷梁支撑、冷却炉顶。炉顶内拱高200mm，外部水平。这种炉顶结构，其优点在于一方面增大炉膛空间，利于烟气流通；另一方面在内拱的同时，保持外部水平，便于水冷梁水位保持同样高度，防止溢水，保证炉体安全。这种结构优于闪速炉炉顶。

D 砖体

贫化电炉砖体渣线以上炉墙厚度为525mm，渣线以下炉墙厚450mm，有75mm厚的立水套砖；反拱有两层，均为380mm厚，炉底总厚度为1170mm。熔池部分炉墙和上层反拱采用直接结合镁铬砖砌筑，渣线以上炉墙以及下层反拱采用半直接结合镁铬砖砌筑。四面炉墙均向外倾斜10°，以增强炉体的稳定性。炉墙立水套与砖体之间紧贴，其间没有填料，以改善铜水套的冷却效果。

E 炉衬冷却水套

在熔池部分炉墙四周均采用铜板水套冷却，上部为一层平水套，下部为两层立水套。水套全部用紫铜板钻孔制造，工艺孔采用三道密封的特殊设计，确保不泄漏。全部水套为双水路。

F 放出口

镍锍放出口和渣放出口各2个，分别设于炉子两端墙上，其结构相同，均为三层铜水套加石墨衬套组成。

5.3.1.2 1号、2号贫化电炉技术性能及主要设计参数

贫化电炉技术性能及主要设计参数见表5-1。

表5-1 贫化电炉技术性能及主要设计参数

名 称	单 位	1号贫化电炉	2号贫化电炉
炉子形状		长方形	长方形
变压器容量	kV·A	4000	5000
转炉渣处理量	t/日	307.46	373.73
炉膛高度	mm	3800	3800
炉床面积	m^2	56.7	67.5（渣线）
变压器台数	台	1	1
电极数	个	3	3
电极直径	mm	ϕ820	ϕ900
电极工作行程	mm	1000	1000

续表 5-1

名 称	单 位	1 号贫化电炉	2 号贫化电炉
电极升降速度	m/min	0.5~1.0	0.5~1.0
电极升降油缸直径	mm	200	200
电极抱闸油缸直径	mm	250	250
电极工作油压	MPa	50×10^{-5}	5×10^{-5}
电极提升方式		液压	液压
铜瓦楔紧方式		弹簧	弹簧
炉底形式		架空	架空
炉底厚度	mm	1200（中心）	1170（中心）
镍锍放出口个数	个	2	2
镍锍放出口尺寸	mm	$\phi30$	$\phi30$
渣放出口个数	个	2	2
渣放出口尺寸	mm	$\phi60$	$\phi60$

5.3.1.3 炉体维护

贫化电炉炉体维护主要包括：温度检测、炉体点检和维护。

A 温度检测

温度检测是贫化电炉炉体维护的重要内容，合理的温度控制是确保炉体长周期安全运行的主要因素，且可延长耐火材料的寿命，节约能源。贫化电炉温度检测主要测量低镍锍、炉渣、炉膛、烟气温度以及炉体表面温度。根据各部位温度检测情况掌握炉体运行情况，进而对炉体进行合理控制。

（1）炉体温度的变化，可通过设置在炉体的测温点的热电偶检测传输到控制室的计算机显示内容。温度的变化为炉子温度控制提供依据。

（2）通过用快速热电偶直接测量熔炼产物炉渣和低镍锍放出时的温度，为作业参数调整提供依据。

（3）通过测量炉体表面温度，可判断炉内蓄热程度。

B 炉体点检

炉体点检包括炉内点检、炉外点检、炉体检测等内容。

（1）炉内点检：通过观察孔、料管窥视孔等部位对炉内料坡、炉内挂渣、黏结、耐火材料侵蚀以及水冷元件是否泄漏等情况进行综合检查。

（2）炉外点检：对炉体围板、骨架、炉体冷却水套以及其他辅助设施进行检查。

（3）炉体检测：通过测量设置在炉底和炉顶的膨胀指示器的伸缩变化，掌握炉体的膨胀情况；通过测量、计算炉底和炉顶弹簧受力情况，掌握炉体的运行情况。一般要求每周检测一次膨胀，每月检测一次受力情况。炉体膨胀指示器、炉体弹簧位置如图 5-4 所示。

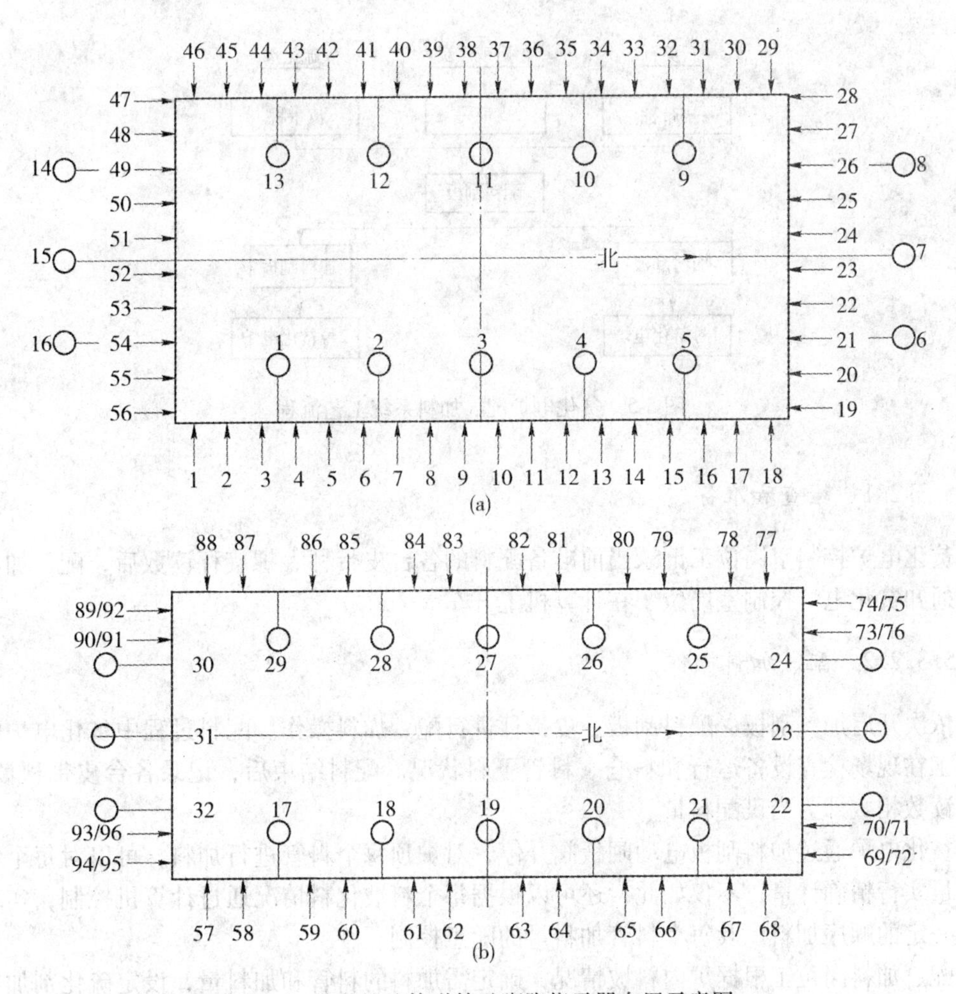

图 5-4 贫化炉炉体弹簧及膨胀指示器布置示意图

（○为膨胀指示器的编号，其余数字为弹簧编号）

（a）炉底弹簧及膨胀指示器布置；（b）炉顶弹簧及膨胀指示器布置

C 炉体维护

贫化电炉炉体维护包括以下一些措施：

（1）在放出口周围安装簸箕，上面铺黏土砖，保护下部拉杆、压梁和弹簧，防止高温熔体烧坏下部骨架。

（2）保持炉体各部位以及立柱基础干净，以保证炉体散热和炉体膨胀时立柱能自由滑动。

（3）保持炉底巷道畅通，并且增设风机通风冷却。

（4）保持炉体周围没有物体妨碍炉体膨胀。

（5）及时处理炉体水套法兰与围板相切的问题，防止水套法兰渗漏。

（6）采取其他保护措施。

5.3.2 配、加料系统

贫化电炉配、加料系统由物料系统传送来的料，经皮带秤到配、加料刮板，加入1号、2号贫化电炉。其工艺流程见图5-5。

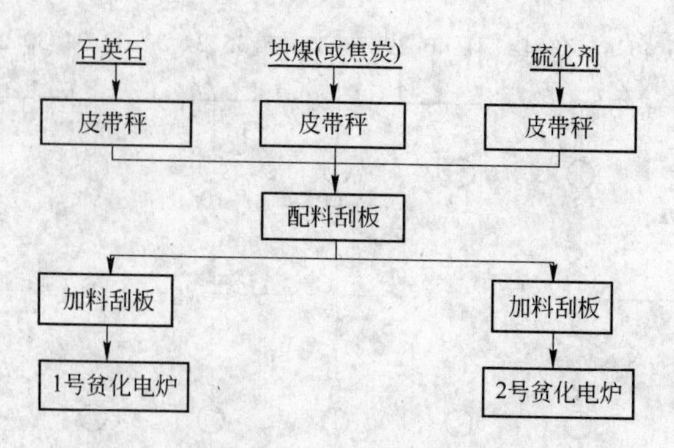

图5-5 贫化电炉配、加料系统工艺流程

5.3.2.1 检查和准备

贫化电炉控制室岗位工记录当前准备配料的各台皮带秤、螺旋秤读数后，配、加料岗位工通知贫化电炉控制室岗位工在计算机上开车。

5.3.2.2 配、加料操作

依次开启加料刮板、配料刮板、皮带秤进行配、加料操作。配料过程中贫化电炉配料岗位工在现场检查设备运行和料仓、料管下料状况。配料结束后，记录各台皮带秤读数，两次读数相减即为当班配料量。

贫化电炉通过加料刮板电动闸板阀开停，对炉顶每个料管进行加料，可以对每个料管加料量实行精确计量，不仅如此，还可以根据每个料坡化料情况通过计算机控制，实现料管按一定的顺序加料以及每个料管加料量的随意控制。

配、加料岗位工根据炉内料坡情况，确定需加料的料管和加料量，设定硫化剂加料速度及熔剂、块煤的持续时间，在计算机上执行自动加料。

粉状硫化剂由闪速炉精矿仓吹送至布袋接收仓，经过螺旋秤、配料刮板、加料刮板加入炉内。

5.3.3 水冷系统

贫化电炉软化水系统用水由动氧软化水站（4号泵房）经主厂房高位水箱自流至各用水点，回水返回软化水站（4号泵房），经冷却塔冷却后再送至高位水箱。在软化水站补充少量新软化水以弥补冷却过程中水的损失。要求软化水进水温度低于35℃，回水温度低于45℃。新的软化水系统示意图见图5-6。

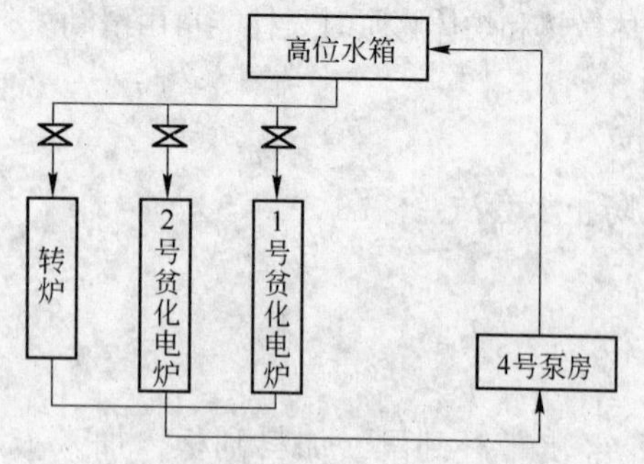

图5-6 贫化炉软化水系统示意图

（1）水温、水量的管理。

每班认真检查各配水点水温、水量是否正常，若水温过高，则应调节给水量使其水温达到正常值。炉体水套软化水用量、高位水塔水位均在贫化炉控制室显示，控制室人员一旦发现异常应立即汇报处理。

（2）水套、管路、阀门操作。

认真检查配水管 、阀门是否漏水，炉体炉墙、水冷梁、渣铜口、电极水套是否出现潮湿及漏水现象，若发现有漏水现象应立即关闭相应阀门并通知调度室和有关人员组织处理。

5.3.4 电极系统

5.3.4.1 1号贫化电炉电极系统

1号贫化电炉有三根电极，呈一字形排列，变压器容量为4000kV·A。

5.3.4.2 2号贫化电炉电极系统

2号贫化电炉有三根电极，呈一字形排列，变压器容量为5000kV·A，液压站控制与1号贫化电炉并用，变压器容量、电极直径都相应加大（电极直径为ϕ900mm）。

5.3.5 排烟系统

贫化电炉排烟系统包括主排烟系统和环保排烟系统两部分。

炉内烟气从主排烟系统排出，主排烟系统由水冷烟道、冷却器、电收尘器和排烟机组成。其流程为：1号、2号贫化电炉→水冷烟道→冷却器→电收尘器→排烟机→排空或制酸。

贫化电炉烟气的特点是烟气温度较高，烟气含尘量较低，故出炉烟气经水冷烟道使温度降到650℃以下进入强制冷却器和电收尘器，再去制酸或去环保烟囱排空。强制冷却器和电收尘器收集的烟灰由单点吹灰器吹送到中间仓，然后再经仓式输送泵吹送到闪速炉烟灰仓。

环保排烟系统由炉前炉后集烟罩、电极集烟罩和排烟管道组成。各点均有电动蝶阀和手动蝶阀。1号、2号贫化电炉环保排烟管道与主环保排烟管道连接在一起，烟气最后经过环保烟囱高空排放。

在1号、2号贫化电炉环保排烟管道和主排烟管道之间连接了一段ϕ400mm的管道，并安装有蝶阀，在主排烟系统出现故障时，打开此阀门，烟气可以切到环保排烟系统，以便于主排烟管道的检修。

5.3.6 渣水淬系统

贫化电炉渣水淬系统将冲渣水从水淬泵房的4号泵，经过独立管线打到贫化电炉炉后渣水淬溜槽（在炉后位置，1号、2号贫化电炉冲渣水通过阀门进行切换），水淬渣进入贫化电炉捞渣池后，由贫化电炉捞渣机捞渣。冲渣水则流入二次沉渣池与闪速炉冲渣水混合，其他线路与闪速炉相同。

5.4 生产实践

5.4.1 开炉

5.4.1.1 新炉开炉

新建或大修（即包括炉底的整个炉体的检修）后的贫化电炉开炉属于新炉开炉。新炉开炉有以下几种开炉方法：

（1）电阻丝烘炉→木柴烘炉→重油（或柴油）烤炉→熔渣洗炉→生产

（2）电阻丝烘炉→木柴烘炉→电弧烤炉→熔渣洗炉→生产

（3）木柴烘炉→重油烤炉→熔渣洗炉→返转炉渣生产

目前采用较多的是第一种方法，贫化电炉开炉即基本采用此法，开炉升温曲线见图 5-7，下面对第一种开炉步骤和方法简述如下。

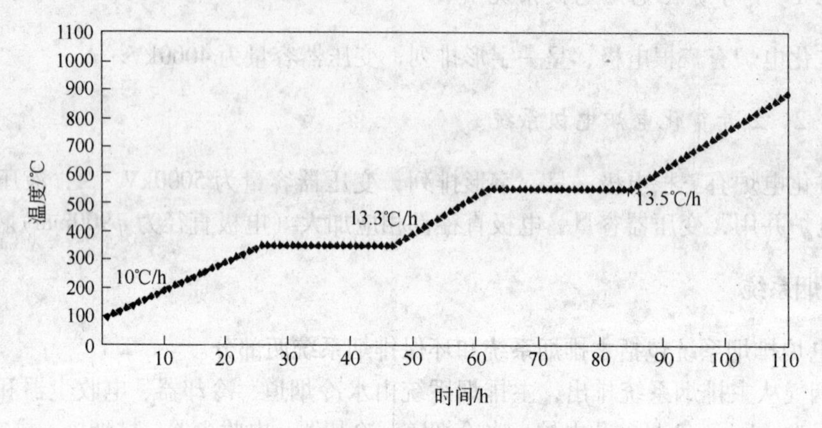

图 5-7 贫化电炉开炉升温曲线

A 电阻丝烘炉

（1）电阻丝烘炉的目的是烘干炉底耐火材料中的物理水分；烘炉末期炉膛温度应在 250℃以上，炉底热电偶温度应高于 100℃；烘炉约 15 ~20 天。

（2）烘炉前清除炉内、炉顶杂物，防止短路。

B 木柴烘炉

木柴烘炉的目的是将炉膛温度逐渐升到 600℃，便于重油烤炉和焙烧电极；烘炉时间 2 ~3 天。

C 重油烤炉

（1）重油（或柴油）烤炉的目的是焙烧电极，炉膛温度逐渐升高至 800℃；电极具备送电条件。烘烤 5 ~7 天。

（2）炉内铺 1. 0 ~1. 2m 厚干水淬渣，在三根电极正下方挖 ϕ1200mm，深 500mm 的坑，电极之间挖 500mm × 500mm 的沟，将坑连接起来，在坑和沟内填满粒度不大于 ϕ100mm 的焦炭，并在焦炭中埋 5 ~8 根 ϕ16mm 圆钢，埋入焦炭 100mm 内，并踏实，在焦炭上盖一块厚 2mm 的钢板，防止焦炭着火。

（3）电极插入炉膛 1. 0m，并保持下限位置。

（4）电极糊面加到铜瓦下缘以上 1. 4 ~1. 6m。烘烤期间始终保持这个糊面高度，消耗多少必须及时补充。

（5）用 2 ~3 支油枪交叉烘烤，调节油量以控制炉膛温度的高低。

（6）在重油烤炉最后一天逐渐将电极压放至水淬渣面以上 200 ~500mm 高度。

D 熔渣洗炉

（1）熔渣洗炉的目的是使炉体温度均匀上升至作业温度并用炉渣灌洗砖缝。

（2）检查高压系统，准备送电引弧。送电电压级为3级，待送电稳定后，调节负荷和切换电压级，保证炉膛温度按升温曲线稳定上升。

（3）洗炉阶段，要求适当往炉内加水淬渣，保持渣面1.0～1.2m。

（4）待炉内固体物料全部熔化，从炉前可以放出渣后，继续将渣面提升至1.6m。

E 返转炉渣生产

炉前试烧低镍锍口，见渣后即可返渣生产。

5.4.1.2 旧炉开炉

小修、中修（即除炉底以外炉体其他部位的检修）后的贫化电炉开炉即为旧炉开炉，旧炉开炉步骤和方法较简单。

旧炉开炉步骤和方法如下。

A 电极直接送电烘炉

（1）炉内铺1.0～1.2m厚干冰淬渣，在三根电极正下方挖ϕ1200mm，深500mm的坑，电极之间挖500mm×500mm的沟，将坑连接起来，在坑和沟内填满粒度小于ϕ100mm的焦炭，并在焦炭中埋5～8根ϕ16mm圆钢，埋入焦炭100mm内，并踏实。

（2）检查高压系统，准备送电引弧。送电电压级为3级，待送电稳定后，调节负荷和切换电压级，保证炉膛温度按升温曲线稳定上升。

（3）洗炉阶段，要求适当往炉内加水淬渣，保持渣面1.0～1.2m。

（4）待炉内固体物料全部熔化，从炉前可以放出渣来后，继续将渣面提升至1.6m。

B 返转炉渣生产

炉前试烧低镍锍口，见渣后即可返渣生产。

5.4.2 生产

5.4.2.1 转炉渣及贫化电炉物料

A 转炉渣的组成

在转炉吹炼过程中，由于氧势较高，铁被氧化造渣的同时，大量钴、镍也被氧化，夹杂于渣中。铜不易氧化，主要是机械夹杂。转炉渣化学成分见表5-2。

表5-2 转炉渣化学成分

元 素	单 位	数 值
Ni	%	0.5～1.5
Co	%	0.3～0.5
Fe	%	51～54
S	%	1～2
SiO_2	%	24～28

转炉渣物相分析结果见表5-3。

表 5-3 转炉渣物相组成

序号	名称	含量/%	所占百分比/%
1	金属钴+硫化物中钴	0.0193	3.13
	硅酸盐中钴	0.478	77.4
	铁酸盐中钴	0.120	19.5
	合计	0.6173	100
2	金属镍+硫化物中镍	0.025	6.7
	硅酸盐中镍	0.244	65.6
	铁酸盐中镍	0.103	27.7
	合计	0.372	100

从表中可以看出，在转炉吹炼中，产出转炉渣的成分主要是铁和二氧化硅，有价金属除钴外尚含有较多的镍、铜等。前期转炉渣和后期转炉渣的物相组成基本相似，铁呈铁橄榄石 $2FeO \cdot SiO_2$ 和 Fe_3O_4 形态存在。Fe_3O_4 含量占炉渣重量的13%~30%，其含量多少与 SiO_2 含量有密切关系（经验表明 $Fe_3O_4+SiO_2$ 含量约占40%）；镍主要以造渣氧化物和机械夹杂的硫化物形态存在，铜主要是以硫化物形态存在。而转炉渣中磁性氧化铁含量的增大将导致炉渣中铜含量的增大。因此，设法破坏磁性氧化铁，使镍钴的氧化物还原硫化，是从转炉渣中回收钴、镍、铜的基本原理。

B 加入物料

为促使转炉渣中的金属氧化物还原及造锍，贫化时要加入还原剂和硫化剂。还原剂为碎焦、碎煤或块煤；硫化剂为含硫较高的富块矿、干精矿等。石英的加入有利于调整渣型及破坏磁性氧化铁。

5.4.2.2 贫化电炉的生产控制

1号、2号贫化电炉的生产控制基本相同，本章仅针对2号贫化电炉进行论述。

贫化电炉生产主要控制贫化电炉低镍锍温度、炉渣温度和炉渣 Fe/SiO_2 比、炉膛温度、炉膛负压及渣、铜面等。

A 贫化电炉低镍锍温度的控制

贫化电炉低镍锍温度可以通过快速热电偶检测得到，也可以在放锍过程通过经验观测得到。贫化电炉低镍锍温度应保持在一个稳定的范围内，一般控制在1100~1220℃。超出此范围，应及时调整。低镍锍温度偏高易导致跑炉、漏炉事故；温度偏低则渣黏度加大，放出困难，黏结溜槽。

贫化电炉低镍锍温度的高低主要取决于锍滴由渣层沉降时所携带的显热和渣锍界面的热传导。当炉渣过热时，低镍锍温度上升，反之则下降。另外，低镍锍温度还取决于镍锍在炉内停留的时间及炉内锍的存量。

实际生产中，贫化电炉低镍锍温度可通过调节电极功率和变压器电压级来控制。当贫化低镍锍温度偏高时，降低电极负荷，或者往高切一级电压级；当贫化低镍锍温度偏低时，提高电极负荷，或者往低切一级电压级。

B 炉渣温度控制

炉渣温度是一项重要的冶炼控制参数。在排渣时温度可以通过快速热电偶检测得到，也可以通过经验观测得到。在正常生产的条件下，炉渣温度应控制在相对稳定状态，一般控制在1150～1250℃，既不能过高也不能过低。过热的炉渣将导致热损失增加，电耗上升，且较长时间的过热将导致低镍锍温度上升；炉渣温度过低将使炉渣黏度增大，流动性不好，影响锍滴的沉降速度，使渣中有价金属含量升高，严重时在渣层和锍层产生黏渣层，影响炉后排渣操作。

造成炉渣温度波动的主要原因是电气制度选择调整不合理、不及时，转炉渣成分、物料成分的改变，渣型的变化，以及操作故障，负荷不稳定等。

炉渣温度也是通过调节电极功率和切换电压级来控制，当炉渣温度偏高时，可以降低电极负荷，或者往低切一级电压级；当炉渣温度偏低时，提高电极负荷，或者往高切一级电压级。

C 炉渣 Fe/SiO_2 比控制

炉渣成分决定炉渣的熔点、黏度、密度、电导等重要性质。炉渣性质的好坏又对生产指标如渣含有价金属量、电单耗、生产能力等产生直接的影响；同时炉子的操作如渣温控制、电气制度及加料制度的制定，都取决于炉渣的性质。因此，选择适当的渣型、控制合理的炉渣成分是贫化电炉生产的有效控制手段。

贫化电炉炉渣 Fe/SiO_2 比控制受转炉渣成分的影响很大，而且贫化电炉的生产控制具有相对的滞后性质，所以，在实际生产中，应当根据上一炉炉渣的化验结果，确定调整熔剂配入量。

D 渣、低镍锍面控制

贫化电炉渣、低镍锍面控制一方面要满足系统平衡生产的要求，另一方面要满足贫化电炉贫化工艺的要求。

贫化电炉采用周期性作业，几包转炉渣返入贫化电炉，在保证一定的贫化时间后，再集中一次性排渣，之后又转入下一周期作业，如此反复进行。从最后一包转炉渣返入贫化电炉到放渣的这一段时间称为贫化时间。贫化作业时间应保证在3h以上，以利于有价金属的沉降分离。贫化电炉在返转炉渣的间隙加料，最后一包渣返入后停止加料。

正常生产时，控制贫化电炉最高渣面不超过炉子设计的渣线高度，这样就要限制转炉渣的返入量，多余的转炉渣进行浇注。贫化作业完成后，一次性快速排渣，排完渣后开始放锍，使熔体面尽可能降低，以保证下一周期贫化电炉尽可能多地返入转炉渣。贫化电炉渣面一般控制在1200～1800mm。

贫化电炉锍面一般控制在400～600mm。应基本保证每班能放1～2包贫化电炉低镍锍，这样有利于转炉吹炼高镍锍对钴含量的要求，可提高高镍锍一级品率。

E 炉膛温度的控制

炉膛温度是指炉内料坡以上至烟道入口的综合温度，可以从加料窥视孔和防爆孔观察到；炉顶上插有炉膛热电偶，其数值传到计算机，可以很容易掌握炉膛温度的变化情况。炉膛温度也可以从烟道温度测点显示的烟气温度进行判断。正常生产时，炉膛温度一般控制在600～800℃。炉膛温度偏高会造成烟气温度上升，热损失增大，电耗上升。炉膛温度低可导致炉料熔化速度慢，炉壁黏结严重，并使炉渣和低镍锍温度过低。影响炉膛温度的因素较多，如炉膛负压太大、漏风增加、二次电压过低、料温过低等。

F 炉膛负压的控制

贫化电炉炉膛负压直接影响炉内烟气排放，对炉膛温度也会造成一定的影响。炉膛负压的控制以排烟流畅、炉体各部位不冒烟为依据，也可作为控制炉温的辅助手段。炉膛负压一般控制在 -5 ~ -15Pa。

在实际生产中，负压的控制可以在计算机上自动控制，也可以现场控制。(1) 自动控制。由控制室岗位工在计算机上设定负压值，计算机通过调整排烟机前烟道阀门开度，使负压显示与控制要求接近。(2) 现场调节。如果在计算机上不能实现负压调节，由收尘岗位工现场调节烟道阀门开度来实现。

G 电极一次电流的给定

根据炉渣温度或贫化电炉低镍锍放出温度来决定当班电单耗。贫化电炉电单耗是指每贫化 1t 转炉渣所消耗的电能。

本班当班电极功率计算公式如下：

$$P = (A \times \omega + B \times 650)$$

式中 P——电极功率，kW；

A——当班转炉渣处理量，t；

ω——每吨渣指令电单耗，kW · h；

B——当班固体物料量，t。

电极一次电流是通过在计算机上设定二次电流给定的，计算机跟踪控制使实际功率和计算瞬时功率接近（相差不超过 100kW）。

5.4.2.3 贫化电炉的生产操作

A 返渣操作

转炉出渣装入包子后，用 50t 液体吊车通过贫化电炉返渣溜槽，将转炉渣倒入贫化电炉内。返渣前将电极抬离渣面，以防返渣过程中电流波动大导致电极跳电。每返一包渣加一遍料，最后一包渣返入时，炉料也必须加完。为保证有一定的贫化时间，转炉渣的返入应当在规定的时间内完成，否则，将影响贫化效果，恶化指标。转炉渣的返入量，根据贫化电炉的生产能力确定。

B 配、加料操作

入炉的炉料浮于渣面上（部分炉料嵌入渣层中）形成料堆。料坡的高度通常指渣面水平高度以上的料堆高度。料坡高度取决于入炉物料的安息角、粒度、水分、矿物特性等，同时还与炉顶加料管的布置、加料方式、渣层厚度、炉渣性质以及供电制度密切相关。一般自然堆角大、粒度均匀、不含水分的炉料，料坡高度高一些，反之，则低一些。贫化电炉料坡最高控制在离炉顶 400mm 左右。贫化作业时间不加料，放渣前应将料坡基本化完。

加料量要适当，加料时要贯彻勤加、少加、均匀加的方法，以电极不打电弧为原则。加料量太多会引起很多问题：(1) 电极周围温度低，迫使电极下插，高温区下移，化料速度减慢，而锍层过热；(2) 严重时会引起渣口区炉渣温度下降，以致影响排渣并造成渣指标恶化；(3) 当渣层薄而锍层厚时，料堆嵌入太深，与锍层接触发生快速反应，释放的 SO_2 等气体无法排出，导致恶性翻料，不仅会使电极跳闸、渣中带锍、严重结壳，还会危及电极和炉顶的安全，甚至造成人身安全事故。

C 熔体排放

贫化电炉炉渣和低镍锍的排放与闪速炉炉渣和低镍锍的排放操作基本一样。不同之处是贫化电炉排渣为周期性排渣，为了保证下一周期贫化作业时间，应在规定放渣时间内将炉渣排放到1200mm左右，否则将影响系统生产。在其他时间内禁止放渣。

5.4.3 检修

贫化电炉运行一段时间后，炉体以及其他辅助设施可能会出现故障，需要进行检修。贫化电炉检修从炉体角度分为三种：小修、中修、大修。

5.4.3.1 小修

贫化电炉小修是指炉体局部挖补的检修。如果是计划性炉墙挖补（如低镍锍口、渣口挖补），要进行洗停炉，为挖补创造条件。如果是计划外挖补检修，不能进行洗炉，应实行临时性紧急停炉。炉子停下来后，核实挖补范围，需要将围板割开打砖，而后修补。

小修后的炉子，可以经过短时间升温后复产。

5.4.3.2 中修

贫化电炉中修是指除炉底以外的炉墙、炉顶的更换检修。

贫化电炉中修要求按停炉规程严格洗停炉，保证炉内黏结物洗干净，为检修创造条件。炉子停下来后，电极抬至上限，电极下端拨至铜瓦下沿，在大缸和上闸环处将电极固定，防止电极下滑伤人。然后将炉顶、炉墙上的密封砣、料管孔、防爆孔等打开，把炉后渣口、低镍锍口打开，强制通风冷却。待炉内温度降下来后，如果仅对炉墙进行更换，则进入炉内打炉；如果炉顶也需更换，则先拆炉顶，再打炉墙。打炉过程水套、压板等必须保护性拆除。其他辅助设施同时进行检修。打炉结束，修炉验收后进行炉墙砌筑，同时恢复其他辅助设施。

中修后，炉体必须进行旧炉开炉过程。

5.4.3.3 大修

贫化电炉大修是指包括炉墙、炉底、炉顶等侵蚀严重检修或整个炉体改造而进行的检修。

与中修相比要求洗炉、停炉更严格，要求炉内黏结物尽可能洗干净，熔体排放得越低越好。大修需将炉底砖打掉，整个炉体重新砌筑。

大修后，炉体需按新炉开炉要求进行开炉。

5.4.4 停炉

贫化电炉停炉的目的一般是为了检修，因而停炉过程要求炉内的黏结物尽可能化光，炉渣和镍锍尽量放尽，为检修创造条件。同时，停炉过程多数是在炉子严重损坏的情况下进行的，极易发生跑炉、漏炉、着火、塌顶等重大事故，造成事故停炉。

停炉步骤及方法：

（1）按生产低镍锍方式配料。

（2）按要求有计划地将料仓拉空。

（3）镍锍面升高到800～900mm。

（4）渣面升至2200mm。

（5）电压级为8级，负荷为350～360A（一次电流）。

（6）镍锍面至900mm后保温，不配料，8h后将渣放尽，然后尽快将镍锍放至最低。

（7）电极分闸停电，将电极抬至上限固定，待炉膛温度降至50℃左右时停排烟机。

5.5 常见故障判断及处理

贫化电炉在生产过程中可能会发生一些故障或事故，常见的有电极故障、跑炉漏炉、漏水以及翻料事故等，还有其他一些设备、设施故障等。

发生事故的原因主要有以下几点：

（1）不认真执行规章制度、操作规程，甚至违章作业。

（2）工艺技术条件不稳定，调整不及时，使炉子较长时间失控。

（3）维护保养不当，设备失修，或检修质量差。

（4）没有严格执行各类标准，原材料、备品备件质量差。

5.5.1 电极事故

电极系统常见故障主要有：电极软断、电极硬断、电极流糊、铜瓦打弧、电极跳闸、接地放炮、电极下滑、电极压放不下和电极不能倒拔等。

贫化电炉电极故障及处理与闪速炉电极故障及处理基本相同，参见第3.5.11节相关内容。

5.5.2 跑炉漏炉事故及处理

5.5.2.1 跑炉事故及处理

跑炉通常是指炉前放出口及其周围跑冒堵不住，大量低镍锍冲出炉外的事故。炉后跑渣较为少见。

A 事故原因

造成跑炉的原因有：

（1）熔体过热。

（2）衬套及衬砖腐蚀严重。

（3）炉前放出口安装、维护未按要求执行。

（4）准备工作没做好。

（5）技术不熟练，放锍操作不当。

B 处理措施

处理跑炉的措施有：

（1）在跑炉初期应组织人力强堵，保持溜槽畅通，及时调运低镍锍包接锍。

(2) 在大跑炉时，应采取紧急措施，电极停止送电；炉后迅速排渣以降低熔体压力，靠炉前料管多压料以降低熔体温度。

(3) 无希望堵住时，应关闭炉前低镍锍口冷却水套冷却水，人员撤离，让低镍锍流入安全坑。

跑炉后的排放口应彻底检查，特别是衬砖、水冷件需更换的必须更换，重新安装衬套。处理完后再恢复生产。

5.5.2.2 漏炉事故

漏炉由于部位不同，有漏锍、漏渣之分，并以侧墙与炉底反拱交接处为多见。漏锍的影响大，极易烧坏围板、底板、立柱、拉杆、弹簧等构件，大漏炉损失更大。

A 漏炉原因

造成漏炉的原因主要有：

(1) 炉渣成分发生变化或低镍锍品位长期控制较低；

(2) 高负荷而返渣及配料少，造成炉渣和镍锍过热；

(3) 电极插入渣层过深，引起镍锍过热；

(4) 炉子衬砖腐蚀严重；

(5) 水冷件漏水，砖体粉化。

B 处理措施

处理漏炉的措施有：

(1) 漏出量较少时，可以降低负荷和低镍锍面，在事故点通风冷却或用黄泥堵塞；

(2) 漏出量较多时，首先是电极停电并迅速排渣排锍，炉内加料降低温度。

在处理漏锍时严禁浇水，以免放炮伤人；漏渣后期，可以浇水使之冷却。漏炉处理结束后，应对炉体检查鉴定，修复后再开炉生产。

5.5.3 水冷系统故障

贫化电炉炉体采用水冷方式进行冷却，水冷系统故障会经常发生，处理不当将会造成严重后果。水冷系统外围管网故障及处理参见闪速炉相应内容。下面主要介绍炉体水冷件故障及处理。

贫化电炉由于存在返渣作业，水冷件漏水与其他不返渣的炉子相比显得更加危险，所以在处理操作上应更加谨慎。水冷件漏水，包括冷却铜水套、水冷梁、电极铜瓦、水冷烟道等设备的漏水。若水冷件漏水漏到炉体外危害不大，但是如果水冷件漏水积于炉内，在电极下插或返渣时，熔体强烈搅动，水流到熔体下部，遇到熔锍后，将会发生炉内爆炸事故。轻者破坏炉顶，重者对炉体、骨架均可造成严重破坏，并可能造成人员伤亡。

5.5.3.1 漏水原因

造成水冷件漏水的主要原因有：

(1) 铜水套工艺孔渗漏，加工质量差，打压验收不认真，没有按规定执行。

(2) 水冷件长时间断水没有及时发现，在水套温度很高的情况下，突然送水，水套遭急冷急热冲击后造成漏水。

（3）水套被低镍锍烧蚀而漏水。

（4）水冷梁烧损，埋铜管漏水。

（5）铜瓦打弧造成铜瓦漏水。

5.5.3.2 处理措施

处理漏水事故的原因有：

（1）在炉体外部发现有漏水现象，必须查清漏水部位，在没有确认漏水部位时应停产；在能够确认漏水不会漏到炉内的情况下，可以一边生产一边处理，并且一定要彻底处理解决。

（2）发现炉内积水，应立即停止返渣、停止加料，电极不做任何动作分闸停电，以防止熔体搅动发生爆炸；立即组织查找漏水点，找到漏水点后关闭进水，漏水点处理完后，待炉内积水蒸发干，再恢复正常生产。

5.5.4 翻料事故

当贫化电炉加入物料含水量过高，嵌入熔体部分料堆水分剧烈蒸发，或者料坡过高而渣层薄，锍层厚时，料堆嵌入太深，与锍层接触发生快速反应，释放的 SO_2 等气体无法排出，导致恶性翻料。

5.5.4.1 翻料原因

造成翻料的原因较多，归结起来有以下几点：

（1）加入物料含水量过高；

（2）加料过多，料坡过高；

（3）炉内熔体表面温度过高。

5.5.4.2 处理措施

发生翻料时，物料甚至熔体会从炉体的各个孔洞喷出，现场人员应迅速撤离炉体，特别要撤离炉顶位置。翻料过后要对炉体周围设施进行检查，因为翻料时高温烟气和熔体喷出可能会使周围可燃物着火，特别是电极胶管等，发现着火，应立即扑救。

为避免翻料事故的发生，应注重防范。首先是配、加料人员在配、加料时要检查物料含水量情况，含水量大的物料不得加入；其次是加料时要严格贯彻勤加、少加、均匀加的原则，控制好料坡。

复 习 题

一、填空

1. 镍是（ ）、（ ）金属。
   答案：银白色、磁性
2. 镍金属的四个优点：（ ）、（ ）、（ ）、（ ）。
   答案：抗腐蚀、耐氧化、机械强度大、延展性好
3. 镍的生产主要有两种原料：（ ）和（ ）。
   答案：硫化矿、氧化矿
4. 金属镍的熔点：（ ），沸点约（ ）。
   答案：1453℃ ±1℃、2800℃
5. 具有实际意义的金属镍的化学性质，主要是（ ）及（ ）。
   答案：大气中不易生锈、能抵抗苛性碱的腐蚀
6. 镍矿石可分三个类型：（ ）、（ ）、（ ）。
   答案：氧化矿、硫化矿、砷化矿
7. 转炉贫化法投资大，（ ）、（ ）、（ ）。
   答案：原材料消耗多、返料循环量大、成本高
8. 设计规模为（ ）的金川公司一期工程于（ ）全部建成投产，标志着我国（ ）、（ ）镍工业的形成。
   答案：10kt、1969 年、规模化、大型化
9. 1992 年（ ）以（ ）为中心的金川二期工程建成投产，标志着我国火法炼镍技术的巨大进步。
   答案：10 月、闪速熔炼工艺
10. 金川铜镍块矿含镍（ ）、含铜（ ）、含硫（ ）及其他元素；产出高镍锍的成分为 Ni（ ）、Cu（ ）、S（ ）、Fe（ ）。
    答案：2% ~3%、1% ~1.5%、12%、49%、25%、19% ~32%、1% ~2%
11. 贫化区配加料分为（ ）和（ ）。
    答案：自动控制、手动控制
12. 闪速炉供风系统包括（ ）、（ ）、（ ）、（ ）和（ ）。
    答案：一次风、风动溜槽风、分散风、反应塔富氧空气、沉淀池二次风
13. 金川闪速炉设计了烧油和加粉煤系统来补充（ ），目前我们采用烧重油和加粉煤（ ）或（ ）。
    答案：热量、同时使用、单独使用
14. 整个燃油系统包括（ ）和（ ）。

答案：柴油系统、重油系统

15. 油系统在运行过程中，需要经常检查运行情况，主要检查的内容包括：（ ）、（ ）、（ ）、（ ）等。

答案：系统油量、油压、油温是否合乎要求、烧油嘴的燃烧状况

16. 系统油压的高低是以（ ）和（ ）作为衡量标准的。

答案：燃油量、回油量

17. 为了延长闪速炉耐火材料的寿命和稳定闪速炉的生产，闪速炉采用了（ ），由（ ）和（ ）组成。

答案：强制冷却系统、冷却水系统管网、水冷元件

18. 闪速炉贫化区有（ ）组电极。

答案：2

19. 排烟系统的作用是及时排走炉内烟气，并维持炉内一定（ ）。

答案：负压

20. 闪速炉炉体的密封状况影响炉内的（ ）的形成。

答案：负压

21. 闪速炉（ ）工序是主要完成精矿的干燥和脱水，采用（ ）段式，（ ）流干燥。

答案：干燥、三、气

22. 闪速炉正常生产时烟气通过（ ）、（ ）、（ ）、（ ），最后送化工厂制酸。

答案：上升烟道、余热锅炉、电收尘器、排烟机

23. 在闪速炉正常生产过程中，需要控制低镍锍面小于（ ）mm，高于（ ）mm 必须降（ ）或（ ）。

答案：750、800、负荷、停料

24. 在贫化电炉正常生产过程中，需要控制低镍锍面小于（ ）mm。

答案：750

25. 由于炉渣的密度（ ）低镍锍的密度，所以闪速炉熔体中炉渣在（ ）层，低镍锍在（ ）层。

答案：小于、上、下

26. 在实际生产中,若贫化区或贫化电炉电极打弧严重,应适当( )块煤加入量或改变( )。

答案：减少、电压级

27. 闪速炉与贫化电炉生产的（ ）都要通过（ ）进行吹炼，吹炼后的（ ）作为车间的最终产品先进行（ ）后销售。

答案：低镍锍、转炉、高镍锍、缓冷

28. 闪速炉反应塔直径为（ ）m，高度为 7m，有（ ）个精矿喷嘴。

答案：6、1

29. 闪速炉车间供生产使用的危险气体有两种分别是（ ）、（ ），其他可能受到伤害的危险气体还有（ ）、（ ）。

答案：氮气、氧气、氯气、二氧化硫

30. 渣中 MgO 升高则渣的熔点( )，当渣中 FeO 与 SiO_2 含量( )时可使渣的熔点( )。

答案：升高、适当、降低

31. 闪速炉冶炼温度的控制主要是通过对（ ）、（ ）、（ ）以及（ ）的测量，依据（ ）的变化进行合理控制的。
答案：低镍锍、烟气、炉渣、炉体温度、温度
32. 闪速炉处理的精矿来自（ ）和（ ）两部分，通常按一定（ ）配入。
答案：选矿自产、外购精矿、比例
33. 贫化电炉硫化剂包括（ ）硫化剂和（ ）硫化剂两种，平常以（ ）硫化剂为主。
答案：粉状、块状、粉状
34. 炉体铜水套按安装情况分为（ ）、（ ）、（ ）。
答案：平水套、立水套、放出口水套
35. 水套编号通常会把（ ）水道编为单号，（ ）水道编为双号。
答案：外、内
36. 镍矿石可分三个类型，金川为（ ），其特点是（ ）含量较高。
答案：铜镍硫化矿、氧化镁
37. 常见的选矿方法有三种：（ ）、（ ）和（ ）。
答案：人工手选、磁选、浮选
38. 镍的火法生产流程主要包括（ ）和（ ）两部分。
答案：熔炼、吹炼
39. 冶金炉料的干燥方法有（ ）、（ ）、（ ）、（ ）等方法，金川闪速炉采用（ ）进行物料制备。
答案：回转窑干燥、喷雾干燥、气流干燥、蒸汽干燥、气流干燥
40. 闪速炉由（ ）、（ ）、（ ）和（ ）四部分组成。上升烟道出口安装有（ ）。
答案：反应塔、沉淀池、上升烟道、贫化区、余热锅炉
41. 反应塔是完成熔炼过程的（ ），要长时期承受（ ）、高速气流带动下的粉状物料的（ ）及其在高温下急速熔化生成熔体后的（ ），所以对反应塔耐火材料的（ ）要求比较（ ），同时对耐火材料的（ ）也要求比较高。
答案：关键部位、高温、冲刷、浸蚀、材质、高、冷却效果
42. （ ）一般是指从反应塔至上升烟道下部的熔池，在这里是闪速熔炼完成（ ）与（ ）初步（ ）的区域。
答案：沉淀池、锍、渣、沉积分离
43. （ ）是金川闪速炉熔炼反应的最后区段，使渣中的（ ）进一步（ ）进入（ ）中。
答案：贫化区、有价金属、还原沉积、低镍锍
44. 反应塔配加料系统的作用是准确按规定配料比，将（ ）、（ ）、（ ）、（ ）进行配料，配好料后均匀地加入单喷嘴。
答案：干精矿、粉石英、粉煤、混合烟灰
45. 闪速炉开炉分（ ）、（ ）、（ ）和（ ）。
答案：故障后开炉、小修开炉、年度检修开炉、大修开炉
46. 物料粒级、含水量不合格会引起反应塔（ ）下生料。
答案：大面积

47. 反应塔热负荷过低引起（　）下生料。
答案：大面积
48. 精矿含 MgO 高会引起反应塔下部熔体面过（　）。
答案：高
49. 生产中，电极插入过深会引起贫化区表面（　）。
答案：结壳
50. 物料矿物组成发生变化可能引起上升烟道（　）。
答案：结瘤
51. 沉淀池熔体面过高的原因有两种：（　）；（　）。
答案：反应塔反应状况不好、上升烟道下部形成料坝
52. 闪速炉系统若停电时间超过半小时，那么在投料前要进行升温作业，使反应塔内温度在（　）时，即可恢复投料生产。
答案：1250 ~ 1300℃
53. 世界镍矿石储量的分布很不平衡，在六个国家和地区的储量就占国外探明镍总储量的（　）以上。
答案：80%
54. 我国镍的储量相当丰富，硫化矿的储量居世界第（　）位。
答案：二
55. 氧化亚镍的熔点为（　），很容易被（　）或（　）还原。
答案：1650 ~ 1660℃、C、CO
56. 氧化亚镍溶于硫酸、盐酸等溶液中形成（　）色的两价镍盐。
答案：绿
57. 镍类似铁和钴，在 50 ~ 100℃温度下，可与一氧化碳形成（　）。
答案：羰基镍
58. 当温度提高至 180 ~ 200℃时，羰基镍又分解为金属镍。这个反应是羰基法提取镍的（　）基础。
答案：理论
59. 地壳中镍含量与（　）相近，但由于镍在地壳中分布分散，因此世界上镍矿床很少。
答案：铜
60. 氧化镍矿是由含镍（　）的蛇纹石经风化而产生的硅酸盐矿石。
答案：0.2%
61. 常见的氧化镍矿物是暗镍蛇纹石、滑面暗镍蛇纹石和镍绿泥石，它们的成分一般可以用（　）表示。
答案：(Ni · MgO) $SiO_2 \cdot nH_2O$
62. 在氧化镍矿中几乎不含铜和铂族元素，但常常含有钴，其中镍与钴的比例一般为（　）。
答案：(25 ~ 30):1
63. 在氧化镍矿中铁主要以（　）存在。
答案：褐铁矿

64. 首台炼镍鼓风炉于 1959 年在四川（ ）镍矿建成投产。
答案：会理
65. 通过近 30 年的迅速发展，我国镍冶金工艺技术目前已接近和达到了国际（ ）水平。
答案：先进
66. 金川集团公司的镍矿属（ ），除主金属镍外，尚伴生有大量的（ ）、（ ）、（ ）、（ ）及（ ）族金属。
答案：硫化矿、铜、钴、金、银、铂
67. 金川集团公司的镍储量及产量分别占我国已探明的总储量及镍冶金产品产量的（ ）及（ ）以上，铂族金属产量占全国的（ ）以上，同时也是我国矿产（ ）的主要生产基地。
答案：80%、88%、90%、钴
68. 金川公司冶炼厂从 1963 年建厂以来先后经历了（ ）个大的火法冶炼流程。
答案：四
69. 闪速熔炼 2010 年后冷修设计工艺技术指标：年精矿处理（ ）kt，总的火法冶炼 Ni（ ）、Cu（ ）、Co（ ）。
答案：700、95.75%、94.3%、54.35%
70. 闪速熔炼也可称是（ ），其中心是“（ ）”。
答案：悬浮熔炼、空间反应
71. 按转炉渣在不同形态下的处理，可分为（ ）转炉渣的处理和（ ）转炉渣的处理两种方法。
答案：固体、液体
72. 按所用的设备不同，转炉渣的处理可分为（ ）贫化法和（ ）贫化法。
答案：转炉、电炉
73. 湿精矿含水（ ），预干燥使其水分小于 0.3%。
答案：8% ~10%
74. 闪速炉配加料系统包括（ ）、（ ）和（ ）。
答案：反应塔配加料系统、反应塔加块煤系统、贫化区配加料系统
75. 反应塔配、加料系统的主要设备有：（ ）、（ ）及（ ）。
答案：风根秤、配料刮板、加料刮板
76. 投料开始时下料量设定的三种方式：（ ）、（ ）、（ ）。
答案：风根秤控制室设定、计算机上手动设定、计算机自动设定
77. 贫化区配、加料系统设备主要包括（ ）、（ ）、（ ）、（ ）、（ ）、（ ）等。
答案：配料料仓、定量给料机皮带秤、配加料刮板、斜皮带、南侧加料刮板、炉顶料管
78. 各种开炉都分以下几个阶段进行：（ ）、（ ）、（ ）、（ ）并转入正常生产。
答案：开炉前的准备工作、升温、投料、熔体排放
79. 闪速炉贫化区每组电极有（ ）根。
答案：三
80. （ ）是闪速炉技术控制的关键部分，严格将闪速炉低镍锍温度控制在（ ）之间。

答案：温度控制、1150～1250℃

81. 闪速炉的突出特点之一是可以调整产出的低镍锍的（ ）。

答案：品位

82. 镍锍品位的控制是通过调整精矿（ ）进行控制的。

答案：氧单耗

83. 闪速炉检修根据其配置可分为（ ）和（ ）。

答案：炉体检修、其他辅助系统检修

84. 炉体的检修按检修周期可分为（ ）、（ ）和（ ）。

答案：小修、中修、大修

85. 反应塔中喷嘴二次风分配不均衡，物料与风量不匹配会引起（ ）出现生料。

答案：局部

86. 金属镍是元素周期表第（ ）副族铁磁金属之一。

答案：8

87. 天然生成的金属镍有（ ）种稳定的同位素。

答案：五

88. 由晶体结构和原子性质计算的镍的理想密度，在20℃时为（ ）g/cm^3，但实际测定的较可靠数值为（ ）g/cm^3。

答案：8.908、8.9～8.908

89. 在熔点时液体镍的密度为（ ）g/cm^3。

答案：7.9

90. 大气试验结果：99%纯度的镍，在（ ）内不生锈痕。

答案：二十年

91. 在空气或氧气中，镍表面上形成一层 NiO 薄膜，可防止进一步（ ）。

答案：氧化

92. 含（ ）的气体对镍有严重的腐蚀，在（ ）℃以下镍对于氯气无显著作用。

答案：硫、500

93. 自然界广泛存在的镍的硫化矿物是（ ），其中镍和铁以类质同象存在。

答案：(Ni · Fe) S

94. 硫化镍矿通常含有主要以（ ）形态存在的铜，故镍硫化矿常称为（ ）。

答案：黄铜矿、铜镍硫化矿

95. 铜镍硫化矿可以分为两类：（ ）和（ ）。

答案：致密块矿、浸染碎矿

96. 贫镍的浸染碎矿直接送往（ ）车间处理，而含镍高的致密块矿直接送往熔炼或者经过（ ）。

答案：选矿、磁选

97. 金川公司选矿厂采用的是（ ）。

答案：综合浮选

98. 羰基法生产（ ）等工艺在镍工业中也发挥着重要作用。

答案：镍粉

99. 我国的镍冶金生产起步晚，（ ）年前没有独立完整的镍冶金工业。

答案：1959

100. 贫化作业加入的还原剂一般为（ ）、（ ）或（ ），硫化剂为含硫较高的（ ）、（ ）、（ ）、（ ）等。为了调节渣型，还加入（ ）或（ ）作熔剂。

答案：碎焦、碎煤、块煤、富块矿、低锍包壳、低锍、干精矿、石英、石灰

101. 贫化电炉的形状有（ ）、（ ），结构与矿热电炉相似。

答案：圆形、矩形

102. 电炉二段贫化法钴回收率可达（ ）。

答案：55%

103. 电炉熔池部分炉墙四周均采用（ ）冷却，水套全部用（ ）制造，全部水套为（ ）水路。

答案：铜板水套、紫铜板钻孔、双

104. 贫化过程的主要反应是渣中氧化物的（ ）和锍-渣相的（ ）。

答案：还原反应、交互反应

105. 还原法的主要反应发生在漂浮于渣面上的（ ）与（ ）的界面。

答案：焦炭碎屑、炉渣

106. 转炉渣中的有价金属以（ ）和（ ）两种形式存在。

答案：化学溶解、机械夹带

107. 转炉渣贫化所用的电炉兼有（ ）和（ ）的特性。

答案：电阻炉、电弧炉

108. 贫化电炉的电能一部分在气体介质中通过（ ）转变为热能，另一部分在固体或液体物料中通过（ ）转变为热能。

答案：电弧、电阻

109. 闪速炉车间（ ）工序主要是完成低镍锍的（ ）和（ ）、（ ），最终得到（ ）、（ ）的高镍锍作为车间的最终产品销售。闪速炉余热锅炉检修时烟气通过上升烟道、（ ）、（ ）、（ ）最后送（ ）排空。

答案：转炉、吹炼、除铁、脱硫、富钴、高镍、喷雾室、副烟道、排烟机、转炉环保烟囱

110. 在闪速炉正常生产过程中，贫化区需要控制一定（ ）。太高容易（ ）炉顶，烟气（ ），电极（ ）；太低容易引起（ ），物料不易（ ）渣层与（ ）充分接触，起不到（ ）作用。

答案：料坡高度、烧损、排放不畅、打弧严重、翻料、沉入、炉渣、还原

111. 在贫化电炉正常生产过程中，需要加入（ ）使转炉渣中的有价金属（ ）还原，加入（ ）提高低镍锍含（ ）来使有价金属生成（ ），降低（ ）品位。

答案：还原剂、氧化物、硫化剂、硫、金属硫化物、低镍锍

112. 闪速炉贫化区不需加硫化剂，是因为（ ）是最好的硫化剂和贵金属（ ）。

答案：低镍锍、捕集剂

113. 电炉变压器一般根据绕组（ ）不同，分为许多电压级，目前一般共分（ ）级，电压级数字由低到高，二次电压越（ ），电极可以插入越（ ）。（ ）电压级与

其他三台变压器相反。

答案：长度、15、低、深、2 号贫化电炉

114. 在实际生产中，若重油压力过高，应适当（　）油泵频率或（　）小循环。

答案：降低、开大

115. 闪速炉与贫化电炉的电极都属于（　）式。

答案：连续自焙

116. 闪速炉反应塔精矿喷嘴的作用是将（　）与（　）进行充分（　），利用精矿（　），借助补充燃料使精矿达到（　），细小颗粒发生（　）、（　）、（　），其中（　）与石英（　）进入渣相，（　）则进入低镍锍相富集。

答案：富氧空气、各种物料、掺混、表面自由能、着火点、裂解、着火、熔化、脉石、反应造渣、有价金属

117. 闪速炉贫化区的作用是将（　）转化为（　）为炉渣（　）提供（　）和（　）条件。

答案：电能、热能、贫化、动力学、热力学

118. 闪速炉冶炼温度的操作控制主要是通过调节（　）、（　）加入量的大小，以及（　）负荷的高低，依据（　）和（　）、（　）温度的变化进行的。

答案：重油、粉煤、贫化区电极、炉渣、低镍锍、烟气

119. 电极的工作负荷为（　）和（　）两部分之和，根据（　）的不同，两者所占比例不同。

答案：星型、三角形、电压级

120. 电炉部分料坡沉入渣池的深度由物料的（　），炉渣的密度以及熔池面上的（　）来决定。

答案：堆密度、料坡高度

121.（　）和（　）为电炉变压器的主要参数，变压器供电端参数称为（　）、（　），炉子端参数称为（　）、（　）。

答案：工作电压、工作电流、一次电流、一次电压、二次电流、二次电压

122. 金属在渣中的损失可细分为（　）、（　）、（　）。

答案：机械损失、物理损失、化学损失

123. 电极（　）是指在电极糊处于软化状况的部位断裂，电极（　）是指在电极糊焙烧好的部位断裂。

答案：软断、硬断

124. 元素镍在地球上的含量为（　），比镍含量丰富的元素仅有（　）、（　）、（　）、（　）四大元素，因为镍的化合物在自然界中分布（　），因此已经探知的镍矿比铜矿少。

答案：3%、铁、氧、硅、镁、分散

125. 金川镍矿中的有价元素不但有（　）、（　）、（　）等主金属，还有（　）、（　）和（　）等贵金属。

答案：镍、铜、钴、金、银、铂族元素

126. 闪速炉车间主要工序流程为：（　）工序完成（　）到（　）的脱水和分级过程，

（ ）工序完成（ ）到（ ）的熔炼过程，（ ）工序完成（ ）到（ ）的吹炼过程，（ ）工序完成（ ）的贫化过程，最终将大部分有价金属富集回收。

答案：精矿干燥、湿精矿、干精矿、闪速炉、精矿、低镍锍、转炉、低镍锍、高镍锍、贫化电炉、转炉渣

127. 煤的工业分析成分主要包括（ ）、（ ）、（ ）、（ ）、（ ）等，在冶金炉窑中起燃料作用的主要为（ ）和（ ）。

答案：挥发分、固定炭、硫、水分、灰分、挥发分、固定炭

128. 重油的工业分析成分主要包括（ ）、（ ）、（ ），在冶金炉窑中起燃料作用的主要为（ ）和（ ）。

答案：硫、氮、氧、碳、氢

129. 炉体铜水套按安装情况分为（ ）、（ ）、（ ）。

答案：平水套、立水套、放出口水套

130. 水套编号通常会把（ ）水道编为单号，（ ）水道编为双号。

答案：外、内

131. 镍矿石可分三个类型：（ ）（ ）（ ），金川为（ ），其特点是（ ）含量较高。

答案：氧化矿、硫化矿、砷化矿、铜镍硫化矿、氧化镁

132. 镍的火法生产流程主要包括（ ）和（ ）两部分。

答案：熔炼、吹炼

133. 硫化物矿基本上是由具有显著磁性的磁硫铁矿组成。在磁选过程中，带磁性的硫化物部分多富集有（ ），而非磁性的（ ）部分则含镍很少。

答案：镍、脉石

134. 贫化电炉电能在两种方式中的分配比例，是随着电极插入熔渣中的（ ）而改变的。在功率输入不变，给定的电极几何参数一定的条件下，微电弧热的比例随电极插入深度的（ ）而（ ）；渣电阻热的比例则随电极插入深度的（ ）而（ ）。

答案：深度、增加、降低、增加、增加

135. 贫化电炉电回路不通过的区域不产生电热，即远离（ ）超过（ ）电极直径的区域。

答案：电极中心线、两个

136. 根据金川现有的三台转炉渣贫化电炉及闪速炉贫化区的实践经验，公认（ ）贫化电炉贫化效果优于（ ）炉。

答案：长方形、圆形

137. 通过测量（ ）温度，可判断炉内蓄热程度。

答案：炉体表面

138. 炉体点检包括（ ）、（ ）、（ ）等内容。

答案：炉内点检、炉外点检、炉体检测

139. 设法破坏（ ），使镍钴的氧化物（ ），是从转炉渣中回收（ ）、（ ）、（ ）的基础。

答案：磁性氧化铁、还原硫化、钴、镍、铜

140. 贫化电炉电单耗是指（ ）。

答案：每贫化 1t 转炉渣所消耗的电能

141. 在实际生产中，若重油压力过高，应适当（　）油泵频率或（　）小循环。

答案：降低、开大

142. 车间粉状硫化剂即（　）吹送流程由（　）、（　）、（　）、（　）及其他附属设施组成。输送介质采用（　）或（　）。

答案：精矿、喂料机、仓式输运泵、管道、布袋接受仓、氮气、空气

143. 贫化停炉过程多数是在炉子严重损坏的情况下进行的，极易发生（　）、（　）、（　）、（　）等重大事故，造成事故停炉。

答案：跑炉、漏炉、着火、塌顶

144. 贫化电炉常见的事故有：（　）、（　）、（　）以及（　）等。

答案：电极故障、跑炉漏炉、漏水、翻料

145. 电极系统常见故障主要有：（　）、（　）、（　）、（　）、（　）、（　）、（　）和（　）等。

答案：电极软断、电极硬断、电极流糊、铜瓦打弧、电极跳闸、接地放炮、电极下滑、电极压放不下、电极不能倒拔

146. 贫化电炉炉渣和低镍锍的排放与闪速炉炉渣和低镍锍的排放操作基本一样。不同之处为贫化电炉排渣为（　）排渣。

答案：周期性

147. 球磨机运行时要求主轴承温度不应大于（　），控制回油温度不大于（　），冷却水温度不大于（　）。

答案：50℃、40℃、40℃

148. 吊式圆盘给料机通过控制（　）可以控制物料下料量的大小，从而达到使物料连续均匀传输的目的。

答案：圆盘转速

二、单选（只有一个正确答案）

1. 镍的氧化物有（　）。

A. 两种　　B. 三种　　C. 四种　　D. 五种

答案：B

2. 闪速炉重油系统在运行过程中，需要把重油加热到 110~130℃，是为了（　）。

A. 提高温度，便于油水分离，降低管道阻力

B. 降低黏度，便于油水分离，降低管道阻力

C. 降低密度，便于油水分离，降低管道阻力

D. 提高压力，便于油水分离，降低管道阻力

答案：B

3. 闪速炉反应塔加入块煤的主要目的是（　）。

A. 增加热量　　B. 还原有价金属　　C. 助燃作用　　D. 搅动熔体

答案：B

4. 在实际生产中，若贫化电炉电极功率小于目标控制功率，则电极需要（　）。

A. 加糊　　B. 倒拔　　C. 上抬　　D. 下插或压放

答案：D

5. 镍的氧化物仅低温稳定的是（　）。

A. NiO　　B. Ni_3O_4　　C. Ni_2O_3

答案：C

6. 2 号贫化电炉设计变压器容量为（　）kV · A。

A. 4000　　B. 5000　　C. 6000　　D. 8000

答案：B

7. 闪速炉事故烟道的作用是（　）。

A. 主排烟系统检修时排烟　　B. 正常排烟

C. 保温时排烟　　D. 停炉时降温

答案：A

8. 在空气或氯气中，镍的表面会形成一薄层物质以防止继续氧化，这种物质是（　）。

A. NiO　　B. Ni_3O_4　　C. Ni_2O_3　　D. Ni_3S_2

答案：A

9. 镍的富集过程有两种，从而形成（　）矿床。

A. 硫化铜镍矿和氧化铜镍矿

B. 单质镍和化合物形态的镍

C. 硫化镍矿和氧化镍矿

D. 金属镍和镍盐

答案：C

10. 炼镍闪速炉炉渣采用电炉贫化，而炼铜闪速炉炉渣可以采用电炉贫化，也可以采用选矿方法，主要是因为（　）。

A. 炼镍闪速炉炉渣中有价金属呈氧化物形态溶解在渣中，而炼铜闪速炉炉渣中有价金属呈硫化物形态溶解在渣中

B. 炼镍闪速炉炉渣中有价金属呈硫化物形态溶解在渣中，而炼铜闪速炉炉渣中有价金属呈氧化物形态溶解在渣中

C. 炼镍闪速炉炉渣中有价金属呈高价氧化物形态溶解在渣中，而炼铜闪速炉炉渣中有价金属呈低价氧化物形态溶解在渣中

D. 炼镍闪速炉炉渣中有价金属呈硅酸盐形态溶解在渣中，而炼铜闪速炉炉渣中有价金属呈硫化物形态溶解在渣中

答案：D

11. 闪速熔炼过程炉料喷入反应塔，首先进行的反应是（　）。

A. 氧化反应　　B. 还原反应　　C. 造渣反应　　D. 离解反应

答案：D

12. 金川硫镍精矿的着火点为（　）℃。

A. 1550　　B. 1200　　C. 432　　D. 324

答案：C

13. 闪速炉中控室人员在进行反应塔投料操作时应（　）。

A. 先投料后配风氧　　B. 先配风氧后投料
C. 先提电极负荷后投料　　D. 先投料后提电极负荷
答案：B

14. 闪速熔炼过程，绝大部分的氧化过程发生在反应塔（　）m 以内。
A. 4　　B. 3　　C. 2　　D. 1
答案：B

15. 闪速炉燃油系统在实际生产中控制的主要参数是供油的（　）。
A. 温度、压力、流量　　B. 成分、水分、黏度
C. 压力、密度、水分　　D. 温度、速度、压力
答案：A

16. 闪速炉炉渣的密度（　）低镍锍的密度。
A. 大于　　B. 等于　　C. 小于　　D. 都不对
答案：C

17. 转炉吹炼低镍锍的目的是（　）。
A. 得到金属镍　　B. 除铁脱硫　　C. 将铁完全脱除　　D. 保钴
答案：B

18. 在同样氧势条件下，增加渣中 SiO_2 含量，会（　）。
A. 增加有价金属夹带损失
B. 减少有价金属夹带损失
C. 即存在增加有价金属夹带损失，又存在减少有价金属夹带损失矛盾的两个方面
D. 对金属的夹带损失没有任何影响
答案：C

19. 低镍锍含（　）高低决定其品位。
A. C　　B. SiO_2　　C. S　　D. Ni
答案：C

20. 不使用软化水的是（　）。
A. 炉体水套　　B. 电极铜瓦　　C. 热渣溜槽　　D. 中央空调
答案：D

21. 下列说法正确的是（　）。
A、炉渣中的氧势越高，炉渣中有价金属损失越多
B. 炉渣中的氧势越高，炉渣中有价金属损失越少
C. 炉渣中的氧势越低，炉渣中有价金属损失越多
D. 炉渣中的硫势越高，炉渣中有价金属损失越高
答案：A

22. 镍锍品位对锍中金属回收率不利影响的大小依（　）顺序而减小。
A. Co、Cu、Fe、Ni　　B. Fe、Co、Ni 、Cu
C. Co、Fe、Cu、Ni　　D. Co、Cu、Ni、Fe
答案：B

23. 氧化镁对闪速熔炼的主要影响在（　）特性上。

A. 熔点和温度　　B. 黏度和熔点　　C. 密度和熔点　　D. 密度和温度

答案：B

24. 贫化电炉向炉内加料设备为（　）。

A. 振动输送机　　B. 皮带　　C. 刮板　　D. 电振

答案：C

25. 闪速熔炼过程中主要通过调整（　）来实现对渣型的控制。

A. 渣温　　B. 冰镍品位　　C. 渣 Fe/SiO_2 比　　D. 渣含 MgO 量

答案：C

26. 在实际生产过程中，上升烟道附近的熔池内出现“大坝”的可能原因是（　）。

A. 烟气量过大　　B. 炉膛负压偏大

C. 入炉物料反应不完全　　D. 渣面偏高

答案：C

27. 闪速炉升温过程中以（　）的测量值为主要目标控制温度。

A. 1 号　　B. 47 号　　C. 33 号　　D. 临时热电偶

答案：D

28.（　）是对闪速炉、转炉、贫化电炉三个工序连续稳定均衡生产起决定作用的重要参数。

A. 低冰镍品位　　B. 低冰镍温度　　C. 低冰镍放出量　　D. 渣 Fe/SiO_2 比

答案：A

29. 闪速熔炼过程对粉石英的要求为（　）。

A. 水分小于 0.3%，粒度 -60 目（-0.246mm）大于 80%

B. 水分小于 1%，粒度 -60 目（-0.246mm）大于 80%

C. 水分小于 0.3%，粒度 -60 目（-0.246mm）大于 90%

D. 水分小于 1%，粒度 -60 目（-0.246mm）大于 90%

答案：C

30. 贫化电炉烘炉过程中，设置重油烘炉阶段的目的是（　）。

A. 烘去炉底耐火材料中的物理水分　　B. 将炉温升至 600℃

C. 准备送电　　D. 焙烧电极

答案：D

31. 闪速炉炉底结构从上到下，依次为（　）。

A. 冻结层、安全层、永久层　　B. 工作层、冻结层、安全层

C. 冻结层、工作层、安全层　　D. 工作层、安全层、永久层

答案：D

32. 闪速炉车间生产的最终产品为（　）。

A. 高镍锍　　B. 富钴冰铜　　C. 阳极板　　D. 低镍锍

答案：A

33. 1998 年冷修后，闪速炉风系统不需要加热的为（　）。

A. 一次风　　B. 反应塔二次风　　C. 沉淀池二次风　　D. 都不对

答案：A

34. 转炉高镍锍铁含量要求控制在（ ）。

A. 0～4%　B. 1%～4%　C. 2%～4%　D. 3%～4%

答案：C

35. （ ）是造锍熔炼的推动力。

A. 炉气炉渣的高氧势高硫势与熔锍中的低氧势低硫势

B. 炉气炉渣的低氧势低硫势与熔锍中的高氧势高硫势

C. 炉气炉渣的高氧势低硫势与熔锍中的低氧势高硫势

D. 炉气炉渣的低氧势高硫势与熔锍中的高氧势低硫势

答案：C

36. 贫化电炉炉体结构为（ ）结构。

A. 刚性　B. 弹性　C. 刚性与弹性结合　D. 吊挂

答案：B

37. 贫化电炉一般控制低镍锍硫含量为（ ）。

A. 19%～26%　B. 22%～25%　C. 25%～30%　D. 30%～35%

答案：A

38. 引起金属夹带损失的原因主要与锍的（ ）有关。

A. 温度　B. 品位　C. 沉降特性　D. 黏度

答案：C

39. 闪速炉熔炼工艺过程工序大致分为闪速熔炼、转炉吹炼、转炉渣贫化和（ ）。

A. 余热炉　B. 烟气制酸　C. 备料干燥　D. 高镍锍缓冷

答案：D

40. 闪速炉在运行过程中，升高氧单耗时，应（ ）热能补充。

A. 增加　B. 降低　C. 不改变　D. 都不对

答案：B

41. 1号贫化电炉的电极直径为（ ）。

A. 820mm　B. 1000mm　C. 900mm　D. 920mm

答案：A

42. 改造后车间转炉规格为（ ）。

A. $\phi 3.6\times 10.7$　B. $\phi 3.66\times 8.1$　C. $\phi 3.6\times 8.1$　D. $\phi 3.66\times 10.4$

答案：A

43. 贫化区电极功率一定时，电压级越低则电极插入深度（ ）。

A. 越浅　B. 越深　C. 不变　D. 越合适

答案：A

44. 镍的同位素有（ ）。

A. 两种　B. 三种　C. 四种　D. 五种

答案：D

45. 闪速炉贫化区完成的主要反应是（ ）。

A. 氧化反应　B. 还原反应　C. 交互反应　D. 贫化反应

答案：C

46. 闪速炉贫化区及贫化电炉变压器的配套冷却器中运行的是（　）的热交换过程。

A. 水与电　　B. 水与瓦斯　　C. 水与油　　D. 油与瓦斯

答案：C

47. 低镍锍品位（　），温度（　），其流动性好。

A. 高、高　　B. 高、低　　C. 低、低　　D. 低、高

答案：D

48. 不使用软化冷却水的是（　）。

A. 闪速炉炉体水套　　B. 电极铜瓦

C. 热渣溜槽　　D. 变压器

答案：D

49. 闪速炉用一次风具有（　）作用。

A. 加热、混合　　B. 雾化、打散　　C. 冷却、吹扫　　D. 吹扫、还原

答案：B

50. 闪速炉熔炼过程中主要通过调整（　）来实现对低镍锍产率的控制。

A. 铜温　　B. 冰镍品位　　C. 精矿处理量　　D. 渣量

答案：B

51. 闪速炉具备（　）时，可投料。

A. 塔壁挂渣较厚　　B. 塔壁挂渣为稍微融化状态

C. 反应塔空间温度为1200～1400℃　　D. 塔内壁挂渣较薄

答案：C

52. 闪速炉熔炼过程中在其他条件不变的情况下，冰镍温度的波动可能的影响因素是（　）的波动。

A. 重油加入量　　B. 渣 Fe/SiO_2 比　　C. 冰镍放出量　　D. 渣放出量

答案：A

53. 闪速熔炼过程中，在其他条件不变的情况下，通过改变（　）可实现对渣铁硅比的控制。

A. 投料量　　B. 鼓风富氧浓度　　C. 冰镍放出量　　D. 渣放出量

答案：A

54. 闪速炉（　）区域是完成熔炼反应的主要区段，反应温度高，一般高达1500℃左右。

A. 上升烟道　　B. 贫化区　　C. 沉淀池　　D. 反应塔

答案：D

55. 在闪速炉正常生产过程中，需要控制炉内压力为（　）。

A. 正压　　B. 微正压　　C. 负压　　D. 微负压

答案：D

56. 闪速炉燃油系统是由（　）两个子系统组成。

A. 重油系统、柴油系统　　B. 重油间、阀站

C. 反应塔系统、沉淀池系统　　D. 供油管路、油枪

答案：A

57. 贫化电炉有（　）个防爆孔。

A. 10　　B. 12　　C. 6　　D. 8

答案：C

58. 贫化电炉炉顶为（　）炉顶。

A. 平炉顶　　B. 斜炉顶　　C. 球形炉顶　　D. 拱形炉顶

答案：D

59. 闪速炉贫化区电极的最大行程为（　）mm。

A. 1000　　B. 1200　　C. 1400　　D. 1600

答案：C

60. 转炉吹炼主要是除去低镍锍中的（　）。

A. SO_2　　B. MgO　　C. Fe　　D. SiO_2

答案：C

61. 闪速炉反应塔加料系统有（　）台风根秤。

A. 2　　B. 3　　C. 4　　D. 5

答案：D

62. 二次风通过加热器加热后体积会（　）。

A. 收缩　　B. 膨胀　　C. 不变　　D. 各种均有可能

答案：B

63. 使用设备冷却水的是（　）。

A. 闪速炉齿形水套　　B. 电极铜瓦　　C. 热渣溜槽　　D. 油水冷却器

答案：D

64. 转炉吹炼高镍锍过程发生的主要反应为（　）。

A. 还原反应　　B. 氧化反应　　C. 交互反应　　D. 氧化还原反应

答案：D

65. 贫化电炉设放低镍锍口有（　）层水套，（　）个放渣口。

A. 1，1　　B. 2，2　　C. 3，2　　D. 7，2

答案：C

66. 贫化电炉水平剖面设计为（　）。

A. 正方形　　B. 圆形　　C. 三角形　　D. 长方形

答案：D

67. 闪速炉炉膛负压一般是指（　）负压。

A. 沉淀池　　B. 贫化区　　C. 上升烟道　　D. 反应塔

答案：A

68. 陆地上镍硫化矿的储量约占总储量的（　）。

A. 3%　　B. 30%　　C. 4.7%　　D. 47%

答案：B

69. 金川公司冶炼厂建厂后共发展了三个火法冶炼过程，即鼓风炉，闪速炉，（　）生产。

A. 自热炉　　B. 顶吹炉　　C. 卡尔多炉　　D. 矿热电炉

答案：B

70. 在矿热电炉中，电流在熔池中流动有两个途径，其中由电极 A→熔渣→电极 B 是（　）。

A. 星形负载　　B. 三角形负载　　C. 圆形负载

答案：B

71. 金川镍闪速炉是（　）年10月投产，它的优点之一是：自动化程度高。

A. 1991年　　B. 1992年　　C. 1988年　　D. 1993年

答案：B

72. 闪速炉原始炉型有（　）种，金川闪速炉是奥托昆普富氧闪速炉改进型。

A. 2　　B. 3　　C. 4　　D. 5

答案：A

73. （　）的熔点是1597℃，密度5.1g/cm^3，它的含量升高，造成铜渣分离困难。

A. Fe_3O_4　　B. Fe_2O_3　　C. FeO　　D. MgO

答案：A

74. 减小（　）的密度是为了渣、锍更好地分离。

A. 炉结　　B. 炉渣　　C. 熔锍

答案：B

75. 金川闪速炉使用的镍精矿采用（　）干燥法。

A. 气流　　B. 沸腾炉　　C. 焙烧

答案：A

76. 金川电极工作贫化区的闪速炉是引进（　）技术的革新，但比卡尔古利同类设备更加完善。

A. 美国　　B. 加拿大　　C. 澳大利亚

答案：C

77. 金川闪速炉反应塔热风温度为（　），是利用闪速炉余热炉产出的饱和蒸汽加热达到，不须消耗其他能源。

A. 150℃　　B. 200℃　　C. 350℃

答案：B

78. 沉淀池炉墙向外倾斜（　），砖墙厚度450mm。

A. 10°　　B. 15°　　C. 8°

答案：A

79. 湿精矿干燥的过程分短窑、鼠笼打散、气流干燥三部分。将含水8%的湿精矿，干燥为含水（　）的干精矿。

A. $<3\%$　　B. $<0.3\%$　　C. $>0.3\%$

答案：B

80. 停炉时要先（　），使炉内各种物料排放干净，包括炉内熔体和黏结物。

A. 洗炉　　B. 升温　　C. 降温

答案：A

81. 闪速炉和贫化炉所产的（　）采用水淬。

A. 镍锍　　B. 炉渣　　C. 烟灰

答案：B

82. 转炉吹炼的任务是得到含镍铜品位较高的（　）。

A. 低镍锍　　B. 高镍锍　　C. 原高锍

答案：B

83. 2号贫化炉采用自焙电极，变压器功率为（　）kV·A。

A. 4000　　B. 5000　　C. 5500

答案：B

84. 转炉吹炼的动能来自动氧车间的（　）风机供风。

A. D450（或KKK）　　B. 60m^3/h(标态)　　C. 150m^3/h(标态)

答案：A

85. 转炉吹炼的热量来自FeS的（　）热和FeO的造渣反应热。

A. 还原反应　　B. 交互反应　　C. 氧化反应

答案：C

86. 目前反应塔加入的物料有（　）种。

A. 3　　B. 4　　C. 5

答案：C

87. 闪速炉用来称量烟灰的是（　）。

A. 风根秤　　B. 申克秤　　C. 核子秤

答案：A

88. 闪速炉燃油系统包括重油系统和（　）。

A. 汽油　　B. 柴油　　C. 煤油

答案：B

89. 闪速炉热风系统（　）是用来雾化重油的。

A. 一次风　　B. 二次风　　C. 三次风

答案：A

90. 变压器功率因数越（　）越好。

A. 高　　B. 低　　C. 大　　D. 小

答案：C

91. 闪速炉贫化区向炉内加料设备为（　）。

A. 振动输送机　　B. 皮带　　C. 刮板　　D. 电振

答案：C

92. 闪速熔炼过程中主要通过调整（　）来实现对低镍锍品位的控制。

A. 油单耗　　B. 煤单耗　　C. 电单耗　　D. 氧单耗

答案：D

93. 在实际生产过程中，需要爆破处理的结瘤部位是（　）。

A. 上升烟道　　B. 反应塔　　C. 沉淀池　　D. 贫化区

答案：A

94. 贫化电炉升温过程中以（　）温度的测量值为主要目标控制温度。

A. 炉墙　　B. 炉顶　　C. 烟气　　D. 炉底

答案：D

95. （　）是对闪速炉、转炉、贫化电炉三个工序连续稳定均衡生产起决定作用的重要参数。

A. 渣 Fe/SiO_2 比　B. 低冰镍温度　C. 低冰镍放出量　D. 氧单耗

答案：D

96. 闪速熔炼过程对精矿的设计要求为（　）。

A. 水分小于0.3%，粒度－200目（－0.074mm）大于80%

B. 水分小于0.3%，粒度－80目（－0.175mm）小于80%

C. 水分大于0.3%，粒度－200目（－0.074mm）小于80%

D. 水分大于0.3%，粒度－80目（－0.175mm）大于80%

答案：A

97. 镍的硫化物有（　）。

A. 两种　B. 三种　C. 四种　D. 五种

答案：C

98. 闪速炉重油系统在运行过程中为了降低黏度，便于油水分离，降低管道阻力，需要把重油加热到（　）℃。

A. 130～160　B. 110～130　C. 70～90　D. 180～220

答案：B

99. 闪速炉加入粉煤的主要作用是（　）。

A. 增加热量　B. 还原有价金属　C. 助燃作用　D. 搅动熔体

答案：A

100. 在实际生产中，若贫化电炉电极功率大于目标控制功率，则电极需要（　）。

A. 加糊　B. 下插　C. 上抬或倒拔　D. 压放

答案：C

101. 1号贫化电炉变压器容量为（　）kV·A。

A. 4000　B. 5000　C. 6000　D. 8000

答案：A

102. 闪速炉烟气B线的作用是（　）。

A. 主排烟系统检修时排烟　B. 正常排烟

C. 正常保温时排烟　D. 停炉时降温

答案：C

103.（　）很容易被氢气、一氧化碳还原。

A. NiO　B. Ni_3O_4　C. Ni_2O_3　D. Ni_3S_2

答案：A

104. 镍的矿物主要有（　）两个矿床。

A. 硫化铜镍矿和氧化铜镍矿　B. 单质镍和化合物形态的镍

C. 硫化镍矿和氧化镍矿　D. 金属镍和镍盐

答案：A

105. 炼镍闪速炉炉渣采用电炉贫化，而炼铜闪速炉炉渣可以采用电炉贫化，也可以采用（　）回收渣含有价金属。

A. 选矿方法　B. 氧化方法　C. 硫化方法　D. 还原方法

答案：A

106. 闪速熔炼过程贫化区进行的反应是（ ）。
A. 氧化反应 B. 硫化还原反应 C. 造渣反应 D. 离解反应
答案：B
107. 金川低镍锍口和渣口数量为（ ）个。
A. 3、6 B. 4、7 C. 8、2 D. 5、2
答案：C
108. 电极倒拔时升降缸（ ）。
A. 先上升后下降 B. 先下降后上升 C. 始终下降 D. 始终上升
答案：B
109. 闪速熔炼过程，绝大部分的还原过程发生在（ ）。
A. 反应塔 B. 沉淀池 C. 上升烟道 D. 贫化区
答案：D
110. 闪速炉冰铜的密度（ ）炉渣的密度。
A. 大于 B. 等于 C. 小于 D. 都不对
答案：A
111. 转炉渣贫化的目的是（ ）。
A. 得到金属镍 B. 回收有价金属
C. 利用热量 D. 提高钴的回收率
答案：B
112. 在同样氧势条件下，精矿镍含量升高，会使低镍锍（ ）。
A. 品位升高 B. 品位降低 C. 温度升高 D. 温度降低
答案：A
113. （ ）不仅是硫化剂，还是贵金属的收捕剂。
A. 高镍锍 B. 低镍锍 C. 闪速炉渣 D. 贫化炉渣
答案：B
114. 不使用冷却水的是（ ）。
A. 闪速炉齿形水套 B. 电极铜瓦 C. 热渣溜槽 D. 中央空调
答案：D
115. 下列说法错误的是：（ ）。
A. 炉渣中的氧势越高，炉渣中有价金属损失越多
B. 炉渣中的氧势越高，低镍锍品位越高
C. 炉渣中的氧势越低，炉渣中有价金属损失越多
D. 炉渣中的氧势越高，低镍锍中有价金属损失越高
答案：C
116. 金属氧化强度依顺序（ ）而增大。
A. Co、Cu、Fe、Ni B. Co、Fe、Ni、Cu
C. Cu、Ni、Fe、Co D. Cu、Ni、Co、Fe
答案：D
117. 贫化电炉烘炉过程中，设置电阻丝烘炉阶段的目的是（ ）。

A. 烘去炉底耐火材料中的物理水分　B. 将炉温升至600℃
C. 准备送电　D. 焙烧电极
答案：A

118. 闪速炉炉底厚度为（　）。
A. 1550 mm　B. 1400 mm　C. 1500mm　D. 1450mm
答案：A

119. 闪速炉车间生产的中间产品为（　）。
A. 高镍锍　B. 炉渣　C. 阳极板　D. 低镍锍
答案：D

120. 雾化重油或粉煤的压缩空气称为（　）。
A. 三次风　B. 二次风　C. 一次风　D. 都不对
答案：C

121. 闪速炉熔炼属于（　）。
A. 氧化熔炼　B. 还原熔炼　C. 悬浮熔炼　D. 熔池熔炼
答案：C

122. 转炉炉体结构为（　）结构。
A. 刚性　B. 弹性　C. 刚性与弹性结合　D. 吊挂
答案：A

123. 精矿风根秤量程为（　）。
A. 100t　B. 0 ~ 100t　C. 60t　D. 0 ~ 60t
答案：B

124. 电极打弧的原因，主要与变压器的（　）有关。
A. 电压　B. 电流　C. 温度　D. 性能
答案：A

125. 闪速炉车间改造后（　）号转炉最小。
A. 1　B. 2　C. 3　D. 4
答案：C

126. 闪速炉车间液体吊车的规格为（　）吨。
A. 50　B. 60　C. 70　D. 75
答案：A

127. 贫化区电极功率一定时，电压级越高则电极插入深度（　）。
A. 越浅　B. 越深　C. 不变　D. 越合适
答案：B

128. 具有磁性的金属有（　），其中镍是一种。
A. 两种　B. 三种　C. 四种　D. 五种
答案：B

129. 贫化电炉完成的主要反应是（　）。
A. 氧化反应　B. 置换反应　C. 交互反应　D. 贫化反应
答案：C

130. 电炉变压器的油水冷却器配套泵强制循环的是（　）。

A. 水　B. 瓦斯　C. 油　D. 电

答案：C

131. 相比之下（　）是最好的还原剂。

A. 精矿　B. 石英　C. 焦炭　D. 块煤

答案：C

132. 由于温度高，需要软化冷却水冷却强度较高的部位是（　）。

A. 连接部水套　B. 电极铜瓦　C. 热渣溜槽　D. 反应塔顶

答案：A

133. 闪速炉炉体要用软化水冷却是为了水冷件内部（　）。

A. 加强冷却　B. 防止结垢　C. 加速冷却　D. 缓慢冷却

答案：B

134. 闪速炉熔炼过程中主要通过控制（　）防止炉底温度升高。

A. 耗氧量　B. 耗油量　C. 热负荷　D. 用电量

答案：C

135. 闪速炉具备（　）时，可投料。

A. 塔壁挂渣较厚　B. 塔壁挂渣为稍微融化状态

C. 反应塔空间温度为1200～1400℃　D. 塔内壁挂渣较薄

答案：C

136. 闪速炉熔炼过程中在其他条件不变的情况下，冰镍温度波动可能的影响因素是（　）的波动。

A. 重油加入量　B. 渣 Fe/SiO_2 比　C. 冰镍放出量　D. 渣放出量

答案：A

137. 闪速炉（　）区域是完成熔炼反应的主要区段，反应温度高，一般高达1500℃左右。

A. 上升烟道　B. 贫化区　C. 沉淀池　D. 反应塔

答案：D

138. 闪速炉低镍锍经（　）吹炼成高镍锍。

A. 电炉　B. 转炉　C. 自热炉　D. 顶吹炉

答案：B

139. 转炉吹炼主要是除去低镍锍中的（　）。

A. SO_2　B. MgO　C. Fe　D. SiO_2

答案：C

140. 1998年冷修后，闪速炉反应塔设置各种加料孔共（　）个。

A. 4　B. 5　C. 7　D. 9

答案：B

141. 镍在地球上的含量约0.3%，在地壳中的丰度约为（　）。

A. 0.008%　B. 0.08%　C. 0.8%

答案：A

142. 反应塔直径6m，塔高（　），精矿喷嘴分布直径2800mm。

A. 7m　　B. 6. 4m　　C. 6m

答案：A

143. 贫化区有两组电极，呈（　）排列，是连续自焙式电极。

A. 圆形　　B. 三角形

C. 一字形　　D. 三角形/直线形

答案：D

144. 闪速炉供氧系统有除6500m^3 的制氧机外，还有（　）的制氧机供氧。

A. 20000m^3　　B. 14000m^3　　C. 25000m^3

答案：B

145. 闪速炉和贫化炉所产的（　）采用水淬。

A. 镍锍　　B. 炉渣　　C. 烟灰

答案：B

146. 通过调节（　）可改变不同部位反应塔挂渣厚度。

A. 喉口部风速　　B. 二次风量　　C. 氧气量　　D. 投料量

答案：A

147. 闪速炉熔炼过程中在其他条件不变的情况下，增加烟灰处理量，可能使反应温度（　）。

A. 升高　　B. 降低　　C. 不影响　　D. 都不对

答案：B

148. 闪速熔炼过程中，在其他条件不变的情况下，通过改变（　）可实现对炉膛温度的控制。

A. 渣铁硅比　　B. 鼓风富氧浓度　　C. 冰镍放出量　　D. 渣放出量

答案：B

149. 冲渣系统提升泵的作用是（　）。

A. 提供冲渣水　　B. 补充冲渣水　　C. 冷却冲渣水　　D. 抽取冲渣水

答案：C

150. 沉尘室的精矿粒度较（　），所以选做硫化剂。

A. 大　　B. 小　　C. 热　　D. 冷

答案：A

151. 闪速炉电收尘器属于（　）。

A. 单室四电场　　B. 单室三电场　　C. 双室四电场　　D. 双室三电场

答案：C

152. 在闪速炉正常生产过程中，要求软化水进水温度不能低于（　）℃。

A. 20　　B. 0　　C. 35　　D. 45

答案：C

153. 闪速炉捞渣机和贫化炉捞渣机分别有（　）台。

A. 2，3　　B. 2，1　　C. 1，2　　D. 2，2

答案：D

154. 闪速炉贫化区炉顶有（　）个加料孔。

A. 10　　B. 12　　C. 6　　D. 8

答案：A

155. 沉淀池炉顶为（ ）。
A. 平炉顶 B. 斜炉顶 C. 球形炉顶 D. 拱形炉顶
答案：D

156. 贫化电炉主要是为了回收（ ）。
A. Ni B. Cu C. Co D. Fe
答案：C

157. 闪速炉反应塔加料系统有（ ）条埋刮。
A. 2 B. 3 C. 4 D. 5
答案：C

158. 烟道出口烟气量较反应塔烟气量大是因为存在（ ）。
A. 收缩 B. 膨胀 C. 漏风 D. 各种均有可能
答案：C

159. 放渣时捞渣机电流升高的原因可能是（ ）。
A. 渣温太小 B. 渣量太大 C. 水量太大 D. 水量太小
答案：B

160. 消除炉底冻结层的办法之一是（ ）。
A. 提高镍锍品位 B. 提高镍锍温度 C. 提高渣温 D. 提高铁硅比
答案：B

161. 转炉是属于（ ）。
A. 连续吹炼炉 B. 卧式转炉 C. 立式转炉 D. 都不对
答案：B

162. 闪速炉放渣口设有（ ）层水套，贫化电炉放渣口设有（ ）层水套。
A. 1，1 B. 2，2 C. 3，2 D. 1，3
答案：D

163. 上升烟道副烟道出口设计为（ ）。
A. 正方形 B. 圆形 C. 三角形 D. 长方形
答案：B

164. 贫化电炉炉膛负压可以通过（ ）调节。
A. 阀门 B. 排烟机 C. 阀门和排烟机 D. 都不对
答案：C

165. 电极正常工作时上闸环（ ）。
A. 松开 B. 抱紧 C. 先松后紧 D. 先紧后松
答案：A

166. 镍在地球上的含量约3%，在地壳中含量排第（ ）位。
A. 2 B. 5 C. 8 D. 15
答案：B

167. 金川铜合成炉是在借鉴创新镍闪速炉经验的基础上，于（ ）年建成投产。
A. 2003 B. 2004 C. 2005 D. 2006
答案：C

168. 湿精矿干燥的过程分短窑、鼠笼打散、（　）三部分。将含水8%的湿精矿，干燥为含水合格的干精矿。

A. 气流干燥　B. 沉尘室　C. 一旋　D. 斜坡烟道

答案：A

169. 投料前要先（　），使炉内各部位温度达到投料要求。

A. 洗炉　B. 升温　C. 降温　D. 保温

答案：B

170. 闪速炉余热锅炉的作用是（　）。

A. 回收余热　B. 烟气降温　C. A \ B 都对　D. 都不对

答案：C

171. －200目（－0.074mm）是指产品筛分时的（　）。

A. 筛上物　B. 筛下物　C. 中间产品

答案：B

172. （　）遇水更容易放炮。

A. 镍锍　B. 炉渣　C. 热烟灰

答案：A

173. 闪速炉炉前共配置（　）个平板车。

A. 3　B. 5　C. 7　D. 6

答案：D

174. 为保证电极工作平稳连续，电极液压系统采用液气相结合的动力方式，气体采用（　）。

A. 压缩空气　B. 氧气　C. 氮气　D. 氯气

答案：C

175. 焦炭或块煤加入炉内的还原反应为（　）。

A. 吸热反应　B. 交互反应　C. 放热反应

答案：A

176. 贫化炉用来称量精矿的是（　）。

A. 风根秤　B. 申克秤　C. 皮带秤　D. 螺旋秤

答案：D

177. 粉煤除可以做燃料外还可以做（　）。

A. 硫化剂　B. 还原剂　C. 熔剂　D. 添加剂

答案：B

178. 为防止硬断，电极糊面要求不低于铜瓦上沿是（　）。

A. 820mm　B. 900mm　C. 1200mm　D. 1400mm

答案：D

179. 当观察炉前正常准备放铜的渣包内壁局部发黑时，表示挂渣（　）。

A. 太厚　B. 太薄　C. 适中　D. 太凉

答案：B

180. 发生电气火灾时严禁（　）扑灭。

A. 风　B. 水　C. 灭火器　D. 人工

答案：B

181. 冶金反应主要是控制（　）过程。

A. 造渣　B. 造锍　C. 配料　D. 加料

答案：B

182. 闪速炉在确保安全生产的条件下，应控制尽可能低的低镍锍品位，以防止过氧化生成（　）。

A. Fe_3O_4　B. Fe_2O_3　C. FeO　D. FeS

答案：A

183. 闪速熔炼过程中加入的（　）作为熔剂。

A. Si_2O　B. SiO_2　C. SiO　D. Si_2O_3

答案：B

184. 避免（　）的产生有利于渣、锍更好的分离。

A. 冻结层　B. 结瘤　C. 黏渣层　D. 料坡

答案：C

185. 金川闪速炉反应塔热风温度为200 ℃，是利用闪速炉（　）产出的饱和蒸汽加热达到的，不须消耗其他能源。

A. 闪速炉　B. 贫化炉　C. 转炉　D. 余热锅炉

答案：D

186. 沉淀池炉墙向外倾斜10°，砖墙厚度（　）mm。

A. 480　B. 450　C. 400　D. 520

答案：B

187. 闪速炉、贫化炉冲渣水温要求不高于（　）℃。

A. 100　B. 60　C. 34　D. 45

答案：B

188. 金川顶吹炉是借鉴（　）炉技术设计而成的，属于世界第一台炼镍生产线。

A. 奥斯麦特　B. 艾萨　C. 电炉　D. 卡尔多

答案：A

189. 目前贫化区加入的物料按作用有（　）种。

A. 3　B. 4　C. 5

答案：A

190. 下面哪台炉子变压器切换电压级需要停电（　）。

A. 1号贫化炉　B. 2号贫化炉　C. 闪速炉　D. 转炉

答案：B

191. 金川镍闪速炉使用的选矿湿精矿含水一般（　）。

A. >10%　B. >0.3　C. >0.3%　D. >10

答案：A

192. 镍的氧化物仅高温稳定的是（　）。

A. NiO　B. Ni_3O_4　C. Ni_2O_3

答案：A

三、多选（一个或多个正确答案）

1. 不合格铜镍混合精矿是指（ ）。
   A. MgO 含量大于6.5%
   B. 粒度 -200 目（-0.074mm）筛下物小于80%
   C. 在大精矿仓堆积时间超过一个月
   D. 入炉铜镍混合精矿含水大于0.3%或外购铜镍混合精矿
   答案：ABCD
2. 在实际生产中，闪速炉氧单耗的控制与下例作业参数有关（ ）。
   A. 精矿处理量　B. 渣铁硅比　C. 耗电量　D. 熔剂投入量
   答案：A
3. 金属在渣中的损失有（ ）形式。
   A. 化学熔解　B. 挥发　C. 烟气带走　D. 机械夹杂
   答案：AD
4. 造成炉渣流动性差的主要原因可能是（ ）。
   A. 炉渣温度低　B. 炉渣含镍高
   C. 炉渣含氧化镁高　D. 铁硅比不合适
   答案：ACD
5. 贫化区、贫化电炉出现翻料可能是因为（ ）。
   A. 物料粒度太大　B. 物料潮湿
   C. 料坡太高　D. 熔体表面温度太低
   答案：BCD
6. 硫化镍矿火法冶炼的主要工艺有（ ）。
   A. 造锍熔炼　B. 吹炼　C. 铜镍分离　D. 精炼
   答案：AB
7. 影响 Fe_3O_4 还原反应进行的因素有（ ）。
   A. 温度　B. 锍品位　C. 浓度　D. SiO_2
   答案：ABD
8. 闪速炉精矿喷嘴喉口部风速调节可以通过（ ）来实现。
   A. 固定喉口部截面积，改变富氧空气量
   B. 固定喉口部截面积，改变富氧空气含氧量
   C. 固定富氧空气量，改变喉口部截面积
   D. 改变富氧空气量的同时，改变喉口部截面积
   答案：ACD
9. 矿热电炉兼有（ ）的特性。
   A. 贫化电炉　B. 电阻炉　C. 电弧炉　D. 反射炉
   答案：BC
10. 镍锍中铁、镍和硫含量之和在（ ）以上。
   A. 95%　B. 85%　C. 90%　D. 80%

答案：A

11. 闪速炉设计为悬挂的部位是（ ）。

A. 反应塔　B. 沉淀池　C. 贫化区　D. 上升烟道

答案：AB

12. 闪速炉年度检修后的开炉分为以下（ ）阶段。

A. 开炉前的准备　B. 升温

C. 投料　D. 熔体排放并转入正常生产

答案：ABCD

13. 闪速炉低镍锍不含（ ）成分。

A. Ni　B. MgO　C. S　D. SiO_2

答案：BD

14. 一次风含水太多会引起（ ）故障。

A. 不能调节仪表气动阀　B. 油枪堵塞

C. 反应塔下部出现生料　D. 反应塔内氧气利用率降低

答案：ACD

15. 以下哪些原因会导致闪速炉冲渣溜槽放炮（ ）。

A. 冲渣水温度太低　B. 溜槽变形

C. 炉后热渣量太大　D. 炉渣温度太低

答案：BC

16. 镍的氧化物有（ ）。

A. NiO　B. NiO_2　C. Ni_2O_3　D. Ni_3O_4

答案：ABCD

17. 电流在熔池中的流动途径有（ ）。

A. 电极 A—熔渣—电极 B

B. 电极 A—熔渣—冰镍—熔渣—电极 B

C. 电极 A—电极 B

D. 电极 A—冰镍—熔渣—电极 B

答案：AB

18. 镍的用途有（ ）。

A. 用于各种类型的不锈钢、永磁合金和合金结构的生产上

B. 化学反应的加氢催化剂

C. 防锈性能较好的电镀层

D. 镍钴铝合金的电工器材

答案：ABCD

19. 金川硫化镍精矿主要金属矿物成分是（ ）。

A. 镍黄铁矿　B. 黄铜矿　C. 黄铁矿　D. 脉石矿

答案：ABC

20. 矿热电炉的优点是（ ）。

A. 热效率高　B. 对物料适应性强　C. 渣量小　D. 烟灰率低

答案：AB

21. 闪速炉的优点是（ ）。

A. 能耗低，材料消耗少　B. 综合利用好，工作环境好

C. 烟气不用制酸，直接排空　D. 自动化程度高

答案：ABD

22. 闪速熔炼的特点是（ ）。

A. 焙烧和熔炼完全结合，反应迅速

B. 能耗低，基本不用烧油

C. 环境污染小

D. 直接采用预热空气作氧化介质

答案：ABCD

23. 目前反应塔精矿喷嘴主要结构包括（ ）。

A. 风箱　B. 料管　C. 中央油枪　D. 分料器

答案：ABCD

24. 在生产高品位锍的时候，渣中（ ）含量增加，表面渣的氧势增大，这样有价金属更多地被氧化进入渣中。

A. Fe_2O_3　B. Fe_3O_4　C. SiO_2　D. MgO

答案：AB

25. 目前反应塔加入的物料有（ ）和混合烟灰。

A. 精矿　B. 熔剂　C. 块煤　D. 粉煤

答案：ABD

26. 电极的重要特点是（ ）。

A. 导电性好

B. 在熔体中有较好的化学稳定性

C. 高温条件下不宜氧化

D. 机械强度高

答案：ABC

27. 闪速炉低镍锍品位的控制主要是通过控制（ ）来实现的。

A. 精矿处理量　B. 二次风量　C. 吨精矿耗氧　D. 油单耗

答案：C

28. 金川火法冶炼技术经历了鼓风炉、（ ）等发展阶段。

A. 反射炉　B. 矿热电炉　C. 闪速熔炼　D. 富氧顶吹

答案：BCD

29. 下列属于冲渣系统的是（ ）。

A. 冲渣溜槽　B. 捞渣机　C. 浓密池　D. 热渣溜槽

答案：AB

30. 闪速熔炼在能耗上的最大特点是（ ）。

A. 燃烧重油　B. 采用了电炉变压器

C. 使用富氧　D. 燃烧粉煤

答案：BD

31. 贫化电炉入炉物料主要有（ ）。

A. 液体转炉渣 B. 固体转炉渣 C. 干精矿 D. 还原剂

答案：ACD

32. 采用连续自焙式电极的是（ ）。

A. 闪速炉贫化区 B. 转炉 C. 1号贫化电炉 D. 2号贫化电炉

答案：ACD

33. 以下（ ）可作为优化渣指标的手段。

A. 降低低镍锍品位 B. 降低渣铁硅比

C. 提高渣铁硅比 D. 提高渣温

答案：ABD

34. 硫化剂吹送主要设备包括（ ）。

A. 风根秤 B. 仓式输送泵 C. 布袋接收仓 D. 螺旋秤

答案：BC

35. 电极系统主要包括（ ）。

A. 液压站 B. 短网 C. 电极糊 D. 升降装置

答案：ABD

36. 重油系统主要包括（ ）。

A. 重油罐 B. 油泵 C. 阀门 D. 管道

答案：ABCD

37. 炉后放渣过程中要注意对（ ）进行监控。

A. 捞渣机 B. 冲渣水温、水压、流量

C. 电极负荷 D. 渣温、流量

答案：ABD

38. 闪速炉热负荷来源于（ ）。

A. 精矿反应热 B. 重油、粉煤燃烧

C. 电能 D. 氧气燃烧

答案：ABC

39. 贫化电炉热负荷主要来源于（ ）。

A. 转炉渣 B. 硫化剂 C. 还原剂 D. 电能

答案：AB

40. 闪速炉炉墙主要包括（ ）。

A. 耐火砖 B. 水套 C. 立柱 D. 围板

答案：ABD

41. 改造后闪速炉精矿喷嘴结构为（ ）。

A. 中央混合型反调式精矿喷嘴 B. 文丘里喷嘴

C. 拉乌尔喷嘴 D. 凯明扬喷嘴

答案：A

42. 含（ ）的气体对镍有严重的腐蚀。

A. 氧　　B. 氯　　C. 硫　　D. 氮

答案：C

43. 金属在渣中的损失有（　）形式。

A. 化学反应　　B. 物理溶解　　C. 烟气带走　　D. 机械夹杂

答案：ABC

44. 造成炉渣黏度大的主要原因可能是（　）。

A. 铁硅比不合适　　B. 炉渣镍含量高

C. 炉渣氧化镁含量高　　D. 炉渣温度低

答案：ACD

45. 镍矿冶炼的主要分类有（　）。

A. 火法冶金　　B. 吹炼　　C. 熔炼　　D. 湿法冶金

答案：AD

46. 消除磁性氧化铁有害影响的主要方法是（　）。

A. 还原　　B. 硫化　　C. 造渣　　D. 增加二氧化硅

答案：ACD

47. 氧化亚镍的主要性质有（　）。

A. 熔点为1650～1660℃　　B. 很容易被C或CO还原

C. 抗苛性碱腐蚀　　D. 不易被二氧化硫烟气腐蚀

答案：AB

48. 贫化区兼有（　）的特性。

A. 电阻炉　　B. 贫化电炉　　C. 电弧炉　　D. 反射炉

答案：ABC

49. 炉渣的成分直接影响渣的性质，包括（　）。

A. 渣的氧势　　B. 密度　　C. 黏度　　D. 熔点

答案：ABCD

50. 闪速炉有水套保护的部位是（　）。

A. 反应塔　　B. 沉淀池　　C. 贫化区　　D. 上升烟道

答案：ABCD

51. 闪速炉月修检修前的停炉分为以下（　）阶段。

A. 停炉前的准备　　B. 降温

C. 停电分闸　　D. 熔体排放并转入保温作业

答案：AB

52. 闪速炉保温的原则是（　）。

A. 稳定炉膛温度、负压　　B. 采用多油枪、小油量

C. 沉淀池油枪要对称分布均匀　　D. 适当控制较高温度

答案：ABC

53. 油枪油量跟不上的原因可能是（　）。

A. 仪表气动阀不能自动调节　　B. 油枪堵塞

C. 重油含水　　D. 油温太低

答案：ABD

54. 以下哪些原因会导致闪速炉炉前跑铜（ ）。

A. 铜温太高　B. 水套停水　C. 铜面太高　D. 口子太大

答案：ABCD

55. 镍的硫化物有（ ）。

A. NiS_2　B. Ni_6S_5　C. Ni_3S_2　D. NiS

答案：ABCD

56. 电极三角形负荷在熔池中的流动途径有（ ）。

A. 电极 A—熔渣—电极 B

B. 电极 A—熔渣—冰镍—熔渣—电极 B

C. 电极 A—电极 B

D. 电极 B—熔渣—电极 C

答案：AB

57. 氧化亚镍能溶于（ ）等溶液中形成绿色的两价镍盐。

A. 硫酸　B. 亚硫酸　C. 硝酸　D. 盐酸

答案：ABCD

58. 低镍锍中主要金属矿物成分是（ ）。

A. CuS_2　B. CuS　C. Ni_3S_2　D. NiS

答案：AC

59. 顶吹炉的优点是（ ）。

A. 热效率高　B. 烟气容易制酸

C. 渣量小　D. 对物料适应性强

答案：ABD

60. 闪速炉的缺点是（ ）。

A. 对物料适应性差　B. 能耗高　C. 温度高　D. 一次投资大

答案：AD

61. 属于电极设施的是（ ）。

A. 上闸环　B. 蓄力器　C. 把持器　D. 升降缸

答案：ACD

62. 反应塔精矿喷嘴主要作用包括（ ）。

A. 加料　B. 配料　C. 点油枪　D. 鼓入富氧空气

答案：ACD

63. 不单独设置环保风机的区域是（ ）。

A. 反应塔配加料　B. 贫化区配加料　C. 贫化炉配加料　D. 转炉配加料

答案：AD

64. 闪速炉加入块煤的部位有（ ）。

A. 反应塔　B. 沉淀池　C. 上升烟道　D. 贫化区

答案：BD

65. 闪速炉水套的结构种类有（ ）。

A. 平水套　B. 立水套　C. 齿形水套　D. 斜水套

答案：ABC

66. 闪速炉贫化区炉况主要是通过控制（　）来实现的。

A. 精矿处理量　B. 二次风量　C. 加料　D. 电极

答案：CD

67. 已经采用富氧熔炼技术的有（　）等炉窑。

A. 鼓风炉　B. 转炉　C. 闪速熔炼　D. 顶吹炉

答案：ABCD

68. 对冲渣水的监控参数主要有（　）。

A. 水温　B. 水压　C. 水量　D. pH 值

答案：ABCD

69. 闪速炉车间烟气不制酸的炉窑是（　）。

A. 精矿干燥　B. 闪速炉　C. 贫化炉　D. 转炉

答案：AC

70. 对捞渣机的点检主要包括（　）。

A. 渣斗链　B. 传动系统　C. 渣量　D. 格栅

答案：ABCD

71. 生产运行过程中要注意对蓄力器（　）进行监控。

A. 液位　B. 氮气压力　C. 油温　D. 油泵

答案：ABD

72. 影响贫化炉渣指标的主要因素是（　）。

A. 转炉渣指标　B. 转炉渣铁硅比　C. 硫化剂加入量　D. 还原剂加入量

答案：ABCD

73. 以下（　）可作为保证炉窑安全的手段。

A. 膨胀检测　B. 受力检测　C. 低温控制　D. 加强冷却

答案：ABCD

74. 硫化剂吹送不过料故障包括（　）。

A. 气压低　B. 流化床泄漏　C. 布袋接收仓泄漏　D. 螺旋秤卡

答案：AB

75. 电极系统冷却水设备主要包括（　）。

A. 集电环　B. 短网　C. 铜瓦　D. 升降装置

答案：ABC

76. 转炉吹炼热负荷来源于（　）。

A. 低镍锍　B. 反应放热　C. 转炉渣　D. 高镍锍

答案：AB

77. 为反拱形结构的部位有（　）。

A. 贫化炉顶　B. 贫化区炉顶　C. 反应塔顶　D. 沉淀池顶

答案：ABD

78. 反应塔是完成熔炼过程的关键部位，要承受以下作用（　）。

A. 高温　B. 粉状物料的冲刷　C. 熔体的侵蚀　D. 硫酸的腐蚀
答案：ABC

79. 沉淀池炉墙由（　）构成。
A. 砖体　B. 铜水套　C. 钢板外壳　D. 铝板外套
答案：ABC

80. 上升烟道是闪速炉内高温烟气的通道，由（　）组成。
A. 砖体　B. 铜水套　C. 钢板外壳　D. 钢骨架
答案：ABCD

81. 闪速炉冶炼温度的控制主要是通过对（　）温度的测量，依据温度的变化进行合理控制的。
A. 低镍锍　B. 烟气　C. 炉渣　D. 炉体
答案：ABCD

82. 为了确保炉体安全运行，要对炉子各部位进行日常的点检，点检的内容包括（　）等。
A. 炉子钢骨架　B. 耐火材料　C. 水系统　D. 炉体卫生
答案：ABCD

83. 配料刮板主要包括（　）三部分。
A. 传动部分　B. 槽体　C. 链条　D. 皮带
答案：ABC

84. 开炉前动氧车间应具备正常（　）。
A. 供氧条件　B. 供风条件　C. 供水条件　D. 供煤条件
答案：ABC

85. 贫化区负压太低的原因可能是因为（　）。
A. 电极打弧严重　B. 上升烟道挂帘子
C. 料坡太高　D. 熔体表面温度太低
答案：ABC

86. 消除磁性氧化铁有害影响的主要方法是（　）。
A. 还原　B. 硫化　C. 造渣　D. 增加二氧化硅
答案：ACD

87. 电炉变压器运行过程中要注意对（　）进行监控。
A. 油温、油位　B. 瓦斯气　C. 电极负荷　D. 短网水
答案：ABD

88. 开炉前检查确认一次风系统（　），检查确认加热器检修完毕，调试正常。
A. 压力正常　B. 各用风点压力正常
C. 各用风点流量正常　D. 无泄漏
答案：ABCD

89. 开炉前电极系统应检查确认电极（　）及其楔紧装置工作正常，油管水管无泄漏，电极运行灵活可靠。
A. 升降缸　B. 上、下闸环　C. 集电环　D. 铜瓦

答案：ABCD

90. 开炉前变压器系统短网应进行过（　）等维护工作。

A. 打压　B. 紧固　C. 清理　D. 检查

答案：ABCD

91. 开炉前应对转炉系统的（　）及吊车等进行相应的检查、检修，确认其具备正常生产的条件。

A. 炉体系统　B. 加料系统　C. 水冷系统　D. 控制系统

答案：ABCD

92. 影响反应塔反应温度的主要是（　）、干精矿的理化性能和加入的烟灰量等。

A. 反应塔喷嘴的工况条件　B. 反应塔燃油量

C. 反应塔块煤量　D. 反应塔总风量

答案：ABD

93. 干精矿中含（　）等成分和精矿粒级对油单耗影响最大。

A. Fe　B. S　C. MgO　D. Fe_3O_4

答案：ABCD

94. 实际生产中，只要给定（　）等关键参数，计算机将自动计算出所需要的二次风量和氧气量。

A. 精矿量　B. 氧单耗量

C. 总风量　D. 反应塔油（粉煤）量

答案：ABCD

95. 炉体检修主要是对长时间在高温、高氧化强度的条件下运行使用的炉体（　）等进行检修。

A. 耐火材料　B. 水冷元件

C. 出现异常的围板　D. 出现异常的骨架

答案：ABCD

96. 小修主要是对正常生产中（　）等出现的小问题进行检修。

A. 可更换的水冷元件　B. 贫化区炉顶小面积塌陷

C. 骨架　D. 附属设施

答案：ABCD

97. 中修主要内容是对炉体侵蚀严重的（　）的耐火材料局部更换，对变形较为严重的骨架以及不能在平时处理的对生产影响较大的工艺附属设施、辅助系统进行检修。

A. 侧墙　B. 端墙　C. 放出口　D. 炉顶

答案：ABCD

四、判断题

1. 镍、铜、钴、铁的氧化顺序为铁、钴、铜、镍。

答案：（×）

2. 闪速炉低镍锍品位的控制主要是通过控制处理量、二次风量和吨精矿耗氧来实现的。

答案：（×）

3. 闪速炉捞渣机电流报警时，为防止捞渣机被拉坏，捞渣机应立即停车。
   答案：(×)
4. 碱度大于 1 的渣为酸性渣。
   答案：(×)
5. 闪速炉精矿喷嘴喉口部风速只能通过调整喉口截面积来实现。
   答案：(×)
6. 选矿的主要目的是为了提高镍冶炼回收率。
   答案：(×)
7. 镍闪速炉比铜闪速炉的操作温度低，是因为渣熔点不同。
   答案：(×)
8. 硫化顺序为铁、钴、铜、镍。
   答案：(×)
9. 熔炼在能耗上的最大特点是采用了燃烧粉煤，节约能源。
   答案：(√)
10. 强氧化条件下，渣中 Fe_2O_3 的含量升高，氧势升高，有价金属的损失也升高。
    答案：(√)
11. 转炉吹炼过程主要是控制 SiO_2 造渣。
    答案：(√)
12. 闪速炉处理的烟灰全是闪速炉排烟系统回收的烟灰。
    答案：(×)
13. 闪速炉富氧空气预热温度越高越好。
    答案：(×)
14. 炉体耐火砖在高温下遇水会粉化。
    答案：(√)
15. 闪速炉贫化区、贫化电炉采用间断自焙式电极。
    答案：(×)
16. H 型水冷梁起冷却耐火材料和支撑耐火材料的作用。
    答案：(√)
17. 闪速熔炼过程烟灰产率越低，说明反应进行的越完全。
    答案：(√)
18. 1 号贫化电炉和 2 号贫化电炉共用一台蓄力器。
    答案：(√)
19. 沉淀池结瘤的主要成分是 Fe_3O_4、铁镍合金等组成的高熔点物质。
    答案：(√)
20. 闪速炉炉体结构采用的是刚性结构。
    答案：(×)
21. 贫化电炉的烟气必须经过制酸后才能排空。
    答案：(×)
22. 闪速炉系统自产冷料由于硫含量不稳定，并且低，所以不能作为贫化电炉硫化剂。

答案：(√)

23. 闪速熔炼系统设计为2台6000m^3/h(标态)的制氧机。

答案：(×)

24. 高镍锍缓冷过程主要是为了镍铜分离。

答案：(√)

25. 贫化区两组电极共用一台蓄力器。

答案：(√)

26. 贫化炉冻结层的主要成分是Fe_3O_4、铁镍合金等组成的高熔点物质。

答案：(√)

27. 当精矿水含量超标时，氧气利用率会提高。

答案：(×)

28. 增加烟灰处理量时，要同时增加重油或粉煤投入量。

答案：(√)

29. 低镍锍的密度随品位的升高而增加。

答案：(√)

30. 精矿干燥的烟气必须经过制酸后才能排空。

答案：(×)

31. 闪速熔炼系统设计为1台14000m^3/h(标态)的制氧机。

答案：(×)

32. 镍合金是一种耐高温、抗氧化的材料，用于喷气涡轮、电热元件、电阻和高温设备机构中。

答案：(√)

33. 硫化镍矿的火法冶炼过程为造锍熔炼→吹炼→铜镍分离 →精炼。

答案：(×)

34. 鼓风炉的特点是投资大、热利用率高、工艺条件复杂。

答案：(×)

35. 矿热电炉的缺点是热源主要来自物料，电热效率低。

答案：(×)

36. 物料的粒度越细，硫化精矿的着火点越低。

答案：(√)

37. 在强氧化过程中，产生的锍品位越高，反应塔中的悬浮氧化物程度越高。

答案：(√)

38. 生产高品位的镍锍时，因造渣氧化物的量增多，会增加渣的黏度，造成渣中有价金属含量升高。

答案：(√)

39. 减小炉渣的黏度，是为了延长放渣时间，降低渣中有价金属含量。

答案：(×)

40. 当锍中硫含量高时，渣中有价金属的化学损失由于锍密度的减小而使沉降分离困难，损失增大。

答案：(×)

41. 电炉贫化渣的原理是利用高温的过热澄清，并加入少量的还原剂、硫化剂，使炉渣中有价金属被硫化产出低品位的锍。

答案：(√)

42. 物料中水分在 0.5% 时，在熔炼过程中，物料颗粒表面不会形成水蒸气薄膜，也不会阻碍物理反应进行。

答案：(×)

43. 从动力学分析，提高富氧浓度将提高氧的扩散速率，因而加速氧化反应的进行，从而可以提高处理能力。

答案：(√)

44. 上升烟道背火面有 11 层平水套，迎火面有 5 层平水套。

答案：(×)

45. 电极的工作行程是 1200mm，正常行程 1000mm。

答案：(√)

46. 只要佩戴防毒面具就可以进入硫化剂仓进行检修。

答案：(×)

47. 低镍锍是炉渣的主要硫化剂。

答案：(√)

48. 贫化电炉烟道采用铸铜水套。

答案：(×)

49. 电炉变压器功率因数越低，表示电能利用率越高。

答案：(×)

50. 炉前发生跑铜事故，首先立即进行强行堵口。

答案：(√)

51. 检测沉淀池熔体面是判断炉况反应的重要手段。

答案：(√)

52. 刮板链条太松是导致浮链的主要原因。

答案：(√)

53. 发现炉内漏水，应立即进行加料并抬离电极。

答案：(×)

54. 精矿粒级合格率较低时应尽可能降低氧单耗。

答案：(×)

55. 闪速炉沉淀池采用三层平水套强制冷却。

答案：(√)

56. 闪速炉加料系统包括反应塔加料和贫化区加料两部分。

答案：(√)

57. 贫化炉布袋接收仓布袋属于内滤式。

答案：(√)

58. 贫化炉布袋接收仓尾气发黑，可能是料位太高所致。

答案：（√）

59. 炉底冻结层太高，影响渣指标。

答案：（√）

60. 黏渣层是指渣和低镍锍之间的隔层，越高越安全。

答案：（×）

61. 重油压力太大时可以打开小循环进行调节。

答案：（√）

62. 水冷梁冷却水由埋管和明槽两部分组成。

答案：（√）

63. 控制较低的铜温有助于生成冻结层。

答案：（√）

64. 控制较高的富氧浓度可以减少燃料加入量。

答案：（√）

65. 氮气是空气中的主要成分，对人体没有伤害。

答案：（×）

66. 发生电气火灾可立即用水进行扑灭。

答案：（×）

67. 进行电极送电可以先联系送电，后填送电票。

答案：（×）

68. 炉顶结构主要有吊挂砖和水冷浇筑炉顶两种结构。

答案：（√）

69. 每台贫化电炉炉顶共设有 8 个加料孔。

答案：（×）

70. 金川镍矿属于氧化矿，氧化镁含量较高。

答案：（×）

71. 精矿水分超标会对风根秤下料造成影响。

答案：（√）

72. 炉内大量漏水会使炉膛负压大幅度降低。

答案：（√）

73. 精矿硫含量较低有助于炉内反应。

答案：（×）

74. 低镍锍品位是维持系统生产平衡的主要参数。

答案：（√）

75. 反应塔加块煤是为了提高反应温度。

答案：（×）

76. 沉淀池点油枪和粉煤枪主要是为了消除结瘤和“门帘”。

答案：（√）

77. 副烟道是正常保温用的烟气路线。

答案：（×）

78. 反应塔二次风加热器采用低压蒸汽加热。
答案：（×）
79. 为防止软断，电极糊面要求不能高于铜瓦上沿。
答案：（×）
80. 电极负荷主要是通过电极插入熔体深度来实现的。
答案：（√）
81. 为防止腐蚀要定期往冲渣水中加入碱性矿物使 pH 值降低。
答案：（×）
82. 蓄能器有高、中、低三个液位点，它与油泵连锁。
答案：（√）
83. 若电压级过低，电极插入深，易造成炉内打弧。
答案：（×）
84. 火法生产镍的流程有鼓风炉、反射炉、矿热电炉、闪速炉等。
答案：（√）
85. 反射炉熔炼工艺流程是金川的第一个流程。
答案：（×）
86. 金川镍矿高镁矿选择电炉熔炼流程对生产更加有利。
答案：（√）
87. 耶琴斯克冶炼厂属于俄罗斯诺林斯克公司。
答案：（√）
88. 金川顶吹炉车间采用富氧顶吹浸没喷枪熔炼技术，号称“世界第一”。
答案：（√）
89. 选矿要把矿石细磨到 -280 目以下的粒度是为了使有价矿物与脉石更容易分离。
答案：（√）
90. 精矿的表面能是由矿石细磨所耗费的能量转化而来的。
答案：（√）
91. 闪速熔炼也可称是熔池熔炼，其中心是“空间反应”。
答案：（×）
92. 悬浮在气流中的颗粒能否在离开反应塔底部进入沉淀池之前顺利地完成氧化、着火和熔化过程，对整个熔炼效果是至关重要的。
答案：（√）
93. 着火温度取决于硫化物的特性和比表面积，同一物质的比表面积增加，着火点温度则升高。
答案：（×）
94. 闪速熔炼的优点在于充分利用精矿中可燃烧的硫和铁，硫化物燃烧可释放大量热量。
答案：（√）
95. 在进料量一定的情况下，熔炼过程的脱硫率和锍品位可通过调节风量、氧量、预热空气温度及燃料用量等来控制。
答案：（√）

96. 如闪速熔炼生产高品位锍时，渣中铜和镍的损失量增大，还原选择性减弱。
答案：(×)
97. 炉渣的主要成分有 $2FeO \cdot SiO_2$、$CaO \cdot SiO_2$、$MgO \cdot SiO_2$ 以及 Fe_3O_4 的熔融混合物。
答案：(√)
98. 消除磁性氧化铁有害影响的主要方法是促进其氧化和造渣。
答案：(×)
99. 铁的硫化物 FeS 在高温下能与许多金属硫化物形成共熔体——低镍锍。
答案：(√)
100. 随镍锍的金属化程度升高，其熔点降低。
答案：(×)
101. 金川闪速炉处理的铜镍精矿属于高铁、高镁型，它产出的渣中 FeO、MgO、SiO_2 三相之和均在97%以上。
答案：(√)
102. 闪速炉熔炼挥发是去除杂质的途径，因此烟尘不需另行处理。
答案：(×)
103. 所谓炉渣贫化，其实质是渣中 Fe_3O_4 被还原，以减少 NiO 的溶解，并且以低镍锍洗涤还原炉渣的过程。
答案：(√)
104. 电能是在低镍锍层内转变为热能的。
答案：(×)
105. 对于闪速熔炼来说，化学溶解形态主要是氧化物（MO），与体系的硫势、氧势以及锍品位有很大的关系。
答案：(√)
106. 增加 Fe_3O_4 的量，可以加快熔锍颗粒在渣中的沉降。
答案：(×)
107. MgO 含量不小于6%时将显著升高渣的熔点，增加渣黏度，是镍熔炼与铜熔炼相比操作温度高的原因之一。
答案：(√)
108. 闪速炉由反应塔、沉淀池、贫化区和余热锅炉四部分组成。
答案：(×)
109. 在高温下的抗压强度、显气孔率、荷重软化温度等性能是选择耐火砖的主要指标。
答案：(√)
110. 贫化区是金川闪速炉熔炼反应的最后区段，使渣中的有价金属进一步还原沉积进入低镍锍中。
答案：(√)
111. 料坡高度取决于入炉物料的安息角、粒度、水分、矿物特性等。
答案：(√)
112. 为了保证炉子与砖体能够自由膨胀和收缩，并且保证炉体的整体性，闪速炉采用了“捆绑”式刚性结构。

答案：(×)

113. 炉体维护主要包括：温度检测、炉内点检、炉体检测、点检及保护措施等。

答案：(√)

114. 贫化区配、加料系统的主要设备有风根秤、配料刮板及加料刮板等。

答案：(×)

115. 埋刮板机主要包括传动部分、槽体、链条三部分。

答案：(√)

116. 反应塔热风温度根据换热原理，只能到130℃的极限温度。

答案：(×)

117. 柴油输送管道必须保温，以避免在温度较低时流动困难甚至在管道内凝结。

答案：(×)

118. 系统油压的高低是以燃油量和回油量作为衡量标准的。

答案：(√)

119. 为了延长耐火材料的寿命和稳定生产，闪速炉采用了强制冷却系统，由冷却水系统管网和水冷元件组成。

答案：(√)

120. 闪速炉软化循环水系统由高位水箱并列铺设四路供水管线。

答案：(×)

121. 软化水进水平均温度不高于45℃，出水平均温度不高于35℃。

答案：(×)

122. 闪速炉喷雾室冷却系统使用软化水进行冷却。

答案：(×)

123. 水套编号原则一般为外水道为奇数，水套内水道为偶数。

答案：(√)

124. 电极需要压放时，上闸环松开、下闸环抱紧，升降缸上升至需要值。

答案：(×)

125. 变压器在运行中，其油温应不大于55℃，最高不超过65℃，温升不超过20℃。

答案：(×)

126. 运行中液压油温应保证在10～55℃之间，若温度太低则启动蒸汽加热器加热。

答案：(×)

127. 电极负荷和渣型一定时，电压级越低，电极插入渣层越浅。

答案：(√)

128. 闪速炉内负压是闪速炉的关键作业参数，它对炉况、生产热平衡、烟尘产出率等没有影响。

答案：(×)

129. 烟气路线：闪速炉→闪速炉余热锅炉→烟道→电收尘器→闪速炉排烟机→干燥烟囱是B线。

答案：(√)

130. 在渣水淬的过程中，应注意捞渣机与炉后的电铃，捞渣机有故障，电铃响，炉后人员应迅速堵口，以防压死捞渣机。

答案：(√)

131. 冲渣水水温过低会引起炉后放炮，所以要严格控制，温度过低时可适当加大补充水量。

答案：(×)

132. 开炉前的准备工作大致可分为外围系统的准备工作和内部系统的准备工作两部分。

答案：(√)

133. 电炉贫化转炉渣时有电极中的碳参加还原反应，能很好地破坏 Fe_3O_4。

答案：(√)

134. 电极氧化严重时，电极直径变大。

答案：(×)

135. 电炉贫化法是利用电能转换为热能从而保证炉渣和镍锍在高温下过热澄清的。

答案：(√)

136. 贫化区、贫化电炉炉顶内拱高400mm，外部水平。

答案：(×)

137. 温度检测主要包括低镍锍、炉渣、炉膛、精矿温度以及炉体表面温度。

答案：(×)

138. 电极流糊是因为铜瓦打弧击穿电极壳或电极壳焊接不好出现孔洞。

答案：(√)

139. 一次风压力过低或一次风系统故障跳车，可能导致一次风窜入重油管及一次风加热器引起爆炸。

答案：(×)

140. 油系统故障停电后，应立即加大反应塔保温用风防止着火。

答案：(×)

141. 如果突然发生软化水系统故障停电，要立即启动柴油机供水。

答案：(√)

142. 若停电时间超过半小时，那么在投料前要进行升温作业，当反应塔内温度在1250～1300℃时，即可恢复投料生产。

答案：(√)

143. 电阻丝烘炉的目的是烘干炉底耐火材料中的结晶水分。

答案：(×)

144. 木柴烘炉的目的是将炉膛温度逐渐升到200℃，便于重油烤炉和焙烧电极。

答案：(×)

145. 贫化电炉生产主要是控制贫化炉低镍锍温度、炉渣温度和炉渣 Fe/SiO_2 比、炉膛温度、炉膛负压、渣面、铜面等。

答案：(√)

146. 设法破坏磁性氧化铁，使镍钴的氧化物还原硫化，是从转炉渣中回收钴、镍、铜的基础。

答案：(√)

147. 贫化电炉加入硫化剂有利于调整渣型及破坏磁性氧化铁。
答案：(×)
148. 过热的炉渣将导致热损失增加，使电耗上升，且较长时间的过热将导致低镍锍温度上升。
答案：(√)
149. 选择适当的渣型、控制合理的炉渣成分是贫化电炉生产的有效控制手段。
答案：(√)
150. 贫化电炉渣铜面控制一方面要满足系统平衡生产的要求，另一方面要满足转炉吹炼工艺的要求。
答案：(×)
151. 从第一包转炉渣返入贫化电炉到放渣的这一段时间称为贫化时间。
答案：(×)
152. 当班电极功率的计算公式如下：$P=(A\times\omega+B\times650)$。
答案：(√)
153. 一般自然堆角大、粒度均匀、不含水分的炉料，料坡高度高一些。
答案：(√)
154. 漏炉由于部位不同，有漏锍漏渣之分，并以侧墙与炉底反拱交接处为多见。
答案：(√)
155. 闪速炉上升烟道断面积为3000mm×4500mm。
答案：(×)
156. 贫化区因为加入固体块状物料，烟气量大，炉膛温度比较低，因此炉顶较沉淀池炉顶高。
答案：(×)
157. 镍、铜、钴、铁的硫化顺序为铁、钴、铜、镍。
答案：(×)
158. 熔炼过程的脱硫率和锍品位可通过调节风量、氧量、预热空气温度及燃料用量等来控制。
答案：(√)

五、计算

1. 实际生产中，反应塔二次风量为20000m^3/h(标态)，工业氧量为10500m^3/h(标态)，反应塔油量为900kg/h，吨精矿耗氧为215m^3(标态)。此时反应塔精矿处理量应该是多少?(二次风氧浓度为21%，工业氧浓度为90%，每千克重油耗氧2.1m^3(标态))
解：

$$\text{精矿处理量}=\frac{(20000\times0.21+10500\times0.9)-900\times2.1}{215}\approx55\text{t}$$

2. 实际生产中，反应塔二次风量为20000m^3/h(标态)，工业氧量为10500m^3/h(标态)，反应塔油量为900kg/h，吨精矿耗氧为215m^3(标态)。此时反应塔富氧浓度应该是多少?(二次风氧浓度为21%，工业氧浓度为90%，每千克重油耗氧2.1m^3(标态))

解：

$$富氧浓度=\frac{20000\times 0.21+10500\times 0.9}{20000+10500}\times 100\%\approx 48\%$$

3. 实际生产中，反应塔二次风量为20000m³/h（标态），工业氧量为10500m³/h（标态），反应塔投料量为55t/h，吨精矿耗氧为215m³（标态）。此时反应塔耗油量应该是多少？（二次风氧浓度为21%，工业氧浓度为90%，每千克重油耗氧2.1m³（标态））

解：

$$耗油量=\frac{(20000\times 0.21+10500\times 0.9)-55\times 215}{2.1}\approx 900kg$$

4. 实际生产中，反应塔二次风量为20000m³/h（标态），工业氧量为10500m³/h（标态），反应塔油量为900kg/h，反应塔投料量为55t/h。此时反应塔吨精矿耗氧应该是多少？（二次风氧浓度为21%，工业氧浓度为90%，每千克重油耗氧2.1m³（标态））

解：

$$氧单耗=\frac{(20000\times 0.21+10500\times 0.9)-900\times 2.1}{55}\approx 215m^3/t$$

5. 实际生产中，反应塔二次风量为20000m³/h（标态），工业氧量为10500m³/h（标态），反应塔油量为900kg/h，反应塔投料量为55t/h。此时反应塔吨精矿耗油应该是多少？（二次风氧浓度为21%，工业氧浓度为90%，每千克重油耗氧2.1m³（标态））

解：

$$油单耗=\frac{900}{55}\approx 16kg/t$$

6. 实际生产中，开始反应塔二次风量为20000m³/h（标态），工业氧量为10500m³/h（标态），反应塔油量为900kg/h，吨精矿耗氧为215m³（标态）。当氧气量增加到11500m³/h（标态）时，为了减少氧气放空，可以增加投料量。试计算在反应塔总风量、氧单耗不变而反应塔油量减少100kg/h的情况下，可以增加多少吨精矿投入量？此时的富氧空气氧浓度是多少？（二次风氧浓度为21%，工业氧浓度为90%，每千克重油耗氧2.1m³（标态））

解：

开始总风量 = 20000 + 10500 = 30500m³/h（标态）

氧增加到11500m³/h（标态）时，二次风量 = 30500 − 11500 = 19000m³/h（标态）

$$精矿处理量=\frac{19000\times 0.21+11500\times 0.9-(20000\times 0.21+10500\times 0.9)-100\times 2.1}{215}\approx 2t/h$$

$$富氧浓度=\frac{19000\times 0.21+11500\times 0.9}{30500}\times 100\%\approx 47\%$$

7. 贫化电炉某班返转炉渣6包（15t/包），若控制硫化剂率30%、还原剂率2%，试计算需配入的硫化剂量？

解：需配入的硫化剂量：15 × 6 × 30% = 27t

8. 贫化电炉某班返转炉渣6包（15t/包），若控制硫化剂率30%、还原剂率2%，试计算需配入的还原剂量？

解：需配入的还原剂量：15 × 6 × 2% = 1.8t

9. 贫化电炉某班返转炉渣6包（15t/包），若控制硫化剂率20%、还原剂率2%，试计算

班耗电量？（转炉渣耗电 120 kW·h/t，硫化剂耗电 650kW·h/t）

解：

$$班耗电量：15\times6\times120+15\times6\times20\%\times650=22500kW\cdot h$$

10. 贫化电炉某班返转炉渣6包（15t/包），若控制硫化剂率20%、还原剂率2%、班耗电量22500kW·h，试计算转炉渣电单耗？（硫化剂耗电650kW·h/t）

解：

$$转炉渣电单耗=\frac{22500-(6\times15\times20\%\times650)}{6\times15}=120kW\cdot h/t$$

11. 闪速炉某班以80t/h的投料量生产，已知熔剂率为15%，试求当班熔剂加入量。

解：

$$熔剂加入量=80\times15\%=12t/h$$

12. 闪速炉某班以80t/h的投料量生产，已知烟灰率12%。试求当班烟灰加入量。

解：

$$烟灰加入量=80\times12\%=9.6t/h$$

13. 闪速炉某班以80t/h的投料量生产，已知低镍锍产率为25%，低镍锍15t/包。试求当班低镍锍产出量及放铜包数。

解：

$$低镍锍产出量=80\times8\times25\%=160t$$

$$放铜包数=\frac{160}{15}\approx11包$$

14. 闪速炉某班以80t/h的投料量生产，已知贫化区配入石英2t、水渣2t、焦炭8t，渣率为70%，水渣耗电为650kW·h/t，吨渣电单耗为120kW·h/t。试求当班耗电量。

解：

$$耗电量=(80\times8\times70\%\times120)+2\times650\approx55000kW\cdot h$$

15. 闪速炉某班以80t/h的投料量生产，指令贫化区配料还原剂率2%、熔剂率1%、水渣率1.5%、渣率70%。试求当班贫化区配料量是多少。

$$还原剂量=(80\times8\times70\%\times2\%)\approx9t$$

$$石英量=(80\times8\times70\%\times1\%)\approx4.5t$$

$$水渣量=(80\times8\times70\%\times1.5\%)\approx7t$$

16. 闪速炉以80t/h的投料量生产，精矿成分为Ni：10.00%，Cu：5.00%，Fe：26%，Co：0.20%，S：27.00%；熔剂率为15%，烟灰每小时加入8t。低镍锍成分为Ni：30.00%，Cu：14.00%，Fe：28%，Co：0.60%，S：24.00%。镍直收率100%，烟灰产出平衡。试按镍平衡计算当班低镍锍产量及产率。

解：

$$低镍锍产量=\frac{80\times8\times10\%}{30\%}\approx213t$$

$$低镍锍产率=\frac{213}{80\times8\times10}\times100\%\approx33.3\%$$

17. 闪速炉以80t/h的投料量生产，低镍锍产率为25%；贫化电炉低镍锍产量为闪速炉低镍锍的20%。试计算8h连续生产时两台转炉均衡吹炼，每台转炉低镍锍处理量为多少？

解：

$$闪速炉低镍锍产量 = 80 \times 8 \times 25\% = 160t$$

$$贫化电炉低镍锍产量 = 160 \times 20\% = 32t$$

$$每台转炉低镍锍处理量 = \frac{160 + 32}{2} = 96t/台$$

18. 闪速炉以 80t/h 的投料量生产，低镍锍产率为 25%；贫化电炉低镍锍产量为闪速炉低镍锍的 20%；转炉渣率是低镍锍总量的 80%，试计算 8h 连续生产时转炉渣总量是多少？

解：

$$转炉渣总量 = [80 \times 8 \times 25\% + (80 \times 8 \times 25\%) \times 20\%] \times 80\% \approx 154t$$

19. 闪速炉以 80t/h 的投料量生产，低镍锍产率为 25%；贫化电炉低镍锍产量为闪速炉低镍锍的 20%；高镍锍产率为进入转炉低镍锍总量的 50%。试计算 8h 连续生产时高镍锍总量是多少？

解：

$$高镍锍总量 = [80 \times 8 \times 25\% + (80 \times 8 \times 25\%) \times 20\%] \times 50\% \approx 96t$$

20. 闪速炉以 80t/h 的投料量生产，精矿成分为 Ni：10.00%，Cu：5.00%，Fe：26%，Co：0.20%，S：27.00%；熔剂率为 15%，烟灰每小时加入 8t。低镍锍成分为 Ni：30.00%，Cu：14.00%，Fe：28%，Co：0.60%，S：24.00%。当班低镍锍产量 200t，烟灰产出平衡。试计算当班镍直收率。

解：

$$镍直收率 = \frac{200 \times 30\%}{80 \times 8 \times 10\%} \times 100\% \approx 94\%$$

21. 实际生产中，反应塔二次风量为 19000m^3/h（标态），工业氧量为 13500m^3/h（标态），反应塔油量为 400kg/h，反应塔粉煤加入量为 2t/h，吨精矿耗氧为 160m^3（标态）。此时反应塔精矿处理量应该是多少？（已知二次风氧浓度为 21%，工业氧浓度为 90%，每千克重油耗氧 2.1m^3（标态），每千克粉煤耗氧 1.65m^3（标态））

解：

$$精矿处理量 = \frac{(19000 \times 0.21 + 13500 \times 0.9) - 400 \times 2.1 - 2 \times 1000 \times 1.65}{160} \approx 80t$$

22. 实际生产中，反应塔二次风量为 19000m^3/h（标态），工业氧量为 13500m^3/h（标态），反应塔油量为 400kg/h，反应塔粉煤加入量为 2t/h，吨精矿耗氧为 160m^3（标态）。此时反应塔富氧浓度应该是多少？（二次风氧浓度为 21%，工业氧浓度为 90%，每千克重油耗氧 2.1m^3（标态），每千克粉煤耗氧 1.65m^3（标态））

解：

$$富氧浓度 = \frac{19000 \times 0.21 + 13500 \times 0.9}{19000 + 13500} \times 100\% \approx 50\%$$

23. 实际生产中，反应塔二次风量为 19000m^3/h（标态），工业氧量为 13500m^3/h（标态），反应塔投料量为 80t/h，吨精矿耗氧为 150m^3（标态），反应塔粉煤加入量为 2t/h。此时反应塔耗油量应该是多少？（二次风氧浓度为 21%，工业氧浓度为 90%，每千克重油耗氧 2.1m^3（标态），每千克粉煤耗氧 1.65m^3（标态））

解：

$$耗油量=\frac{(19000\times0.21+13500\times0.9)-80\times150-2\times1000\times1.65}{2.1}\approx400\text{kg}$$

24. 实际生产中，反应塔二次风量为 $19000\text{m}^3/\text{h}$（标态），工业氧量为 $13500\text{m}^3/\text{h}$（标态），反应塔油量为 400kg/h，反应塔粉煤加入量为 2t/h。反应塔投料量为 80t/h。此时反应塔吨精矿耗氧应该是多少？（二次风氧浓度为 21%，工业氧浓度为 90%，每千克重油耗氧 2.1m^3（标态），每千克粉煤耗氧 1.65m^3（标态））

解：

$$氧单耗=\frac{(19000\times0.21+13500\times0.9)-400\times2.1-2\times1000\times1.65}{80}\approx150\text{m}^3/\text{t}$$

25. 实际生产中，反应塔二次风量为 $19000\text{m}^3/\text{h}$（标态），工业氧量为 $13500\text{m}^3/\text{h}$（标态），反应塔油量为 400kg/h，反应塔投料量为 80t/h，反应塔粉煤加入量为 2t/h。此时反应塔吨精矿耗油应该是多少？（二次风氧浓度为 21%，工业氧浓度为 90%，每千克重油耗氧 2.1m^3（标态），每千克粉煤耗氧 1.65m^3（标态））

解：

$$油单耗=\frac{400}{80}\approx5\text{kg/t}$$

26. 实际生产中，反应塔二次风量为 $19000\text{m}^3/\text{h}$（标态），工业氧量为 $13500\text{m}^3/\text{h}$（标态），反应塔油量为 400kg/h，反应塔投料量为 80t/h，反应塔粉煤加入量为 2t/h。此时反应塔吨精矿耗煤应该是多少？（二次风氧浓度为 21%，工业氧浓度为 90%，每千克重油耗氧 2.1m^3（标态），每千克粉煤耗氧 1.65m^3（标态））

解：

$$粉煤单耗=\frac{2000}{80}\approx25\text{kg/t}$$

27. 实际生产中，开始反应塔二次风量为 $19000\text{m}^3/\text{h}$（标态），工业氧量为 $13500\text{m}^3/\text{h}$（标态），反应塔油量为 400kg/h，吨精矿耗氧为 150m^3（标态）。当氧气量增加到 $14500\text{m}^3/\text{h}$（标态）时，为了减少氧气放空，可以增加投料量。试计算在反应塔总风量、氧单耗不变而反应塔油量减少 100kg/h 的情况下，可以增加多少吨精矿投入量？此时的富氧空气氧浓度是多少？（二次风氧浓度为 21%，工业氧浓度为 90%，每千克重油耗氧 2.1m^3（标态））

解：

$$开始总风量=19000+13500=32500\text{m}^3/\text{h}（标态）$$

$$氧增加到\ 14500\text{m}^3/\text{h}（标态）时，二次风量=32500-14500=18000\text{m}^3/\text{h}（标态）$$

$$精矿处理量增加=\frac{18000\times0.21+14500\times0.9-(19000\times0.21+13500\times0.9)-100\times2.1}{150}\approx3.2\text{t/h}$$

$$富氧浓度=\frac{18000\times0.21+14500\times0.9}{32500}\times100\%\approx52\%$$

28. 贫化电炉某班返转炉渣 6 包（15t/包），若配入硫化剂 25t、还原剂率 3t，试计算当班硫化剂率？

解：

$$硫化剂率 = \frac{25}{6 \times 15} \times 100\% \approx 28\%$$

29. 贫化电炉某班返转炉渣 6 包（15t/包），若配入硫化剂 25t、还原剂率 3t，试计算当班还原剂率？

解：

$$还原剂率 = \frac{3}{6 \times 15} \times 100\% \approx 3.33\%$$

30. 贫化电炉某班返转炉渣 8 包（15t/包），若控制硫化剂率 25%、还原剂率 2%，试计算当班耗电量？（转炉渣耗电 100 kW · h/t，硫化剂耗电 650kW · h/t）

解：

$$当班耗电量: 15 \times 8 \times 100 + 15 \times 8 \times 25\% \times 650 = 31500\text{kW} \cdot \text{h}$$

31. 贫化电炉某班耗电量 24500kW · h，若控制硫化剂率 25t、还原剂率 2t，试计算当班最大返转炉渣量。（转炉渣电单耗 100kW · h/t，硫化剂耗电 650kW · h/t）

解：

$$转炉渣量 = \frac{24500 - 25 \times 650}{100} = 82.5\text{t}$$

32. 闪速炉某班以 80t/h 的投料量生产，已知低镍锍产率为 30%，转炉渣产率为 120%，试求当班转炉渣量。

解：

$$转炉渣量 = 80 \times 8 \times 30\% \times 120\% = 230.4\text{t}$$

33. 闪速炉某班以 80t/h 的投料量生产，已知产低镍锍 192t。试求当班低镍锍产率。

解：

$$低镍锍产率 = \frac{192}{80 \times 8} \times 100\% = 30\%$$

34. 闪速炉某班以 80t/h 的投料量生产，已知精矿含镍 8%，低镍锍产率为 25%，低镍锍含镍 30%。试求当班闪速炉镍直收率。

解：

$$镍直收率 = \frac{80 \times 8 \times 25\% \times 30\%}{80 \times 8 \times 8\%} \times 100\% = 93.8\%$$

35. 闪速炉某班当班耗电量 55000kW · h，已知贫化区配入石英 2t、水渣 2t、焦炭 8t，渣率为 70%，水渣耗电为 650kW · h/t，吨渣电单耗为 120kW · h/t。试求闪速炉应该以多少 t/h 的投料量生产。

解：

$$投料量 = \frac{55000 - 2 \times 650}{8 \times 70\% \times 120} \approx 78\text{t}$$

36. 闪速炉某班以 60t/h 的投料量生产，贫化区配料量为焦炭 8t、石英 2t、水渣率 4t。渣率按 70% 计算。试求当班贫化区配料还原剂率、熔剂率、水渣率。

解：

$$还原剂率 = \frac{8}{80 \times 8 \times 70\%} \times 100\% \approx 1.8\%$$

$$熔剂率 = \frac{2}{80 \times 8 \times 70\%} \times 100\% \approx 0.45\%$$

$$水渣率 = \frac{4}{80 \times 8 \times 70\%} \times 100\% \approx 0.9\%$$

37. 闪速炉以 60t/h 的投料量生产，精矿成分为 Ni：10.00%，Cu：5.00%，Fe：26%，Co：0.20%，S：27.00%；熔剂率为 15%，烟灰每小时加入 8t。低镍锍成分为 Ni：30.00%，Cu：14.00%，Fe：28%，Co：0.60%，S：24.00%。烟灰产出平衡。当低镍锍产量为 150t 时，试按镍平衡计算当班低镍锍镍直收率。

解：

$$低镍锍镍直收率 = \frac{150 \times 30\%}{60 \times 8 \times 10\%} \approx 94\%$$

38. 低镍锍产率为 30%，闪速炉以 80t/h 的投料量生产。贫化电炉低镍锍产量为闪速炉低镍锍的 20%。试计算转炉共需要处理多少包低镍锍（每包低镍锍按 15t 计算）？

解：

$$闪速炉低镍锍产量 = 80 \times 8 \times 30\% = 192\text{t}$$

$$贫化电炉低镍锍产量 = 192 \times 20\% = 38.4\text{t}$$

$$转炉低镍锍处理量 = \frac{192 + 38.4}{20} = 15.3 包$$

39. 闪速炉以 80t/h 的投料量生产，假设渣口放渣时平均放渣速度为 120t/h，若每班放渣 4 次、每次一小时，那么请计算渣率是多少？

解：

$$渣率 = \frac{4 \times 1 \times 120}{80 \times 8} \times 100\% = 75\%$$

40. 贫化电炉班返渣量为 120t，贫化炉渣率为 90%，冲渣时要求水量与渣量的比值不低于 15 : 1，放渣平均速度为 80t/h。试求最小瞬时冲渣水量为多少？

解：

$$水渣比 = \frac{冲渣水量}{瞬时渣量} = \frac{15}{1}$$

$$瞬时冲渣水量 = 80 \times 15 = 1200\text{m}^3$$

六、简答题

1. 反应塔单个油枪无油的原因。

答案：油枪或油管堵塞，重油压力过低或水含量高。

2. 加料刮板浮链的原因。

答案：槽体中物料过多，下部物料被压实，熔剂量过大，湿度大，局部成堆，物料中有大块，底部料粉结死等。

3. 为什么在电极倒拔时电极会掉入炉内？

答案：上闸环未抱紧，电极下滑。

4. 如何预防冲渣流槽放炮？

答案：（1）炉后控制渣量，防止渣量过大。（2）渣温不易过高。（3）交接班认真检查溜槽是否变形。

5. 冲渣水水泵跳车处理措施。

答案：（1）泵房岗位人员立即联系炉后岗位堵口，汇报班长，在水泵启动按钮上挂“禁止送电”牌子。（2）炉后岗位工检查冲渣溜槽内有无热渣，如有热渣等冷却凝固后清理干净。（3）班长通知电工检查水泵配电系统，检查结束后汇报班长。（4）炉长根据检查状况，决定贫化电炉是否停料保温。（5）无问题后可恢复正常生产。

6. 捞渣机跳电的处理措施。

答案：（1）捞渣机岗位工立即通知炉后岗位堵口，并汇报班长。（2）班长通知维修工切换到备用捞渣机。（3）联系班长恢复正常生产。

7. 闪速炉沉淀池出现“生料”的原因。

答案：（1）反应塔生料堆漂移。（2）反应温度低。

8. 闪速炉反应塔投料程序。

答案：先调节风、油、氧，再依次开启加料刮板、配料刮板、风根秤。

9. 贫化电炉配加料程序。

答案：贫化电炉炉长根据工序作业时间组织贫化电炉控制室岗位工和贫化电炉配加料岗位工，对贫化电炉进行配加料作业。贫化电炉在自动配加料系统正常时进行自动配加料。自动配加料系统有故障时进行手动配加料。

10. 电极压放程序。

答案：上闸环抱紧→下闸环松开→升降缸上升→下闸环抱紧→上闸环松开。

11. 贫化电炉电极送电操作程序。

答案：（1）接到贫化炉炉长送电通知后，立即通知电工对供电设备及线路进行检查确认，并通知液压站岗位工确认液压系统和变压器冷却系统正常。确认控制系统及保护系统信号准确，动作正常，电极抬离渣面。炉长用电焊机检查电极、密封圈绝缘情况，并确认无人在现场。由检修挂牌者摘除“有人工作禁止合闸”警告牌。所有检查结束后，汇报班长并由电工到调度室签送电工作票。（2）经炉长、电工确认可以送电后，由控制室操作工、电工、班长三方在送电工作票上签字，班长下达送电指令，炉长负责发出送电警告。操作转换开关合闸，待合闸指示灯亮，三根电极电压表均有显示，即为送电成功。（3）将电极逐个下降到距熔体面 100～200mm，缓慢将电极插入熔体，待三根电极均有二次电流后，将负荷按照要求调整到正常。汇报班长，控制室操作工、电工、班长三方在送电工作票上签字。

12. 冲渣泵房开泵操作程序。

答案：检查泵前、后阀门。打开入口阀，关闭出口阀。开泵，注意先用启动按钮进行送电操作，再用转换开关来开启变频器（停泵时顺序相反，先停变频器，再停电）；将变频调节到 10%～15%，电流约为 50A，再打开出口阀门。将泵的负荷缓慢调到正常负荷。确认泵运行正常，汇报班长。

13. 重油螺杆泵开泵操作。

答案：启动螺杆泵前，必须手动盘车，盘车正常后方可启动。打开进油阀和排油阀，排油管流出油后关闭进油阀、排油阀。打开出油阀，启动螺杆泵后，注意先在现场对变频器进行送电操作，然后在休息室的仪表柜上启动变频器。开启后，缓慢打开进油阀。密切注意电流表，超出规定电流时应停泵，查找原因，处理好后方可重新启动。观察重油压力表的变化，压力的调整，由中控室设定压力，实行变频调节，也可以缓慢地调节油泵出口小循环阀门。

14. 液压站操作程序。

答案：启动油泵时温度必须大于10℃，否则须用加热器加热。启泵前确认站内全部截止阀处于关闭状态，打开调压阀。启泵后，打开蓄力器截止阀，调整调压阀使泵出口压力在5.5～6.0 MPa，打开液压站内升降缸的截止阀。上、下闸环截止阀只有在压放和倒拔时打开，其余时间关闭。把持器截止阀常闭，电极故障压放和倒拔时打开。

15. 贫化电炉炉前排放比较困难，应该采取什么措施？

答案：（1）若低镍锍温度低，则提高电极负荷或电压级切换到低一级操作。（2）若低镍锍品位高、含硫低，则提高硫化剂率。

16. 闪速炉排烟机故障停车后应采取哪些处理措施？

答案：突然发生排烟系统故障停电，应立即将保温油量和风量降为零，待排烟机正常后，再逐渐恢复。

17. 闪速炉中修洗停炉过程作业程序是什么？

答案：中修洗炉，将炉壁挂渣尽量减少，适当降低冻结层，将熔体面涨高后，先排渣、再排铜，尽量将炉内熔体排放到不流为止。停炉贫化区提前16～32h停止加料，反应塔停料后保温1～2h炉后排渣，渣放到不流为止，接着几个炉前放出口交替排放低镍锍，尽量将熔体排放干净。之后贫化区电极分闸，将电极抬起并固定，反应塔、沉淀池转入保温作业。

18. 闪速炉中修洗停炉过程中，如果低镍锍面超过计划液面，而精矿料仓没有拉空，该采取什么处理措施？

答案：炉前根据低镍锍面合理排放至不超过上限，等精矿料仓拉空后再集中排放炉渣及低镍锍。

19. 简述闪速炉车间生产工艺流程。

答案：铜镍混合精矿经深度干燥后与熔剂、烟灰、富氧空气、燃油、粉煤喷入闪速炉反应塔完成强氧化熔炼过程，闪速炉产出的低镍锍送转炉吹炼产出高镍锍，缓冷后送磨浮进一步处理；闪速炉烟气通过上升烟道进入余热锅炉、电收尘器后送化工厂，与转炉烟气混合生产硫酸；闪速炉渣经过贫化区贫化后水淬废弃，转炉渣返回贫化电炉产出富钴低镍锍，与闪速炉低镍锍一起进转炉吹炼，贫化电炉渣水淬后废弃；贫化电炉烟气经电收尘器净化后排空。

20. 简述闪速炉主要生产作业参数的控制范围。

答案：（1）低镍锍温度：1150～1280℃；（2）低镍锍品位（Ni + Cu）：35%～55%；（3）炉渣 Fe/SiO_2 比：1.00～1.40。

21. 闪速炉反应塔喉口部结瘤处理措施。

答案：（1）保温时高温处理。（2）调整喉口部风速。（3）改变工艺技术参数。

22. 闪速炉上升烟道喉口部结瘤处理措施。

答案：沉淀池点油枪或爆破。

23. 简述返渣作业程序。

答案：得到转炉指吊工给贫化炉返渣通知后，岗位工及时与炉长和控制室联系。返第一包渣时，炉长应确认渣面已经放到1300mm以下，并且炉后已堵口，通知可以返渣。

返渣时控制室先要停止加料，将电极抬离渣面，并提高炉膛负压。取得炉长和控制室人员许可，并确认炉体周围无人工作后，打开环保阀门，将密封砣提起。检查炉内状况无异常后，给转炉指吊工返渣信号，绿灯亮。转炉渣包吊起返渣时，岗位工必须在隐蔽处监护，防止喷渣、放炮伤人。返渣完毕后，将返渣信号灯打到禁止返渣位置，此时红灯亮，放下密封砣。返渣后通知控制工并记录返渣时间。

24. 简述贫化电炉配、加料自动操作程序。

答案：配料时要先确认整个配料系统是否在自动位置，如果不在则通知控制工将开关打到自动位置。设定各料管加料量后开启刮板按照自动加料程度进行加料。

25. 简述贫化炉低镍锍硫含量的控制范围及控制程序。

答案：(1) 由贫化电炉炉长在低镍锍排放时采样，送检测中心分析，分析结果送车间调度室登记。(2) 贫化低镍锍硫含量控制通过对低镍锍中硫的百分含量的分析，然后调整贫化电炉硫化剂的配入量来控制。(3) 贫化低镍锍硫含量低于22%时，班长通知贫化电炉炉长增加配入硫化剂量1～5t；贫化低镍锍硫含量高于25%时，班长通知贫化电炉炉长减少配入硫化剂量1～5t。(4) 贫化低镍锍硫含量调整到22%～25%时，稳定作业。

26. 简述贫化炉低镍锍温度的控制范围及控制程序。

答案：(1) 由贫化炉炉长检测，检测结果汇报控制室岗位工并且班长记录。(2) 贫化低镍锍温度通过调节电极负荷和变压器电压级控制，具体由贫化电炉炉长根据检测结果下达指令，由控制室执行。(3) 当贫化低镍锍温度高于1190℃时，贫化电炉炉长指令控制室岗位工降低电极负荷（减小吨渣电单耗5～30 kW·h），或者切换电压级：1号贫化电炉往低切一级电压级、2号贫化炉往高切一级电压级；当贫化低镍锍温度低于1050℃时，贫化电炉炉长指令控制室岗位工提高电极负荷（增加吨渣电单耗5～30 kW·h），或者切换电压级：1号贫化电炉往高切一级电压级、2号贫化炉往低切一级电压级。(4) 贫化低镍锍温度调整到1050～1190℃时，稳定作业。

27. 发现余热炉烟灰发潮，如何判断？

答案：入炉原料水含量过高、炉内水冷件渗漏或余热锅炉漏水。

28. 如果班中低镍锍面超过最高要求液面，应该采取什么处理措施？

答案：班中集中排放低镍锍，转炉满负荷生产，如果低镍锍面超过最高要求液面，汇报停料保温作业。

29. 简述闪速炉沉淀池负压控制原则。

答案：贫化区，上升烟道，余热锅炉入口、出口和电收尘器入口、出口负压可用来对比分析排烟系统是否正常。控制闪速炉沉淀池负压。

30. 简述贫化电炉工艺参数的控制范围。

答案：(1) 控制低镍锍温度在1050～1180℃；

(2) 控制炉渣温度在1250～1270℃；

(3) 控制炉渣铁硅比在1.25～1.55范围内。

31. 简述贫化电炉生产作业程序的内容。

答案：转炉渣电炉贫化，是将自产液体转炉渣返入贫化电炉，通过配加料系统加入还原剂、硫化剂、熔剂，产出富钴低镍锍，富钴低镍锍再进入转炉，与闪速炉低镍锍一起经吹炼得到富含钴的高镍锍。

32. 简述低镍锍堵口作业程序。

答案：(1) 用氧气管接触刚流出衬套的低镍锍，使少许低镍锍冲刷衬套端面的黏结物，将黏结物冲刷干净。切勿用钢钎和其他物体清理。(2) 发现熔体表面剧烈翻花或包体发红，应立即堵口，尽快通知转炉吊走液体包子进炉。(3) 不许向包子里洒水，不许把吹氧管、油布等易燃易爆物扔入包内。(4) 低镍锍包放到接近包沿 200mm 时执行堵口。(5) 手工堵口时两人并排对站，端稳梅花枪和耙子。(6) 耙子缺口卡在枪上，同时向前移动。(7) 下枪时泥球尖靠近放出口上缘，二人同时向前压并顶住，待口子中冰铜凝结后，旋转梅花枪，取下枪和耙子。(8) 如果没有断流，必须让梅花枪顶住不动，拉开耙子使劲推几下。(9) 如果一次没有堵住，重复手工堵口操作程序，直到堵住为止。(10) 口子堵上后，吊车到位时，开出平板小车，关闭环保阀门。(11) 吊车工在炉前平板车吊运低镍锍包时，炉前岗位工必须协助指吊工检查主钩与包体的吊挂状况，仔细确认主钩与包耳是否完全挂好，确认吊挂安全后方可起吊。

33. 简述低镍锍品位的调节方法。

答案：镍锍品位是通过调整精矿氧单耗控制的，同时精矿理化性能、闪速炉炉况、烟灰加入量等对闪速炉低镍锍品位有明显的影响。一般精矿品位高、理化性能好，反应塔精矿喷嘴工况条件比较好，烟灰产率低时，需要控制的精矿氧单耗比较低，所产出的低镍锍品位也相对较高。

34. 简述低镍锍温度过高的不利影响。

答案：熔体过热使炉体和炉底砖腐蚀严重，发生漏炉。对炉前衬套及衬砖的冲刷，发生跑铜。对炉前放铜包子的冲刷，包子冲漏。

35. 简述炉渣温度的控制原则和调整办法。

答案：在正常生产的条件下，炉渣温度应控制相对稳定，一般控制在 1150～1250℃，即不能过高也不能过低。过热的炉渣将导致热损失增加，电耗上升，且较长时间的过热将导致低镍锍温度上升；炉渣温度过低将使炉渣黏度增大，流动性不好，影响锍滴的沉降速度，使渣含有价金属升高，严重时在渣层和锍层产生黏渣层，流动性极差，将严重影响锍滴的沉降，进而影响炉后排渣困难，甚至在炉内表面结壳。

炉渣温度也是通过调节电极功率和切换电压级控制的，当炉渣温度偏高时，可以降低电极负荷，或者往低切一级电压级；当炉渣温度偏低时，提高电极负荷，或者往高切一级电压级。

36. 闪速炉炉前排放的一般原则。

答案：(1) 班长根据最新的低镍锍面高度，决定当班排放量。(2) 闪速炉炉前岗位工接到炉长炉前排放低镍锍指令后，通过联系转炉炉长将低镍锍包子坐在放出口溜槽对应的包子房。(3) 闪速炉炉前岗位工在执行完低镍锍排放准备工作后，进行低镍锍排放工作，排放过程中对低镍锍放出口和溜槽状况监护，保证排放顺利。(4) 低镍锍放出半包左右后，闪速炉炉长进行低镍锍采样和低镍锍温度的测量；低镍锍样及时送荧光分析室分析，取回分析结果并记录；低镍锍温度汇报班长记录。(5) 当低镍锍接近包子上沿最低点 200mm 时，炉前岗位工实施堵口。(6) 堵口后联系转炉进料，并进行下一包排放的准备工作。(7) 排放结束后汇报班长，记录排放起止时间。(8) 进行溜槽维护和清理工作，给转炉下一炉生产做低镍锍排放准备。

37. 简述闪速炉精矿配料的要求。

答案：要求精矿粒级合格率为：-200 目（-0.074mm）大于 80%，Fe 含量大于 37%，S 含量大于 27%，MgO 含量小于 6.5%，Fe_3O_4 含量小于 5%。

38. 简述对精矿粒度的影响因素。

答案：干燥风机负荷、烟灰的加入量。

39. 简述闪速炉较短时间（24h 以上）的保温作业参数。

答案：二次风量：3000m^3/h(标态)；氧气量 3000m^3/h(标态)；油量：1200~1600kg/h；沉淀池负压：小于-10Pa。

40. 简述闪速炉正常点检内容。

答案：（1）炉内点检：通过观察孔、料管窥视孔等部位对炉内料坡、炉内挂渣、黏结、耐火材料侵蚀以及水冷元件是否泄漏等情况进行综合检查。

（2）炉外点检：对炉体围板、骨架、炉体冷却水套以及其他辅助设施进行检查。

41. 简述闪速炉停产保温时间 8h 以上的升温复产作业程序。

答案：班长确认闪速炉具备升温复产条件后，指令升温作业。升温时间根据保温时间长短确定，一般为 10~30min，由中央控制室、炉长、反应塔、贫化区配加料、炉前、炉后等岗位执行。执行以下作业参数：

（1）沉淀池负压：-10~-35Pa。

（2）反应塔总油量：800~1600kg/h。

（3）反应塔二次风量：8000~15000m^3/h(标态)。

（4）沉淀池每支油枪油量：100~300kg/h。

（5）贫化区电极一次电流：100~300A。

升温过程结束后，反应塔下部观察孔烟气温度达到生产条件，执行生产作业，恢复生产。

42. 简述转炉工序的生产任务。

答案：向转炉内熔融状态的低镍锍中鼓入压缩空气，加入适量的石英石作为熔剂，低镍锍中的铁、硫与空气中的氧发生化学反应，铁被氧化后与加入的石英造渣，硫被氧化为二氧化硫后随烟气排出，最终得到铁含量 2%~4%，并且富含镍、铜、钴等有价金属的熔锍，称为高镍锍。高镍锍经过充分缓冷后实现镍与铜在晶界的分离，送由高锍磨浮工序处理，产出二次铜精矿和镍精矿。转炉吹炼过程中产出的炉渣，因含有较多有价金属，返回贫化电炉作进一步回收；烟气中二氧化硫浓度在 5% 左右，可用于制酸。

43. 简述炉前烧口作业程序。

答案：透气 8h 后进行烧口；第一遍要求熔体流出口子后堵口；第二遍要求熔体流到溜槽后堵口；第三遍要求熔体流到包子后堵口。以后每班至少烧口三遍。熔体流出后，堵口。烧口 24h 后，汇报班长安装小压板水管。确认大、小压板通水后，并检查有无水渗漏，有漏水时继续烘烤大头。再次确认大、小压板通水正常后，试排放低镍锍 10min，若无异常恢复正常使用。如有异常汇报班长。

44. 简述贫化电炉硫化剂吹送自动操作程序。

答案：将集中控制箱上的主令转换开关ZK打到程控位置。将集中控制箱上程控启动开关打到通位置。程控操作自动开始执行。程控自动动作顺序和手动操作动作顺序一致。在程控输送过程中，要监控阀门开关是否到位，现场设备有无异常，管道有无泄漏，确保设备正常，物料正常输送。输送物料完毕，将程控启动开关打到断开位置。

45. 简述贫化炉炉渣排放作业程序。

答案：打开放渣口所对应的环保阀门。一人开氧气，开气时严禁烟火，手上不许有油。另一人烧口，将氧气管插入氧气带200~300mm，手必须离开氧气带头50~100mm，防止回火烧伤。微量打开氧气阀门，在燃烧着的木柴或电极糊上点燃氧气管，烧口时，氧气管要端平、对正、顶紧、手腕稍晃动，增加烧口直径，严禁烧斜口。第三人协助烧口，用另一根氧气管顶到放出口助燃，烧进约50mm后可加大氧气量，将口子内的氧化亚铁和炉渣吹出。放出口烧开后，通知关闭氧气，同时烧口者撤到侧面，迅速将氧气管拔出，要求快而稳，防止着火和伤人。放渣时操作台上至少有一人监护，观察渣的流动性及时清理热渣小头黏结物。

46. 简述炉渣铁硅比的控制原则和调整办法。

答案：(1) 由贫化炉炉长采样，送检测中心分析，分析结果送车间调度室登记。(2) 炉渣 Fe/SiO_2 比控制由贫化电炉炉长根据分析结果中Fe和 SiO_2 的比值，通过调整熔剂配入量实现。(3) 当炉渣 Fe/SiO_2 比高于1.55时，贫化电炉炉长指令控制室岗位工和配加料岗位工增加熔剂配入量0.5~4.0t，当炉渣 Fe/SiO_2 比低于1.20时，贫化电炉炉长指令控制室岗位工和配加料岗位工减少熔剂配入量0.5~4.0t或者停加。(4) 炉渣 Fe/SiO_2 比调整到1.30~1.55时，稳定作业。

47. 简述贫化炉炉膛负压如何控制。

答案：以排烟流畅、炉体各部位不冒烟为依据，负压调节也可作为控制炉温的辅助手段。(1) 炉膛温度高于1200℃，提高炉膛负压1~10Pa。(2) 炉膛温度低于600℃，降低炉膛负压1~10Pa。(3) 贫化电炉炉长通知控制室执行。(4) 控制室自动控制：控制室岗位工在计算机上通过调整相应烟道出口的蝶阀，使负压显示与控制要求接近(相差不超过±5Pa)；否则调整排烟机负荷输出值来进行负压调节，同时满足两台贫化电炉的生产。(5) 现场调节：如果在计算机上不能实现调节负压，可通过班长，由收尘调节排烟机负荷或检查混风阀是否关闭来实现负压调节。

48. 简述电极为什么要倒拔。

答案：(1) 现场电极在上线位置。(2) 电极掉入炉内。

49. 什么叫不合格转炉渣？

答案：含 SiO_2 过低或过高的转炉渣，渣型差。

50. 电极为什么会硬断？

答案：(1) 电极氧化严重，电极直径变小；(2) 电极焙烧好后糊面低，新加入电极糊与已焙烧好的电极烧结结合不好；(3) 停炉后进入灰尘，电极分层。

51. 什么情况下电极会软断？

答案：(1) 电极壳焊接不好，使焊缝的导电面积减小，电流密度大；(2) 电极流糊未及时处理形成空隙；(3) 电极下滑未及时抬起；(4) 电极不圆，铜瓦电流分布不均。

52. 电极流糊的部位有哪些？

答案：铜瓦与电极壳接触部位，电极壳焊缝处。

53. 一根电极有几块铜瓦？

答案：8 块。

54. 简述电极压放原则。

答案：每根电极一次压放不大于 100 mm。无特殊情况时，每班同一根电极压放不超过 200mm，压放间隔不小于 2h。

55. 炉体水冷元件漏水原因。

答案：（1）铜水套工艺孔渗漏，加工质量差，打压验收不认真，没有按规定执行。（2）水冷件长时间断水没有及时发现，在水套温度很高的情况下，突然送水，水套遭遇急冷急热冲击后造成漏水。（3）水套被低镍锍烧蚀而漏水。（4）水冷梁烧损，埋铜管漏水。（5）铜瓦打弧造成铜瓦漏水。

56. 简述电极流糊原因。

答案：电极流糊是由于铜瓦打弧击穿电极壳或电极壳焊接不好出现孔洞。

57. 简述电极铜瓦打弧处理措施。

答案：若电极悬糊，则要将悬糊处理下来。若铜瓦太松或电极壳局部变形，则需要调整上、下闸环及压放电极。

58. 闪速炉沉淀池冻结层过高的原因。

答案：（1）反应塔温度低。（2）反应塔反应状况差，有生料。（3）低镍锍品位控制过高。

59. 闪速炉上升烟道出现“大坝”的原因。

答案：（1）大面积生料。（2）长时间保温或爆破震动导致上升烟道黏结物大量脱落。

60. 简述贫化炉对不合格转炉渣处理程序。

答案：（1）含 SiO_2 过低的转炉渣处理。

1）上班贫化炉渣 Fe/SiO_2 值若在 1.5 ~ 1.6，贫化电炉熔剂配入量 2 ~ 3t/班。2）上班贫化炉渣 Fe/SiO_2 值若不小于 1.60，贫化电炉配入熔剂 3 ~ 4t/班。3）吨渣电单耗提高 5 ~ 30kW · h。

（2）含 SiO_2 过高的转炉渣处理。

1）上班贫化炉渣 Fe/SiO_2 值若不大于 1.20，贫化电炉不配入熔剂。2）电单耗降低 5 ~ 30kW · h。

61. 简述贫化炉大修升温过程。

答案：（1）电阻丝烘炉要求最后炉底热电偶温度达到 100℃以上。（2）柴油烘炉的目的是为了焙烧电极。炉膛温度逐步升高到 500℃，将电极焙烧到具备送电条件。（3）电极送电烘炉控制贫化炉温度按照升温曲线升温。

62. 闪速炉贫化区表面结壳原因。

答案：（1）Fe/SiO_2 比过低；（2）电极插入过深；（3）反应塔出现生料；（4）负压过大。

63. 闪速炉沉淀池熔体面过高原因。

答案：（1）反应塔反应状况不好；（2）上升烟道下部形成料坝。

64. 闪速炉炉渣 Fe/SiO_2 比波动的原因。

答案：(1) 冶金计算不及时、不准确，以致给定的参数不准确。(2) 系统控制存在问题，导致参数控制不稳定或者出现“生料”。

65. 油枪雾化效果差的原因。

答案：(1) 油枪头烧损、脱落或反应塔结瘤伸入油枪正下方引起。(2) 油枪头出口局部烧损或出口处有重油炭化堵塞现象发生。

66. 发生跑炉事故原因。

答案：(1) 熔体过热。(2) 衬套及衬砖腐蚀严重。(3) 炉前放出口安装、维护未按要求执行。(4) 准备工作没做好。(5) 技术不熟练，放锍操作不当。

67. 闪速炉重油压力突然下降的原因。

答案：(1) 重油含水过高；(2) 重油温度高；(3) 重油泵前堵塞；(4) 重油加热器泄漏。

68. 贫化电炉发生翻料的原因。

答案：(1) 加入物料含水过高；(2) 加料过多，料坡过高；(3) 炉内熔体表面温度过高。

69. 简述低镍锍排放作业程序。

答案：低镍锍排放由班长、炉长下达指令，炉前岗位工执行放锍操作。作业程序如下：(1) 反应塔加料过程中，闪速炉炉长每1h测量一次贫化区低镍锍面，汇报班长记录。(2) 班长根据最新的低镍锍面高度，决定当班排放量。(3) 闪速炉炉前岗位工接到炉长炉前排放低镍锍指令后，通过联系转炉炉长将低镍锍包子坐在放出口溜槽对应的包子房。(4) 闪速炉炉前岗位工在执行完低镍锍排放准备工作后，进行低镍锍排放工作，排放过程中对低镍锍放出口和溜槽状况监护，保证排放顺利。(5) 低镍锍放出半包左右后，闪速炉炉长进行低镍锍采样和低镍锍温度的测量；低镍锍样及时送荧光分析室分析，取回分析结果并记录；低镍锍温度汇报班长记录。(6) 当低镍锍接近包子上沿最低点200mm时，炉前岗位工实施堵口。(7) 堵口后联系转炉进料，并进行下一包排放的准备工作。(8) 排放结束后汇报班长，记录排放起止时间。(9) 进行溜槽维护和清理工作，给转炉下一炉生产做低镍锍排放准备。

70. 当低镍锍温度低于1180℃时应采取哪些措施进行处理？

答案：提高反应塔的热负荷，如增加粉煤和重油量，降低烟灰量。

71. 简述闪速炉对高镁精矿的处理措施。

答案：相应地提高反应塔的热负荷。

72. 简述闪速炉对粒度不合格精矿的处理措施。

答案：相应地提高反应塔的热负荷，降低干燥风机负荷。

73. 沉淀池冻结层是不是越少越好？

答案：不是，如果沉淀池冻结层过低，熔体温度过高时，会发生漏炉的危险。

74. 炉膛不冒烟，但负压显示低，为什么？

答案：沉淀池负压孔结死。

75. 上升烟道出现“大坝”有哪些影响？

答案：“料坝”就是堆积在熔体表面的“生料”或黏结物，将沉淀池和贫化区完全或局部隔开，影响熔体向贫化区移动，使沉淀池熔体面升高。形成料坝的位置大多在上升烟道下部。

76. 造成油枪油量波动的原因有哪些?

答案:(1)油枪或油管堵塞。(2)重油压力过低或水含量高。

77. 反应塔点油枪的目的是什么?

答案:油枪中一次风打散物料,提供反应所需要的热量。

78. 加料刮板常见的故障有哪些?

答案:(1)浮链条。(2)卡链条、断链条。

79. 简述贫化炉大修内容。

答案:贫化电炉大修是指包括炉墙、炉底、炉顶等侵蚀严重或整个炉体改造而进行的检修。

80. 简述变压器的点检内容。

答案:(1)变压器在运行中,其油温应不小于85℃,最高不超过95℃,温升不超过60℃。油位必须够,不能漏油。

(2)检查油水冷却器油泵是否运转正常,检查水中含油情况,油水压差调至0.1MPa(油压必须大于水压)。

(3)发生重瓦斯跳闸,必须找电工检查。

(4)检查短网水是否泄漏、通水是否正常。

81. 简述电极控制工作原理。

答案:正常工作时,电极下闸环抱紧、上闸环松开,此时升降缸运动,则下闸环抱紧随升降缸运动,这样就通过控制升降缸的上升与下降,控制电极插入渣层的深度,从而达到控制使用功率的目的。

82. 简述闪速炉车间氧气使用部位。

答案:反应塔,炉前,炉后。

83. 闪速炉冲渣水pH值是表示什么的参数?

答案:由于闪速炉渣为酸性渣,冲完渣的水显酸性,为了降低冲渣水对冲渣系统设备、设施的腐蚀,冲渣循环水要求为中性,应补充碱使其pH=6~8。

84. 闪速炉上升烟道喉口部的作用有哪些?

答案:对烟气的缓冲,更好地收尘。

85. 简述闪速炉贫化区突然冒烟蹿火的原因。

答案:排烟机跳电,沉淀池负压下降,贫化区加料过多。

86. 闪速炉沉淀池为什么要点油枪?

答案:上升烟道有门帘,沉淀池有料坝,喉口部结瘤较重。

87. 转炉炉渣 Fe/SiO_2 比波动的原因。

答案:转炉的石英加入量波动。

88. 油枪点不着火的原因。

答案:油枪头坏;油管堵死;没有设定油量。

89. 炉体水冷元件包括哪些?

答案:水冷件包括冷却铜水套、水冷梁、电极铜瓦、水冷烟道等。

90. 电极掉入炉内的原因有哪些?

答案：电极倒拔时上闸环未抱紧、电极壳变形等。

91. 造成冲渣溜槽放炮的因素有哪些？

答案：渣量过大，渣温过高，溜槽变形，溜槽结渣等。

92. 捞渣机电动机底座拉开的原因有哪些？

答案：炉后渣量过大或开始放渣后开启捞渣机。

93. 反应塔下“生料”会有哪些不利影响？

答案：反应塔生料需要过高的热负荷，对炉体挂渣有影响。低镍硫的品位降低，使铜面上涨过快。

94. 简述反应塔自动加料程序。

答案：（1）与班长核定各投料参数。

（2）按核定参数，在计算机上先将反应塔风、氧、油量进行设定。

（3）按核定参数，在计算机上设定精矿、熔剂、粉煤、烟灰的下料量。

（4）待反应塔风、氧、油达到设定值后，开启自动反应塔加料，在操作界面上确认加料刮板→配料刮板→风根秤开启相应状态显示，并监视相应参数；不能自动开启时，控制室手动依次开启加料刮板→配料刮板→风根秤，并确认开启相应状态显示、监视相应参数；控制室手动无法开启时，通知反应塔加料岗位工，现场依次开启加料刮板→配料刮板→风根秤，并确认开启相应状态显示、监视相应参数。

95. 简述贫化区配块煤程序。

答案：（1）自动加料。

1）贫化区自动加料由中央控制室计算机设定加料时间间隔与加料持续时间，由计算机定时执行加料操作。

2）贫化区配料岗位班中每30min对炉内料坡检查一次料坡高度，当料坡距离炉顶小于400mm左右时，将该料管电振现场开关打在“0”位，停止加料；大于600mm时，将开关打在“1”位，继续加料。

（2）手动加料。

手动加料由岗位工在现场检查料坡后，发现料坡低于要求高度时，现场开启振动加料机加料，料坡加到要求高度时停车。

96. 简述电极倒拔不动的原因。

答案：氮气压力不够，下闸环松，电极壳焊歪。

97. 简述冲渣泵房停泵操作程序。

答案：将负荷给至50A，变频为10%～15%，关闭水泵出口阀，再将变频调至0，停泵。检修时关闭水泵进、出口阀。

98. 简述提升泵房点检内容。

答案：检查提升泵吸水池水位情况。检查冷水池水位和进出口阀门情况。冷水池进出口的阀门应处于完全打开状态。检查二次沉渣池水位。检查泵前后阀门。

99. 简述充氮气的操作程序。

答案：将氮气瓶缓慢移到软管前，摘取氮气瓶的安全帽，接好氮气软管，缓慢打开管路阀和氮气瓶阀。当听不到放气声时，关闭氮气瓶阀后，再关闭管路阀，拆除软管，将空瓶摆放整齐。达不到蓄力器所需的氮气压力时，重复以上步骤，直到满足蓄力器的氮气压力。

100. 简述硫化剂不足的影响?

答案：低镍硫品位上升，炉前排放困难，炉底冻结层上升

101. 电极停电操作步骤是什么?

答案：电极抬离渣面，分闸断电。当电流和电压为零时，再做接地。

102. 闪速炉正常投料时余热锅炉突然发生漏水应采取哪些处理措施?

答案：闪速炉烟气切C线，提起副烟道密封砣→将副烟道与喷雾室对准（并打开空门）→开喷雾室循环水和喷枪水→拆除水冷盖板水管→吊出水冷盖板→将水冷闸板落到位→密封水冷闸板周围→关闭其他各环保点的不使用风点阀门。闪速炉保温作业。

103. 炉膛不冒烟，但负压显示低，为什么?

答案：沉淀池的测压孔堵死。

七、综合分析题

1. 闪速炉反应塔喉口部结瘤形成原因及处理措施。

答案：结瘤形成的原因：喷嘴喉口风速不合适；喷嘴结构不合理；入炉物料、风含水量超标；二次风富氧浓度偏低；喷嘴清理维护不及时；喷出口漏风；其他原因如精矿的成分、粒级、吹散风压力等。

处理措施：（1）当反应塔内壁和喉口部结瘤均十分严重时，可以采取增大反应塔热负荷的办法“空烧”一段时间，边烧边清理即可大部分清除；（2）调整喉口部风速；（3）改变工艺技术参数。

2. 闪速炉上升烟道喉口部结瘤形成原因及处理措施。

答案：形成原因：（1）精矿喷嘴的风速过高；（2）物料粒度不合格；（3）物料矿物组成发生变化；（4）精矿含 MgO 过高；（5）负压过低。

处理措施：可以通过在这一区域点油枪或爆破的方法来处理。

3. 闪速炉贫化区表面结壳原因及处理措施。

答案：结壳原因：（1）Fe/SiO_2 比过低；（2）电极插入过深；（3）反应塔出现生料；（4）负压过大。

处理措施：根据以上原因做相应处理。

4. 闪速炉沉淀池熔体面过高的原因及处理措施。

答案：原因：（1）反应塔反应状况不好；（2）上升烟道下部形成料坝。

处理措施：根据以上原因做相应处理。

5. 闪速炉炉渣 Fe/SiO_2 比波动的原因。

答案：（1）冶金计算不及时、不准确，以致给定的参数不准确；（2）系统控制存在问题，导致参数控制不稳定或者出现“生料”。

6. 油枪雾化效果差的原因及处理措施。

答案：油枪雾化效果差，在点检炉况时可以观察得到，如某个油枪下部有油滴燃烧下落，则有可能是油枪头烧损、脱落或反应塔结瘤伸入油枪正下方，需检查更换油枪或清理喷出口结瘤。若从油枪头看火焰喷出呈非圆锥状，为散条形状，则很有可能是油

枪头出口局部烧损或出口处有重油炭化堵塞现象发生，需及时更换油枪。

7. 发生跑炉事故原因及处理措施。

答案：跑炉通常是指炉前放出口及其周围跑冒堵不住，大量低镍锍冲出炉外的事故。炉后跑渣较为少见。

原因：（1）熔体过热。（2）衬套及衬砖腐蚀严重。（3）炉前放出口安装、维护未按要求执行。（4）准备工作没做好。（5）技术不熟练，放锍操作不当。

处理措施：（1）在跑炉初期应组织人力抢堵，保持溜槽畅通，及时调运低镍锍包接锍。（2）在大跑炉时，应采取紧急措施，电极停止送电，炉后迅速排渣以降低熔体压力，炉前料管多压料以降低熔体温度。（3）无希望堵住时，应关闭炉前铜口冷却水套冷却水，人员撤离，让低镍锍流入安全坑。（4）跑炉后的排放口应彻底检查，特别是衬砖、水冷件需要更换的必须更换，重新安装衬套。处理完后再恢复生产。

8. 电极硬断原因及处理措施。

答案：原因：（1）铜水套工艺孔渗漏，加工质量差，打压验收不认真，没有按规定执行。（2）水冷件长时间断水没有及时发现，在水套温度很高的情况下，突然送水，水套遭急冷急热冲击后造成漏水。（3）水套被低镍锍烧蚀而漏水。（4）水冷梁烧损，埋铜管漏水。（5）铜瓦打弧造成铜瓦漏水。

处理措施：（1）从炉体外部发现有漏水现象，必须查清漏水部位，在没有确认漏水部位时应停产；在能够确认漏水不会漏到炉内的情况下，可以一边生产一边处理，并且一定要彻底处理好。（2）发现炉内积水，应立即停止返渣、停止加料，电极不做任何动作分闸停电，以防止熔体搅动发生爆炸；立即组织查找漏水点，找到漏水点后关闭进水，漏水点处理好后，待炉内积水蒸发干，再恢复正常生产。

9. 炉体水冷元件漏水原因及处理措施。

答案：原因：电极硬断是指电极在已经焙烧好的部位断裂。（1）电极氧化严重，电极直径变小；（2）电极焙烧好后糊面低，新加入电极糊与已焙烧好的电极烧结结合不好；（3）停炉后进入灰尘，电极分层。

处理措施：电极硬断后，视情况不同区别对待：若硬断在400mm以内，可以压放后继续送电；若硬断比较长则需要逐步压放，另外两根电极送电，待电极焙烧足够长后，再行送电。

10. 电极软断原因及处理措施。

答案：原因：电极软断是指断口在尚未焙烧好的部位。（1）电极壳焊接不好，使焊缝的导电面积减小，电流密度大；（2）电极流糊未及时处理形成空隙；（3）电极下滑未及时抬起；（4）电极不圆，铜瓦电流分布不均。

处理措施：电极硬断后需要重新焊接电极壳底，将电极糊加至1.700m焙烧，焙烧后正常送电。

11. 电极流糊原因及处理措施。

答案：原因：电极流糊是由于铜瓦打弧击穿电极壳或电极壳焊接不好出现孔洞。

处理措施：电极流糊轻微时，可以适当降低负荷继续焙烧；流糊严重时，则需要将流糊的部位堵塞并补焊好电极壳。

12. 电极铜瓦打弧原因及处理措施。

答案：原因：（1）铜瓦一段内无电极糊；（2）铜瓦太松；（3）电极壳变形造成电极与铜瓦接触不好。

处理措施：若电极悬糊，则要将悬糊处理下来，若铜瓦太松或电极壳局部变形，则需要调整上下闸环及压放电极。

13. 闪速炉沉淀池冻结层过厚或过薄处理措施。

答案：沉淀池冻结层过厚，可适当提高熔炼温度，降低低镍锍品位来逐渐将其熔解消除。在消除炉结的过程中，保持闪速炉炉况稳定非常关键。沉淀池冻结层过薄，说明熔炼温度偏高，应适当降低熔炼温度，提高低镍锍品位，防止事故发生

14. 闪速炉上升烟道出现“大坝”原因及处理措施。

答案：所谓“料坝”就是堆积在熔体表面的“生料”或黏结物，将沉淀池和贫化区完全或局部隔开，影响熔体向贫化区移动。形成料坝的位置大多在上升烟道下部。

形成“料坝”的原因：（1）大面积生料；（2）长时间保温或爆破震动导致上升烟道黏结物大量脱落。

处理措施：（1）增加反应塔油量，提高熔体和烟气温度；处理料坝期间炉内绝对不能再次出现生料，同时高温的熔体可以加快消除料坝的速度。（2）在料坝两侧点燃油枪，目的是将料坝从油枪可以烧着的位置豁开，尽快消除料坝影响。（3）料坝在上升烟道侧面连接部下方时，应尽可能提高贫化区电极负荷，提高贫化区侧熔体温度，以利于消除料坝，同时减少或停止贫化区两侧0号料管加料，尽量降低贫化区渣铜面，依靠高温熔体和料坝两侧形成的熔体压差消除料坝。

15. 闪速炉重油压力突然下降的原因及处理措施。

答案：原因：（1）小循环开得太大；（2）重油含水过高；（3）重油温度高；（4）重油泵前堵塞；（5）重油加热器泄漏。

处理措施：重油含水与重油温度高时，需要停泵后将泵内气体排出后重新启动油泵，再进行压力调节；泵入口堵塞引起重油压力突然降低时，需要清洗重油罐出口过滤器。由于重油加热器一般不会泄漏，且容易被发现，所以出现这种现象首先要确认其是否泄漏。

16. 贫化电炉发生翻料的原因及处理措施。

答案：原因：（1）加入物料含水过高；（2）加料过多，料坡过高；（3）炉内熔体表面温度过高。

处理措施：根据以上原因做相应处理。

17. 反应塔一个油枪无油的原因及处理措施。

答案：原因：（1）油枪或油管堵塞。（2）重油压力过低或含水高。

处理措施：根据以上原因做相应处理。

18. 加料刮板浮链的原因及处理措施。

答案：原因：槽体中物料过多，下部物料被压实，熔剂量过大，湿度大，局部成堆，物料中有大块，底部料粉结死等。

处理措施：一般情况下，关闭料仓闸板阀，空载开车，刮板运行一段时间后即可解决。如果不行，可调紧尾部被动轮空载运行处理，若情况特别严重，则可在链板外侧焊上一些直立钢筋，在链条运行时靠直立钢筋将结块物料划开、拉碎。

19. 在电极倒拔时电极掉入炉内的原因及处理措施。

答案：原因：电极倒拔时上闸环未抱紧，电极下滑。

处理措施：检查闸环楔紧设施，正常后倒拔电极恢复至所需位置后再进行生产。

20. 闪速炉冲渣放炮原因及处理措施。

答案：原因：(1) 渣量过大；(2) 渣温过高；(3) 溜槽变形。

处理措施：合理控制放渣量及炉渣温度，交接班认真检查溜槽。

21. 冲渣水水泵跳车处理措施。

答案：(1) 泵房岗位人员立即联系炉后岗位堵口，汇报班长，在水泵启动按钮上挂"禁止送电"牌子。(2) 炉后岗位工检查冲渣溜槽内有无热渣，如有热渣等冷却凝固后清理干净。(3) 班长通知电工检查水泵配电系统，检查结束后汇报班长。(4) 炉长根据检查状况，决定贫化电炉是否停料保温。(5) 无问题后恢复正常生产。

22. 捞渣机故障处理措施。

答案：(1) 捞渣机岗位工立即通知炉后岗位堵口，并汇报班长。(2) 班长通知维修工切换到备用捞渣机。(3) 联系班长恢复正常生产。

23. 闪速炉沉淀池出现"生料"的原因及其处理措施。

答案：原因：(1) 反应塔生料堆漂移；(2) 反应温度低。

处理措施：(1) 增加反应塔油量，提高熔体和烟气温度。(2) 在生料两侧点燃油枪，目的是将料坝从油枪可以烧着的位置豁开，尽快消除料坝影响。(3) 料坝在上升烟道侧面连接部下方时，尽可能提高贫化区电极负荷，提高贫化区侧熔体温度，以利于消除料坝，同时减少或停止贫化区两侧0号料管加料，应尽量降低贫化区渣铜面，依靠高温熔体和料坝两侧形成的熔体压差消除料坝。

24. 闪速炉反应塔投料程序。

答案：先调节风、油、氧，再依次开启加料刮板、配料刮板、风根秤。

25. 贫化电炉配加料程序。

答案：贫化电炉炉长根据工序作业时间组织贫化电炉控制室岗位工和贫化电炉配加料岗位工对贫化电炉进行配加料作业。贫化电炉在自动配加料系统正常时进行自动配加料。自动配加料系统有故障时进行手动配加料。

26. 电极压放程序。

答案：上闸环抱紧→下闸环松开→升降缸上升→下闸环抱紧→上闸环松开。

27. 重油螺杆泵开泵操作。

答案：启动螺杆泵前，必须手动盘车，盘车正常后方可启动。打开进油阀和排油阀，排油管流出油后关闭进油阀、排油阀。打开出油阀，启动螺杆泵后，注意先在现场对变频器进行送电操作，然后在休息室的仪表柜上启动变频器。开启后，缓慢打开进油阀。密切注意电流表，超出规定电流时应停泵，查找原因，处理好后方可重新启动。观察重油压力表的变化，压力的调整，由中控室设定压力，实行变频调节，也可以缓慢地调节油泵出口小循环阀门。

28. 液压站操作。

答案：启动油泵时温度必须大于10℃，否则须用加热器加热。启泵前确认站内全部截止阀处于关闭状态，打开调压阀。启泵后，打开蓄力器截止阀，调整调压阀使泵出口压力在5.5~6.0MPa，打开液压站内升降缸的截止阀。上、下闸环截止阀只有在压放和倒拔时打开，其余时间关闭。把持器截止阀常闭，电极故障压放和倒拔时打开。

29. 中控室发现反应塔配料刮板电流报警，且有逐步升高趋势，请分析原因及处理措施。

答案：原因：下料料管板结，反应塔东西配料刮板下料不均，一侧下料过大压住刮板；刮板中大的杂物卡住链条。

处理措施：敲打料管使下料均匀，取出刮板中杂物。

30. 请分析低镍锍从压板后面跑铜的原因，如何处理？

答案：造成跑炉的原因有：（1）熔体过热；（2）衬套及衬砖腐蚀严重；（3）炉前放出口安装、维护未按要求执行；（4）其他原因。

处理措施：（1）在跑铜初期应组织人力抢堵，保持溜槽畅通，及时调运低镍锍包接锍；（2）在大跑铜时，应采取紧急措施，电极停止送电，炉后迅速排渣以降低熔体压力，炉前料管多压料以降低熔体温度；（3）无希望堵住时，应关闭炉前铜口冷却水套冷却水，人员撤离，让低镍锍流入安全坑。

跑铜后的排放口应彻底检查，特别是衬砖、水冷件应更换的必须更换，重新安装衬套。处理完后再恢复生产。

31. 请分析精矿取样后出现抱团的原因，会造成什么影响？

答案：形成抱团的原因是精矿中的水分过大，造成反应塔过高热负荷的不利影响。

32. 请简述系统跳电后，如何恢复生产？

（1）短时间停电。

如果停电时间小于半小时，那么，只要在供电正常，各系统恢复后，即可按停电前参数进行投料生产。

（2）较长时间停电。

若停电时间超过半小时，那么在投料前要进行升温作业，当反应塔内温度在1250~1300℃时，即可恢复投料生产。

33. 请分析二次沉渣池跑水的原因，如何处理？

答案：原因：提升泵跳电，液位表坏，系统跳电。

处理措施：汇报调度通知炉后堵口，通知电工送电。

34. 简述闪速炉炉温过低的表象。

答案：贫化区结壳，渣温低，流动性差，沉淀池有料坝，反应塔有生料。

35. 生产过程中抬起电极观察上升烟道下有“门帘”，请分析原因及处理措施。

答案：负压过大。降低炉膛负压，提高炉膛温度，或在沉淀池点一杆油枪。

36. 检测沉淀池熔体面较高，且检尺黏结较厚，请分析原因及处理措施。

答案：原因：反应温度偏低，沉淀池有生料。

处理措施：提高反应塔的热负荷，提高贫化区A组电极负荷。

37. 请分析贫化区检尺插不下去的原因，应采取什么措施。

答案：原因：贫化区表面结壳，检尺孔下游生料。

处理措施：提高贫化区的电极负荷，降低负压提高炉膛温度。

38. 闪速炉炉渣 Fe/SiO_2 比为0.98，请说明原因及处理措施。

答案：原因：铁硅比失调。

处理措施：提高反应塔的溶剂率或加大贫化区的溶剂量。

39. 请分析沉淀池点油枪过程中发生重油倒灌的原因。

答案：重油倒灌是由于灌中无油或油少的原因。

40. 点检时发现加糊平台上一根电极上方冒烟，请分析原因，如何处理。

答案：电极软断。电极倒拔至炉顶以上，焊接钢板封堵电极壳底部，加糊后重新焙烧电极。保证电机壳内电极糊无悬空现象。电极焙烧好后低负荷操作。

41. 炉后听到捞渣机报警铃声，如何处理。

答案：控制炉后放渣的渣量。

42. 炉后渣口烧开后，发现冲渣溜槽无水，如何处理。

答案：通知炉后立即堵口，组织人员清理溜槽中渣子，检查溜槽是否完好。确定正常后，再通知泵房开水，进行放渣。

43. 炉墙导水孔有少量水迹，请判断原因，如何处理。

答案：炉墙导水孔附近的水套漏水。检查确定具体哪个水套漏水，进行打压，确定是否漏水，确定后对漏水水套断水。

44. 控制室发现模拟屏轻瓦斯报警灯亮，请分析原因，采取什么措施。

答案：液压站泵进入空气，通知液压站岗位工排除轻瓦斯。

45. 炉前出现跑铜且已经流到平台上，请分析原因，怎么处理。

答案：跑炉通常是指炉前放出口及其周围跑冒堵不住，大量低镍锍冲出炉外的事故。炉后跑渣较为少见。

原因：(1) 熔体过热。(2) 衬套及衬砖腐蚀严重。(3) 炉前放出口安装、维护未按要求执行。(4) 准备工作没做好。(5) 技术不熟练，放锍操作不当。

处理措施：(1) 在跑炉初期应组织人力抢堵，保持溜槽畅通，及时调运低镍锍包接锍。(2) 在大跑炉时，应采取紧急措施，电极停止送电，炉后迅速排渣以降低熔体压力，炉前料管多压料以降低熔体温度。(3) 无希望堵住时，应关闭炉前铜口冷却水套冷却水，人员撤离，让低镍锍流入安全坑。(4) 跑炉后的排放口应彻底检查，特别是衬砖、水冷件应更换的必须更换，重新安装衬套。处理完后再恢复生产。

46. 试分析反应塔局部温度高的原因和处理措施。

答案：(1) 喷嘴二次风分配不均衡，出现料与风量不匹配。(2) 料量分配不均匀，可能是由于料管内局部堵塞，刮板头部下料管堵塞。(3) 塔壁局部挂渣脱落。

处理措施：调整料管和油枪的位置，检查四个料管的下料量。

47. 炉后放渣过程中突然发生连续清脆的放炮声，请分析原因，如何处理。

答案：铜面过高或黏渣层过厚，炉后带铜。炉后立即堵口，组织人员放铜

48. 炉前低镍锍包子放铜结束后，出现严重翻花，请分析原因，如何处理。

答案：(1) 包子挂渣被冲刷开。(2) 包子内有砖头或包壳出现翻花。

处理措施：联系转炉立即将这包低镍硫进入转炉。

49. 贫化电炉返渣刚开始，突然发生电极着火，试分析原因。

答案：炉膛负压没有提起，炉内突然返料。

50. 简述降低贫化电炉渣含钴的具体措施。

答案：确定转炉渣的渣型和铁硅比、还原剂和硫化剂的加入量，确定贫化时间。

51. 试述反应塔以煤带油的目的和效果。

答案：采用定油调煤的节能措施作为车间增收节支。反应塔实际节约燃料费用降低。

52. 简述影响闪速炉渣指标的因素，应采取什么对策？

答案：渣温，贫化时间，渣型，渣中氧化镁的含量，贫化区，还原剂量。

对策：确定入炉物料的稳定，保证贫化区的料坡，增加贫化时间。

53. 举例说明节能减排的重要性。

答案：降低单位产品成本，改善环境治理。

54. 简述本岗位在生产流程中的作用和重要性。

答案：结合本岗位生产情况回答。

55. 简述金川公司镍火法生产流程的发展历程。

答案：(1) 鼓风炉熔炼。(2) 矿热电炉。(3) 闪速炉熔炼。(4) 富氧顶吹熔炼。

56. 停料点检发现闪速炉反应塔4号生料呈瘦、高形状，请分析原因，如何调整。

答案：原因：反应塔4号下料口结瘤过重，使二次风与精矿不能充分接触。

处理措施：及时清出结瘤，调整油枪位置。

57. 闪速炉正常投料过程中，贫化区、沉淀池负压突然出现异常升高，假如你是中央控制室操作工，应该采取什么措施？

答案：通知炉长现场确定炉膛负压，如果升高，可以降低闪速炉排烟机负荷。

八、案例分析或辨析题

1. 闪速炉某班，化验分析精矿含 MgO 达6.95%，炉长下令将反应塔油量由1200kg/h增加到1400kg/h，将沉淀池10号油枪点燃。请你分析炉长采取的措施是否正确，为什么？

答案：正确。按照高 MgO 物料处理：(1) 渣温比当前提高10～20℃。(2) Fe/SiO_2 比当前降低0.1。(3) 低镍锍温度比当前提高10～15℃。(4) 低镍锍品位比当前提高1%～2%。(5) 沉淀池点燃1～2根油枪，单根油枪用油量100～350kg/h，防止上升烟道形成“料坝”。(6) 沉淀池熔体面在1600～1800mm时，闪速炉炉长每小时进行一次沉淀池熔体面检测。若沉淀池熔体面高于1800mm，30min检测一次，汇报班长记录；班长汇报车间生产主任召集工艺技术人员采取处理措施。

2. 某班2号贫化炉冰铜面测得为680mm，冰铜温度1205℃，含硫24.39%，但炉前排放流动性不好，且有锈口现象，炉长将块煤配入量由1.5%提高到3%，将电压级由11级切至10级。请你分析炉长采取的措施正确与否，为什么？

答案：错误。按照低镍锍温度高，含硫低进行处理：(1) 提高硫化剂率。(2) 切换电压级至12级。

3. 贫化炉炉长接班后发现电极在下限工作，为保证电极工作正常立即通知控制室压放200mm，请你分析炉长采取的措施正确与否，为什么？

答案：错误。电极压放以能正常给负荷为依据。

4. 水泵房控制工听到炉后冲渣溜槽连续放炮，为防止事故扩大，立即采取停泵措施，请你分析采取的措施正确与否，为什么？

答案：错误。水泵房首先通知炉后堵口后再停泵检查溜槽。

5. 风根秤岗位工接到中控室岗位工通知，熔剂风根秤跳车，立即手动开车检查，请你分析采取的措施正确与否，为什么？

答案：错误。首先通过调度联系风根秤岗位工确认。

6. 控制工发现闪速炉炉内沉淀池负压缓慢由 -10Pa 变为 +20Pa，请分析原因，如何处理？

答案：判断系统负压变化情况。通知相关人员检查确认，查出原因后再调整负压。

7. 接班时上班交待，闪速炉贫化区电极负荷波动自动无法控制，请分析原因，如何处理？

答案：原因：(1) 电极打弧；(2) 电极硬断；(3) 电极下限。

处理措施：根据不同原因采取相应的措施。

8. 炉长取样筛分发现精矿粒级合格率仅为65%，请分析原因，如何处理？

答案：原因：(1) 精矿含水超标；(2) 干燥负压过高；(3) 沉尘室温度低。

处理措施：根据不同原因采取相应的措施。

9. 点检闪速炉炉况，发现观察孔烟气温度低，用氧气管从观察孔探测，发现炉内发硬且无黏结物。请分析原因，采取何种措施处理？

答案：原因：反应温度低。

处理措施：提高反应塔热负荷。

10. 检测沉淀池熔体面 1.9m，炉长应采取什么措施？如何处理？

答案：按照沉淀池熔体面高的处理措施，分析原因并采取相应措施。

11. 反应塔岗位工在准备清理结瘤时，发现一个观察孔火焰明显偏亮。请帮助分析原因，如何处理？

答案：原因：料管堵塞或分料不均。

处理措施：根据不同原因采取相应的措施。

12. 班中炉长检测闪速炉铜面 880mm，且两台转炉已不具备进料条件，如何组织生产？

答案：闪速炉保温。

13. 系统正常组织生产，闪速炉按 80t/h，两台转炉均按 7+1 吹炼。但闪速炉铜面越来越高，请分析原因，如何处理？

答案：原因：(1) 精矿品位高；(2) 低镍锍品位低；(3) 低镍锍包子未排放满。

处理措施：根据不同原因采取相应的措施。

14. 闪速炉正常放渣过程中泵房岗位工突然发现水泵仍未开车，如何处理？

答案：水泵房首先通知炉后堵口，炉后具备放渣条件后再开水放渣。

15. 某炉后操作人员接班后准备检查冲渣溜槽。他首先打电话通知水泵房停泵，然后进入溜槽检查。检查完好后，回到休息室待命。接炉长放渣通知后，随即与同事配合进行烧口放渣操作。请问他的操作存在哪些不足，可能导致什么后果？

答案：溜槽检查完好后未通知开水。可能造成溜槽和捞渣池灌热渣。

16. 炉前工看到吊车将包子坐到炉前平板车上，随即开始烧口作业，请问他的操作存在哪些不足，可能导致什么后果？

答案：未确认包子完好程度及包子位置是否合适。可能造成包子房跑铜或包子漏。

17. 贫化炉低镍锍成分荧光分析结果如下：Ni：25.06%、Cu：8.79%、Fe：43.73%、Co：2.16%、S：22.62%。请问根据以上分析结果，如何对参数进行调整？为什么？

答案：低镍锍品位偏高。提高硫化剂率。

18. 干精矿成分荧光分析结果：Ni：12.06%、MgO：7.62%。请问是否正常，为什么？应采取何种应对措施?

答案：不正常。MgO 偏高，参照高 MgO 精矿处理措施进行处理。

19. 在闪速炉正常生产过程中突然发生重油泵带不上压力，岗位工将小循环完全关死后仍然不能解决，请判断原因，如何处理?

答案：原因：重油管道泄漏或有蒸汽。

处理措施：检查管道并处理，排汽。

20. 正常生产过程中两台贫化炉突然同时发生电极过流跳闸，经检查液压站油泵处于打压状态，请判断原因。

答案：高压断网出现故障。

21. 捞渣机岗位工点检时发现渣斗链一侧轴销已经脱落，怎么办?

答案：炉后堵口，切换捞渣机后继续生产。处理轴销。

22. 正常生产过程中低镍锍品位在投料量和氧单耗等参数未做调整的情况下持续下滑，请分析原因。如何处理?

答案：原因：(1) 精矿品位下滑；(2) 氧利用率降低。

处理措施：(1) 提高氧单耗；(2) 调节喷嘴。

23. 请简单总结闪速炉近几年技术改造情况。

答案：(1) 转炉扩能改造；(2) 贫化区刮板移位至四楼；(3) 反应塔块煤系统改造；(4) 系统落地粉尘治理。

24. 检测贫化区低镍锍面正常，但炉前沉淀池部位连续出现死口。请分析出现死口的原因，并简述预防措施。

答案：原因：(1) 冻结层升高；(2) 沉淀池熔体面过高；(3) 沉淀池反应状况差。

预防措施：提高系统温度，保证反应温度。

25. 分析闪速炉熔炼与矿热电炉相比有何优点?

答案：能耗低，生产能力高。

26. 你认为目前车间存在的主要工艺难题有哪些? 有何改进建议?

答案：工艺难题：(1) 贫化电炉返渣量大；(2) 闪速炉贫化炉渣指标高。

改进建议：(1) 改造贫化电炉；(2) 贫化区加长以保证贫化时间。

27. 炉前岗位工某甲执行正常烧口作业，突然氧气带爆裂将右手手掌烧伤，请分析造成氧气回火烧伤的原因，如何避免?

答案：原因：(1) 氧气带老化；(2) 氧气控制方式不当。

处理措施：(1) 定期及时更换氧气带；(2) 用氧气阀门控制氧气量。

28. 闪速炉贫化区渣面 1.45m，但炉后岗位工烧开渣口后发现炉渣流动速度缓慢，请分析原因有哪些? 如何对症解决?

答案：原因：(1) 炉渣温度低；(2) 炉渣 Fe/SiO_2 比失调；(3) 澄清分离差。

处理措施：(1) 提高电极负荷；(2) 调整渣型；(3) 控制好反应塔反应状况。

29. 点检炉况，贫化区渣面较低 (1200mm)，但沉淀池熔体面较高 (1800mm)，请分析是否正常? 为什么? 怎么处理?

答案：原因：(1) 反应塔有生料，反应状况差；(2) 上升烟道有料坝。

处理措施：(1) 控制好反应塔反应状况。(2) 处理料坝。

30. 检测贫化炉铜面为700mm，但炉前两个口子见渣，请分析原因，如何解决？
答案：原因：（1）冻结层升高；（2）沉淀池熔体面过高；（3）沉淀池反应状况差。处理措施：提高系统温度，提高硫化率，保证反应。

31. 闪速炉某班，化验分析炉后渣含 Fe 45.86%，含 SiO_2 达 33.52%，炉长下令将反应塔石英由 13t/h 升高到 14t/h，将贫化区电压级由 8 级切至 9 级。请你分析炉长采取的措施是否正确，为什么？
答案：错误。铁硅比较高，提高溶剂率；铁相偏高，贫化区表面容易结壳；贫化区电压级由 8 级切至 7 级。

32. 某班 1 号贫化炉冰铜面测得为 700mm，冰铜温度 1150℃，含硫 24.39%，但炉前排放流动性不好，且有锈口现象，炉长将块煤配入量由 1.5% 提高到 3%，将电压级由 8 级切至 7 级。请你分析炉长采取的措施正确与否，为什么？
答案：错误。炉前排放流动性不好，且有锈口现象，说明低镍硫品位高，应该增加硫化剂量。

33. 闪速炉反应塔二次风富氧浓度与哪些因素有关？在其他条件不变的情况下，富氧浓度与炉温有什么关系？
答案：料量、风、油、粉煤等；富氧浓度升高炉温也相应升高。

34. 闪速炉沉淀池冻结层检测结果均为 800mm，请判断原因，怎样处理和预防？
答案：沉淀池有生料检尺没有放下去。提高反应塔热负荷，提高贫化区 A 组电压级或沉淀池点油枪。

35. 闪速炉投料生产以前，必须经过升温过程，请问是如何实现升温的？升温的目的有哪些？
答案：闪速炉的升温是通过反应塔顶及沉淀池的油枪燃烧重油或柴油、贫化区电极送电来实现的。升温过程要求缓慢而均匀地按照预先制订的升温曲线进行，升温的目的是：
（1）均匀地将耐火材料（特别是新砌砖）中的物理和化学水分脱去。
（2）避免耐火材料受热后不均匀膨胀而剥落或爆裂。
（3）满足耐火材料中的各种物质完成晶型转变所需的温度和时间条件。
（4）使耐火材料具有足够的抗侵蚀和抗冲刷性能。
（5）达到生产所需要的炉温要求。

36. 因点检判断贫化炉硫化剂接受仓布袋可能脱落，炉长决定自己监护，由贫化炉配加料岗位工打开仓门准备进仓检修处理，请问炉长的操作是否正确？正确的操作应该是怎样的？
答案：错误。准备进仓检修前要进行空气置换 4h，氧量过 18%，再打开仓门 30min，2 人监护进仓检修处。

37. 闪速炉在放渣过程中，突然发生捞渣机跳车，看到电源指示正常，捞渣机岗位工立即去现场重新启动。请问他的这种做法是否存在问题？会造成什么后果？应该怎样处理才对？
答案：错误。会造成捞渣机传动链条拉断，渣斗脱漏。应该检查是否渣量过大、渣斗被压住。应通知炉后堵口，停车，清理渣斗中渣子再开车。

38. 看水工巡回点检，看到一根回水管无回水，但阀门处于“开”状态。他判断该水冷件已经烧损，立即通知班长要求管工拆除活结。请问他的这种做法是否正确，应该怎样处理？

答案：错误。也有可能是回水管中有杂物，不应马上拆除活结，把回水管取下。

39. 目前闪速炉所使用的燃料有哪些种类，并从技术和经济上对比分析各自的优缺点？

答案：重油和粉煤。重油提供的热量大但价格高，粉煤价格便宜但提供热量低。

40. 岗位工接到中控室通知，重油压力为零，闪速炉已经停料。假如你是重油间操作人员，应该怎样进行处理？

答案：重油泵跳了，应该做的是切换重油泵。

41. 捞渣机正常情况是一台使用，另一台检修或备用。某班在接班点检时发现正常使用的捞渣机存在严重安全隐患，经项目负责人同意切换到另一台备用捞渣机运行。当岗位工切换完毕后，却发现备用捞渣机开不起来。请帮助捞渣机岗位工判断原因，如何处理？备用捞渣机应该怎样管理？

答案：电源没有送上，或长期没有用，备用捞渣机下部被渣子压死。备用捞渣机应该经常点检避免被渣子压死。

42. 岗位工按指令利用新检修过的低镍锍口进行放锍作业，烧口时一切正常。在排放约5min后，突然口子出现严重喷溅，请分析原因并说明如何处理。

答案：烧口没有按要求的次数和时间进行，这时立即堵口，再按烧口要求继续烧口。

43. 正常投料过程中，贫化区、沉淀池负压突然出现异常升高，假如你是中央控制室操作工，应该采取什么措施？并分别说明原因。

答案：通知炉长现场确定炉膛负压，如果升高可以降低闪速炉排烟机负荷。

44. 为保证系统均衡稳定生产，需要及时对各炉窑生产进行合理组织，请问在现有条件下如何实现系统80t/h以上高负荷均衡稳定生产？

答案：保证炉体安全和干燥上料量，转炉满负荷吹炼。

45. 某班发生电极硬断500mm事故，此时电极已经给不上负荷，为避免影响生产，炉长当即指令控制工抓紧压放500mm。请问炉长的指令对吗，应该如何处理？

答案：不对。电极硬断500mm时，炉长应该先检查电极中电极糊的位置，确认后电极压放100~200mm，降低负荷焙烧，焙烧一段时间后再压放。

46. 对正在使用的低镍锍放铜包有哪些要求？为什么？

答案：放低镍锍前应该检查包内挂渣。在连续放低镍锍时检查包内挂渣是否脱落，包内挂渣最低点200mm。

47. 闪速炉炉长接到液压站岗位工汇报3号电极在上限工作，为保证电极工作正常立即通知控制室压放200mm，请你分析炉长采取的措施正确与否，为什么？

答案：错误。电极已经在上限，不应该压放，每次压放只能100mm。

48. 闪速炉检修8h后，计划于16:00投料。16:05炉长告诉中控室已经联系好外围具备投料条件，按投料参数于16:10准时投料。请你分析炉长的指令正确与否，为什么？

答案：错误。检修时间长，闪速炉要进行升温作业20min。

49. 捞渣机岗位工点检时发现炉后渣口烧开，但水泵未开。为防止事故扩大，立即通知水泵房开泵，请你分析采取的措施正确与否，为什么？

答案：错误。应该先告知调度室，通知炉后马上堵口，组织人员清理溜槽中的渣子，检查溜槽是否变形，一切正常后通知水泵房开泵，炉后渣口烧开。

50. 风根秤岗位工接到中控室岗位工通知，烟灰风根秤跳车，立即手动开车检查，但风根秤岗位工拒绝执行，请你分析采取的措施正确与否，为什么？

答案：正确。烟灰风根秤跳车后应先进行盘车检查。

51. 中控室突然发现二次风量无显示，遂立即停料、停油，并汇报班长。请你分析采取的措施正确与否，为什么？

答案：错误。发现二次风量无显示时，应该查看二次风压力有无显示，压力有显示时应该通知自动化处理不停料，压力无显示时停料。

参考文献

[1] 梅炽. 有色冶金炉设计手册［M］. 北京：冶金工业出版社，2007.
[2] 蒋永胜. 火法冶炼工［M］. 兰州：教育出版社，2006.
[3] 傅崇说. 有色冶金原理［M］. 北京：冶金工业出版社，1993.
[4] 彭容秋. 镍冶金［M］. 长沙：中南大学出版社，2005.
[5] 重有色金属冶炼设计手册编委会. 重有色金属冶炼设计手册［M］. 北京：冶金工业出版社，1996.
[6] 王纯，张殿印. 除尘设备手册［M］. 北京：化学工业出版社，2009.